EUL VERLAG

CONTROLLING

Herausgegeben von Prof. Dr. Volker Lingnau, Kaiserslautern, und Prof. Dr. Albrecht Becker, Innsbruck

Band 7
Andreas Jonen
Kognitionsorientiertes Risikocontrolling
Lohmar – Köln 2008 • 480 S. • € 62,- (D) • ISBN 978-3-89936-673-0

Band 8
Volker Lingnau (Hrsg.)
Die Rolle des Controllers im Mittelstand – Funktionale, institutionale und instrumentelle Ausgestaltung
Lohmar – Köln 2008 • 312 S. • € 52,- (D) • ISBN 978-3-89936-688-4

Band 9
Martin Messner
Controlling und Kritik in Organisationen
Lohmar – Köln 2008 • 300 S. • € 49,- (D) • ISBN 978-3-89936-695-2

Band 10
Petra Paeßens
Einzelwirtschaftliche Wertschöpfungseffekte einer Standortverlagerung
Lohmar – Köln 2008 • 374 S. • € 67,- (D) • ISBN 978-3-89936-740-9

Band 11
Lisa Hubig
Die Universität – Leistungsmessung und -bewertung in einer komplexen Organisation
Lohmar – Köln 2009 • 288 S. • € 59,- (D) • ISBN 978-3-89936-764-5

Band 12
Volker Lingnau (Hrsg.)
Mittelstandscontrolling 2009
Lohmar – Köln 2009 • 376 S. • € 65,- (D) • ISBN 978-3-89936-860-4

Band 13
Anna Bassler
Die Visualisierung von Daten im Controlling
Lohmar – Köln 2010 • 244 S. • € 56,- (D) • ISBN 978-3-89936-939-7

JOSEF EUL VERLAG

Die Visualisierung von Daten im Controlling

Dissertation
zur Erlangung des akademischen Grades eines
Doktors der Wirtschafts- und Sozialwissenschaften (Dr. rer. pol.)
an der Fakultät für Wirtschafts- und Organisationswissenschaften der
Universität der Bundeswehr München

vorgelegt von

Dipl.-Kffr. Univ. Anna Bassler

Promotionsausschuss:

Vorsitzender: Univ. Prof. Dr. Hans A. Wüthrich

1. Berichterstatter: Univ.-Prof. Dr. Bernhard Hirsch

2. Berichterstatter: Univ.-Prof. Dr. Eva-Maria Kern

3. Berichterstatter: Univ.-Prof. Dr. Thomas Hartumg

4. Berichterstatter: Univ.-Prof. Dr. Stephan Kaiser

Tag der Prüfung: 05. Mai 2010

Neubiberg, den 11.Juni 2010

Reihe: Controlling · Band 13

Herausgegeben von
Prof. Dr. Volker Lingnau, Kaiserslautern,
und Prof. Dr. Albrecht Becker, Innsbruck

Dr. Anna Bassler

Die Visualisierung von Daten im Controlling

Mit einem Geleitwort von Prof. Dr. Bernhard Hirsch,
Universität der Bundeswehr München

EUL VERLAG

Bibliografische Information der Deutschen Nationalbibliothek

Die Deutsche Nationalbibliothek verzeichnet diese Publikation in der Deutschen Nationalbibliografie; detaillierte bibliografische Daten sind im Internet über <http://dnb.d-nb.de> abrufbar.

Dissertation, Universität der Bundeswehr München, 2010

ISBN 978-3-89936-939-7
1. Auflage Juli 2010

JOSEF EUL VERLAG GmbH
Brandsberg 6
53797 Lohmar
Tel.: 0 22 05 / 90 10 6-6
Fax: 0 22 05 / 90 10 6-88
E-Mail: info@eul-verlag.de
http://www.eul-verlag.de

Bei der Herstellung unserer Bücher möchten wir die Umwelt schonen. Dieses Buch ist daher auf säurefreiem, 100% chlorfrei gebleichtem, alterungsbeständigem Papier nach DIN 6738 gedruckt.

Geleitwort

Aufgrund der rasanten Weiterentwicklung der Informationstechnologie und den damit verbundenen IT- und Software-Investitionen in den letzten Jahren stellt es für Controllingbereiche zumindest in (Groß-)Unternehmen in der Regel kein größeres Problem mehr da, dem Management eine ausreichende *Quantität* von Informationen als Grundlage für deren Entscheidungen bereitzustellen.

Stattdessen wird Managern und Controllern immer mehr bewusst, dass bei einer hohen Informationsmenge die Art und Weise, *wie* Informationen Managern als Berichtsempfängern bereit gestellt werden, einen Einfluss auf die Qualität der zu treffenden Managerentscheidungen haben kann. Die betriebliche Unternehmenspraxis, aber auch die betriebswirtschaftliche (Controlling-)Forschung haben in diesem Kontext die Bedeutung der Visualisierung der bereitgestellten Informationen lange Zeit weitgehend ignoriert.

An dieser Stelle setzt die Arbeit von Anna Bassler an. Ziel ihrer Arbeit ist es zum einen, „dem Controller, der bei der Berichtserstellung ständig mit der Frage der Visualisierung konfrontiert ist, genug Hintergrundwissen [zu] geben, sowohl die Entscheidung *ob,* als auch die Frage *wie* visualisiert werden soll, wissenschaftlich fundiert im Sinne es Ziels einer hohen Entscheidungsqualität und -effizienz im Management beantworten zu können." Darüber hinaus werden von Frau Bassler Erfolgsparameter der Visualisierung im Kontext des vom Controlling bereit gestellten Berichtswesens untersucht.

Methodisch bearbeitet Frau Bassler die Problemstellung durch die theoriegeleitete Entwicklung und Durchführung eines Experiments. Diese Methode findet inzwischen auch in der deutschsprachigen betriebswirtschaftlichen Forschung immer mehr Anhänger, wird im Controlling-Kontext trotz ihrer Vorteile aber noch wenig verwendet.

Frau Bassler weist durch ihre experimentelle Untersuchung eindrucksvoll nach, dass zusätzliche grafische Darstellungen in Controllingberichten bei komplexen analytischen Entscheidungsaufgaben zu besseren Entscheidungen führen als wenn Informationen nur in Tabellenform als Entscheidungsgrundlage präsentiert werden. Dies gilt insbesondere für Berichtsempfänger, die Präferenzen für intuitives Wahrnehmen aufweisen und für solche Berichtsempfänger, die keine oder nur wenig Erfahrung mit Controllingberichten haben.

Diese Ergebnisse weisen aufgrund der damit verbundenen nachteiligen Qualität von Managerentscheidungen in Form von Fehlentscheidungen sowohl wissenschaftlich als auch für die Unternehmenspraxis eine sehr hohe Relevanz auf. Deswegen wünsche ich der Arbeit von Frau Bassler ein hohes Maß an Akzeptanz und Beachtung in Wissenschaft und Unternehmenspraxis.

Neubiberg, im Juni 2010 Prof. Dr. Bernhard Hirsch

Vorwort

Während der Promotionszeit habe ich mich hin und wieder gefragt, wann wohl der Moment kommt, an dem man die Promotion erfolgreich abgeschlossen hat, die Veröffentlichung bevor steht und man die Gelegenheit hat, all den Menschen zu danken, die direkt oder indirekt an dem Erfolg der Arbeit beteiligt waren. Jetzt, da alle Seiten der Dissertation geschrieben sind und dieser ersehnte Moment gekommen ist, fällt es mir dennoch schwer, den Dank, den ich für so viele Personen empfinde, ausreichend in Worte zu fassen.

An erster Stelle sei meinem Doktorvater Herrn Prof. Dr. Bernhard Hirsch gedankt, der diese Arbeit ermöglicht hat und auch die Idee, die Visualisierung von Daten im Controllingbereich zu untersuchen, eingebracht hat. Seine intensive Betreuung sowie die Offenheit und Diskussionsbereitschaft, die er mir entgegengebracht hat, haben mich nachhaltig motiviert und wesentlich zum Erfolg dieser Arbeit beigetragen.

Frau Prof. Dr.-Ing. Eva-Maria Kern danke ich herzlich für die Übernahme des Zweitgutachtens. Ebenso danke ich Herrn Prof. Dr. Wüthrich für die Übernahme des Vorsitzes des Prüfungsausschusses sowie meinen weiteren Prüfern Prof. Dr. Hartung und Prof. Dr. Kaiser. Für die Unterstützung bei allen administrativen Fragen des Promotionsprozesses und die vielen konstruktiven Diskussionen danke ich den wissenschaftlichen Mitarbeitern des Lehrstuhls für Controlling, insbesondere Dr. Dominik Hammer und Dr. Martina Volnhals. Mein Dank gilt auch allen, die sich als Versuchspersonen für mein Experiment zur Verfügung gestellt und damit die Realisierung dieser Arbeit ermöglicht haben.

Darüber hinaus möchte ich mich bei meinem Arbeitgeber Siemens Management Consulting (SMC) bedanken, der meine Promotion durch eine Freistellung, aber vor allem auch durch das Schaffen eines hervorragenden Arbeitsklimas unterstützt hat. Das Interesse am Fortgang meiner Arbeit und der intensive Kontakt während meiner Freistellung waren beispielhaft.

Von den Freunden und Kollegen, die mich während der Promotionszeit motiviert und unterstützt haben, möchte ich ganz besonders Annette, Isabelle, Simone und Sophie hervorheben, die stets ein offenes Ohr für meine Nöte und Sorgen hatten.

Von ganzem Herzen danke ich auch meinem Freund Dr. Christoffer-Martin Seubert, der mit mir den Weg der Promotion gegangen ist. Es ist ein unschätzbares Glück, einen solchen Partner zur Seite zu haben! Ohne seine Motivation, seine bewundernswerte Antriebskraft und sein Verständnis hätte ich die schwierigen Phasen der Promotionszeit nicht durchgestanden. Umso größer ist die Freude, dass wir nun den gemeinsamen Erfolg der Promotion teilen können.

Abschließend möchte ich meinen Eltern Dr. Regina und Dr. Erich Bassler sowie meiner Schwester Dr. Julia Martensen für die Unterstützung danken, die sie mir in jeder erdenklichen Form nicht nur während der Promotionszeit sondern Zeit meines Lebens zugedacht haben. Mit ihrem festen Glauben in mich und meine Fähigkeiten haben sie mir den Weg in ein glückliches und erfolgreiches Leben geebnet. Danke für alles!

Anna Bassler

ÜBERBLICK

INHALTSVERZEICHNIS

ABBILDUNGSVERZEICHNIS

TABELLENVERZEICHNIS

ANHANGVERZEICHNIS

Abkürzungsverzeichnis

ANOVA	Analysis of Variance
BU	Business Unit
CEO	Chief Executive Officer
DAX	Deutscher Aktienindex
E	Typenausprägung des MBTI: Extrovertierter Typ
ebd.	ebenda
EBIT	Earnings before interest and taxes
et al.	et alii (und andere)
F	Typenausprägung des MBTI: Type des fühlenden Entscheiders
FPY	First Pass Yield
H	Hypothese
I	Typenausprägung des MBTI: Introvertierter Typ
IQ	Intelligenzquotient
J	Typenausprägung des MBTI: Präferenz für eine Lebenseinstellung basierend auf Entscheidungen („Judging")
lat.	lateinisch
MBTI	Myers-Briggs Type Indicator
MDAX	Mid-Cap Index der deutschen Börse
N	Typenausprägung des MBTI: Typ des intuitiven Wahrnehmens

P	Typenausprägung des MBTI: Präferenz für eine wahrnehmende Lebenseinstellung („Perceiving")
RREEMM	Resourceful, Restricted, Evaluating, Expecting Maximizing Man
S	Typenausprägung des MBTI: Typ des sensitiven Wahrnehmens („Sensing")
T	Typenausprägung des MBTI: Typ des denkenden Entscheiders („Thinking")

1 EINLEITUNG

1.1 Einführung und Problemstellung

Die allgegenwärtige Verfügbarkeit großer Mengen von Informationen im „Zeitalter der Informationsgesellschaft“[1] wird für viele Unternehmen zunehmend zu einer Belastung.[2] Auch in Zukunft wird das Wachstum des Informationsvolumens in Unternehmen jedoch noch zunehmen, es wird sogar eine Steigerung um das Dreißigfache prophezeit.[3]

Der Alltag im Management[4] ist geprägt von ständigem Druck, innerhalb kürzester Zeit auf Basis von vorhandenen Informationen Entscheidungen zu treffen. Das Überangebot an Informationen hilft jedoch nicht unbedingt, die Entscheidungen im Management zu verbessern, da oft gerade die entscheidungsrelevanten Informationen zum richtigen Zeitpunkt fehlen oder aus der Masse der Informationen nicht isoliert werden können.[5] Führungskräfte sind von der Informationsversorgung zunehmend frustriert oder fangen an, die bereitgestellten Informationen zu ignorieren, da ihre Aufnahmefähigkeiten längst überschritten werden.[6] Die Erfahrung, „dass die kognitiven Fähigkeiten von Menschen in aller Regel kaum ausreichen, um komplexe Aufgabenstellungen vollständig zu durchdringen, den relevanten Informationsbedarf festzustellen und alle Informationen vollständig zu verarbeiten“[7] wird durch den Überfluss an Informationen zusätzlich verstärkt. Dies kann zu folgenschweren Fehlentscheidungen im Management führen.

---

[1] Picot et al. (2003), S. 14.

[2] Vgl. hierzu umfassend Bork (1994), S. 1 ff. sowie Edmunds/Morris (2000), S. 17 ff. Es lässt sich z.B. errechnen, dass nur knapp 8% des Informationsangebots im Unternehmen tatsächlich nachgefragt wird, vgl. Bork (1994) S. 10.

[3] Vgl. Eichholz (2008), S. 18.

[4] Unter Management wird in dieser Arbeit die „Beschreibung von Personen(-gruppen), die Managementaufgaben wahrnehmen“ verstanden, vgl. Staehle et al. (1999), S. 71. Managementaufgaben umfassen vor allem die Personal- und Unternehmensführung, vgl. dazu Staehle et al. (1999), S. 72 f.

[5] Kornblum spricht von einem Mangel an „echten Informationen”, womit situativ selektierte, visuell aufbereitete und bei Bedarf unmittelbar zur Verfügung stehende Daten gemeint sind, vgl. Kornblum (1995), S. 105 sowie Bruch (2003), S. 650. Vgl. auch Scholl (1992), Sp. 901.

[6] Vgl. Eichholz (2008), S. 18. Es wird diesbezüglich auch vom „information overload“ gesprochen, vgl. Eppler/Mengis (2004), S. 326 ff.

[7] Picot et al. (1998), S. 87.

Das wichtigste menschliche Medium zur Informationsaufnahme ist die visuelle Wahrnehmung: mit den Augen werden mehr Informationen aufgenommen als mit allen anderen Sinne zusammen.[8] Die Visualisierung von Daten wird daher als Mittel gesehen, um die Informationsflut zumindest teilweise zu bewältigen. Säulen-, Linien- oder Kreisdiagramme in unterschiedlichsten Ausprägungen nehmen heute einen wichtigen Platz in Vorstandspräsentationen, Monatsberichten, wissenschaftlichen Publikationen und Zeitungsartikeln ein. Laut Tufte werden jedes Jahr weltweit zwischen 900 Milliarden und 2 Billionen statistische Grafiken gedruckt.[9] Von der Visualisierung werden vielfältige positive Effekte erwartet wie z.B. eine schnellere Informationsaufnahme, ein höherer Erkenntnisgewinn und eine höhere Zufriedenheit beim Empfänger der Informationen.[10]

Während die Visualisierung von Daten mit Hilfe des Computers immer neue Formen annimmt, scheint ein Verständnis davon, wie Visualisierungen auf den Informationsverarbeitungs- und Entscheidungsprozess wirken, nur eingeschränkt vorhanden zu sein.[11] Tuttle und Kershaw zusammen mit vielen anderen Visualisierungsforschern stellen enttäuscht fest: „Many lay prescriptions of how ‚best' to present information have not received consistent empirical support despite extensive efforts conducted over decades of research."[12] Es gibt daher kaum anerkannte Regeln, wie Visualisierungen zu gestalten sind, um die Aufnahme von Informationen effizienter oder effektiver zu machen.[13]

Zwar existiert eine ganze Reihe an „Handbüchern" zur Gestaltung von Visualisierungen, Berichten oder Präsentationen, diese gehen aber in den meisten Fällen nicht explizit auf die Prozesse der Informationsverarbeitung und mögliche Verhaltenswirkungen von Visualisierungen ein.[14] In der Realität von Unternehmensberichten und -präsentationen werden Visualisierungen daher mangels fundierter Gestaltungsempfehlungen nach dem eigenen Geschmack des Vortragenden oder nach den technischen Möglichkeiten (Excel, Powerpoint etc.) zusammengestellt.[15] Um mit interessanten Effekten zu beeindrucken, wird die Visualisierung sogar

[8] Vgl. Ware (2004), S. 2.
[9] Vgl. Tufte (2001), S. 10.
[10] Vgl. Lurie/Mason (2007), S. 172.
[11] Vgl. Stocks/Tuttle (1998), S. 112.
[12] Tuttle/Kershaw (1998), S. 3; vgl. auch: DeSanctis (1984); Meyer (2000); Lurie/Mason (2007).
[13] Vgl. Meyer (2000), S. 1840.
[14] Vgl. z.B. Zelazny (2006); Seifert (2008); Breger/Grob (2003).
[15] Vgl. Meyer (1999), S. 12.

vielfach besonders ausgeschmückt, der eigentliche Inhalt gerät in den Hintergrund. Dies wirkt jedoch meistens geradezu kontraproduktiv auf den Erfolg einer Visualisierung.[16] Eine unzureichende Qualität der Visualisierung, bzw. eine mangelnde Orientierung der Gestaltung am Entscheidungsproblem und am Berichtsempfänger, kann die Informationsverarbeitung verzerren, falsche Zusammenhänge betonen und dadurch Entscheidungen fehlleiten.[17]

Im Unternehmen ist in der Regel das Controlling für die Versorgung des Managements mit Informationen verantwortlich.[18] Controller sammeln und analysieren Daten, erstellen Analysen und Berichte zu wichtigen Entscheidungsfragen und beraten das Management. Sie sollen zudem als kritischer Counterpart des Managements die Rationalität von Entscheidungen sichern und benötigen daher fundiertes Wissen über die Verhaltenswirkung der Informationen, für deren Übermittlung sie verantwortlich sind.[19]

Wenn es um die visuelle Aufbereitung von Daten geht, leistet das Controlling daher im Unternehmen einen wichtigen Beitrag. Mit der passenden Visualisierung können Controller nicht nur die Effizienz und Effektivität der Informationsversorgung im Management, sondern auch die Akzeptanz der Informationen steigern. Überraschenderweise hat dieses Thema im Controlling jedoch bisher kaum Beachtung gefunden. In Standardwerken der Controlling-Literatur werden grafische Darstellungen im Berichtswesen zwar pauschal empfohlen, genaue Gestaltungsanweisungen für Controller werden allerdings nicht gegeben.[20] Gerade die sind jedoch von zentraler Bedeutung, damit die Visualisierung nicht mehr Verwirrung als Nutzen schafft und der Controller den Manager vor Fehlurteilen oder Verzerrungen in der Wahrnehmung schützen kann.

1.2 Stand der Forschung und Forschungsziel

Um dem Controller in der zuvor dargestellten Ausgangssituation helfen zu können, muss zunächst ein tiefes Verständnis der Visualisierungsforschung erreicht werden.

---

[16] Vgl. Tractinsky/Meyer (1999), S. 413 f; Tufte (2001), S. 107; Meyer (1996), S. 159.
[17] Vgl. Lurie/Mason (2007), S. 161; Hummel (2007), S. 520.
[18] Vgl. Weber/Schäffer (2008), S. 221; Horváth (2009), S. 295.
[19] Vgl. Schäffer (2002).
[20] Vgl. Horváth (2009), S. 552; Weber/Schäffer (2008), S. 225; Küpper (2008), S. 208; Hummel (2007), S. 519 f.

Während die Visualisierung von Daten in unterschiedlichsten Fachrichtungen wie z.B. der Physik oder der Medizin eine wichtige Rolle einnimmt, hat sich ein eigenständiger Forschungszweig mit dem Fokus auf Visualisierung und Informationsverarbeitung erst relativ spät entwickelt.[21] Vorreiter dieser Entwicklung waren vor allem die Psychologie und die Entscheidungsforschung, die auch erstmals betriebliche Entscheidungen bzw. das Informationsverhalten im Management in den Mittelpunkt stellten.

Die Menge der Forschungsbeiträge scheint zwar schier unerschöpflich, insgesamt weist die vorhandene Literatur jedoch einige Schwächen auf. So wird an vielen Beiträgen eine unzureichende Theoriebasierung der Forschungsansätze kritisiert, die zur Entwicklung einer Vielzahl an Einzelregeln bezüglich der Gestaltung von Grafiken geführt, jedoch nur wenig Erkenntnisse in Bezug auf grundlegende Zusammenhänge zwischen Informationsverarbeitung, Visualisierung und Verhalten gebracht hat.[22] Der Fokus lag in vielen Studien auf einfachen Aufgaben wie z.B. dem Ablesen einzelner Zahlenwerte oder dem Vergleich zweier Zahlenwerte, jedoch nicht auf typischen und damit komplexeren Managemententscheidungen. Auch wurden Experimentdesigns häufig ohne Beachtung von Interaktionseffekten zwischen der Visualisierung und spezifischen Charakteristiken des Empfängers oder der Aufgabe aufgestellt. So gibt es im Bereich der Visualisierungsforschung viele widersprüchliche bzw. nicht vergleichbare Ergebnisse.[23] Hinzu kommt, dass ein Großteil der Forschung zur Visualisierung aus den 90er Jahren des letzten Jahrhunderts stammt und die fortschreitende technische Entwicklung eine neue Interpretation vieler Ergebnisse, z.B. in Bezug auf Wirtschaftlichkeit und Machbarkeit von grafischen Darstellungen, verlangt.

In den letzten Jahren kann in der Visualisierungsforschung jedoch durch eine stärkere Orientierung an den Prozessen der Informationsverarbeitung ein wesentlicher Erkenntnisfortschritt hin zu fundierten Modellen der Visualisierung beobachtet werden,[24] so dass der Zeitpunkt

[21] Vgl. Shah et al. (2005), S. 428; Meyer (1996), S. 1 ff.; DeSanctis (1984), S. 464 ff.

[22] Vgl. DeSanctis (1984), S. 479 ff.; Shah et al. (2005), S. 465 f.

[23] Einen umfassenden Überblick zu Studien der Visualisierung liefert die Habilitation von Meyer (1996), eine Zusammenfassung der Ergebnisse wurde auch als „Handbuch" herausgegeben, vgl. Meyer (1999). Bei Kosslyn (2006) findet sich ein gelungener und aktueller Überblick zur grundlegenden Gestaltung von Visualisierungen, allerdings fehlt hier die tiefere Untersuchung von Empfänger und Aufgabe als Einflussfaktoren.

[24] Vgl. Wilson/Zigurs (1999), S. 72; Meyer (2000), S. 1841.

jetzt günstig erscheint, um die Übertragbarkeit und Spezifizierung dieser Modelle auch in neuen Anwendungsbereichen zu prüfen.

Die Visualisierung von Daten stellt dabei insbesondere für die Controllingforschung ein wichtiges Erkenntnisobjekt dar, da sie zwar für die Informationsversorgungsfunktion, speziell für die Gestaltung des Berichtswesens, von großer Relevanz ist, bisher in der wissenschaftlichen Betrachtung des Controllings aber nur wenig Aufmerksamkeit bekommen hat. In der Standardliteratur des Controllings sind in Bezug auf die Visualisierung entscheidungsrelevanter Daten daher auch kaum fundierte Gestaltungsempfehlungen vorhanden und selbst auf das Berichtswesen ausgerichtete Handbücher orientieren sich nur wenig an verhaltenswissenschaftlichen Erkenntnissen zur Visualisierung.[25]

Es existieren zwar im Accounting, das sich schön länger verhaltenswissenschaftlichen Aspekten gewidmet hat, schon einige Forschungsbeiträge zur Visualisierung von Daten, die hier behandelten Themen (hauptsächlich im Bereich der Revision oder Finanzbuchhaltung) sind jedoch völlig andere als im Controlling (bzw. dem management accounting als angloamerikanischem Äquivalent[26]) und müssen daher auf ihre Übertragbarkeit für die Fragestellungen des Controllings geprüft werden.

Eine tiefer gehende, wissenschaftliche Betrachtung der Wirkung von Visualisierungen wird nicht erst in jüngster Zeit gefordert. So stellen Libby und Lewis schon vor einem Vierteljahrhundert fest: „It appears as though our ability to produce information has far outstripped human abilities to process information"[27] und empfehlen mehr Forschungsarbeit zur Aufklärung der Zusammenhänge zwischen Informationspräsentation und Entscheidungsqualität.[28] Auch in der häufig zitierten Forderung einer stärkeren Kundenorientierung des Controllings wird deutlich, dass die Qualität der Informationsversorgung bisher noch nicht ausreichend beachtet wurde.[29] Dies schließt gerade auch die „zielgruppenorientierte Visualisierung und

[25] Vgl. zum Beispiel Pollmann/Rühm (2007) und Waniczek (2002).
[26] Vgl. zur inhaltlichen Überlappung von management accounting und Controlling Obermaier/Müller (2008), S. 327 f.
[27] Libby/Lewis (1982), S. 275.
[28] Vgl. auch Bonner (2008), S. 193 f.
[29] Vgl. Weber/Schäffer (2008), S. 438 ff.; Horváth (2009), S. 808 f.

Präsentation“[30] von Daten ein. Der Aufbau von Expertise in diesem Bereich trägt zudem dazu bei, das Ansehen der Controllingfunktion zu stärken und mehr Einfluss als Berater des Managements auszuüben.[31]

Aus dem aktuellen Stand der Forschung ergeben sich zwei Forschungsziele für die vorliegende Arbeit. Das erste Forschungsziel beinhaltet die konzeptionelle Erfassung der „Schnittmenge“ zwischen Visualisierungsforschung und Controllinganwendung. Ein umfassender Einblick in die theoretischen Erkenntnisse der Visualisierungsforschung sowie die Übertragung in den Controllingkontext soll dem Controller, der bei der Berichtserstellung ständig mit der Frage der Visualisierung von Daten konfrontiert ist, genug Hintergrundwissen geben, sowohl die Entscheidung *ob*, als auch die Frage *wie* visualisiert werden soll, wissenschaftlich fundiert im Sinne des Ziels einer hohen Entscheidungsqualität und -effizienz im Management beantworten zu können. Mit Erreichen dieses Ziels wird der Erfolg einer Visualisierung im Berichtswesen verknüpft. Des Weiteren soll die wissenschaftliche Diskussion zur Integration verhaltenswissenschaftlicher Erkenntnisse in die Controllingforschung um den Aspekt der Visualisierung von Daten bereichert werden. Aus der theoretischen Herleitung von Ursache-Wirkungs-Zusammenhängen werden daher Hypothesen bezüglich der Parameter für den Erfolg von Visualisierungen im Berichtswesen formuliert. Somit ergibt sich zunächst allgemein die Forschungsfrage:

„Welche Erkenntnisse aus der Visualisierungsforschung sind für den Controller relevant, um Einflussfaktoren auf den Visualisierungserfolg im Management zu identifizieren und Aussagen für die Visualisierung von Berichten im Controlling ableiten zu können?“

Das zweite Forschungsziel ist die empirische Überprüfung der Hypothesen zur Validierung der gewonnenen Erkenntnisse.[32] Zu diesem Zweck muss die oben noch allgemein gehaltene Forschungsfrage weiter konkretisiert werden. Es werden drei Unterfragen formuliert, mit deren Beantwortung konkrete Gestaltungsempfehlungen für das Berichtswesen im Controlling entwickelt werden können:

„Wie werden Controllinginformationen vom Manager verarbeitet?“

[30] Bruch (2003), S. 650.
[31] Vgl. Bruch (2003), S. 650; Weber et al. (2008), S. 56 ff.
[32] Damit wird auch Forderung nach einer stärker empirischen Ausrichtung der Controllingforschung entsprochen, vgl. Amshoff (1993), S. 476 f.

„Wie wirkt die Visualisierung von Berichten im Controllingkontext?“

„Gelten diese Zusammenhänge generell oder sind sie personenspezifisch?“

Die formulierten Forschungsziele legen auch den Rahmen für die wissenschaftstheoretische Position fest, die in der vorliegenden Arbeit eingenommen wird.

Die Betriebswirtschaftslehre wird in dieser Arbeit als angewandte Wissenschaft verstanden. Als Erkenntnisziel wird daher neben der Präzisierung von Begriffen und der Identifikation von Ursache-Wirkungs-Zusammenhängen (wissenschaftstheoretisches Ziel) auch die Erarbeitung von Handlungsempfehlungen für die Gestaltung der Unternehmenspraxis angestrebt (pragmatisches Wissenschaftsziel).[33] Zur Erlangung wissenschaftlichen Fortschritts hat sich in der Betriebswirtschaftslehre der Ansatz des kritischen Rationalismus durchgesetzt, der sich im Spannungsfeld zwischen reinem Rationalismus und Empirismus vor allem auf die (modell-)theoretische Herleitung von Hypothesen und deren Überprüfung in der Realität stützt, und damit deduktive und induktive Elemente verbindet.[34] In den letzten Jahrzehnten zeigt sich in der Betriebswirtschaftslehre zudem ein Trend zu einer stärker interdisziplinären Ausrichtung der Forschung.[35] Dabei ist vor allem eine Abkehr von der klassischen ökonomischen Theorie hin zu einer Integration verhaltenswissenschaftlicher Erkenntnisse zu beobachten.[36] Das Controlling fängt allerdings erst jüngst damit an, verhaltenswissenschaftliche Erkenntnisse in Theorie und Forschung zu integrieren.[37] In dem Bestreben, verhaltenswissenschaftliche Erkenntnisse aus der Visualisierungsforschung auf das Controlling zu übertragen, stellt die vorliegende Arbeit daher einen Beitrag zu einer stärkeren Verhaltensorientierung des Controllings dar. Mit der Verbindung von theoretischer Durchdringung der Materie und praktischer Untersuchung in den beiden oben definierten Forschungszielen wird somit auch das pragmatische Wissenschaftsziel der Arbeit erreicht.

[33] Vgl. Chmielewicz (1994), S. 8 ff.
[34] Vgl. Fülbier (2004), S. 268 f.
[35] Vgl. Fülbier (2004), S. 267; Staehle et al. (1999), S. 126 ff.
[36] Verhaltenswissenschaften umfassen im weitesten Sinne „alle Disziplinen, die sich vorzugsweise mit menschlichem Verhalten beschäftigen.“, Staehle et al. (1999), S. 37 sowie S. 149 ff. Vgl. auch Kroeber-Riel et al. (2009), S. 10 ff.
[37] Vgl. Hirsch (2007), S. 181 ff. ; Weber/Schäffer (2008), S. 29.

Als wissenschaftliche Methode zur Validierung der aus der Theorie abgeleiteten Hypothesen wird das Experiment herangezogen. Experimente gelten als effektive Methode zur Überprüfung von Kausalzusammenhängen.[38] Gerade im Bereich verhaltenswissenschaftlicher Erkenntnisse hat die experimentelle Methode den Vorteil, dass komplexe kognitive Prozesse wie die Informationsverarbeitung oder die Entscheidung systematisch variiert und dadurch der Einfluss einer bestimmten Variablen, in dieser Untersuchung die Visualisierung von Daten, herausgefiltert werden können. Das Experiment wird daher als geeignete Methoden angesehen, Erkenntnisse für die Visualisierung von Daten im Berichtswesen nicht nur konzeptionell-theoretisch herzuleiten sondern auch empirisch belegen zu können.

1.3 Aufbau der Arbeit

Der Aufbau der Arbeit orientiert sich an den zwei definierten Forschungszielen.

In Kapitel 2 werden zunächst die Grundlagen der Informationsversorgung durch das Controlling beleuchtet, um eine begriffliche und inhaltliche Basis für die folgende Untersuchung zu schaffen. Dies beinhaltet einen kurzen Überblick zu verschiedenen Sichtweisen auf das Controlling, in dem auch die verhaltenswissenschaftliche Controllingsicht als Leitgedanke der Arbeit eingeführt wird. Es folgt eine Übersicht zu den Aufgaben des Controllers sowie die Darstellung der für die Gestaltung eines betrieblichen Informations- und Berichtswesen wesentlichen Aspekte. Anschließend werden mit der Informationsverarbeitung und der Visualisierung Schlüsselbegriffe dieser Arbeit definiert und erläutert.

Kapitel 3 und 4 stellen den Schwerpunkt der theoretischen Forschungsleistung dar. Kapitel 3 beginnt mit dem Aufsetzen eines konzeptionellen Bezugsrahmens, in dem die Erkenntnisse zur Visualisierung von Daten geordnet und systematisiert werden.[39] Zunächst werden die Ziele, die mit einer Visualisierung erreicht werden können, näher betrachtet. Anschließend werden auf Basis von empirisch überprüften Erfahrungswerten und allgemeinen Prinzipien der menschlichen Wahrnehmung Anforderungen an die Visualisierung von Daten abgeleitet, die „Hygienefaktoren" für die Gestaltung einer Visualisierung von Daten darstellen. Diese

[38] Vgl. z.B. Huber (2002), S. 63.

[39] Ein konzeptioneller Bezugsrahmen wird dabei als geschlossenen Darstellung der Grundbegriffe und angenommenen Beziehungen verstanden, vgl. Kubicek (1975), S. 37.

sind Grundvoraussetzung für das Erreichen eines Visualisierungserfolgs und werden daher auch für die Visualisierung von Daten im Controlling vorausgesetzt. Nach Schaffung dieser Basis für erfolgreiches Visualisieren werden Einflussfaktoren auf die Visualisierung von Daten analysiert, mit denen die Visualisierung dem jeweiligen Anwendungsbereich angepasst werden kann. Diese Anpassung ist notwendig um einen hohen Visualisierungserfolg zu erzielen.

Zu den zwei wesentlichen Einflussfaktoren „Aufgabe“ und „Empfänger“ wird der aktuelle Stand der Forschung aufgezeigt. Die wichtigsten Forschungsbeiträge der Visualisierungsforschung aus unterschiedlichen Forschungsrichtungen werden einbezogen, wobei sich die Herausforderung stellt, aus der Vielzahl der vorhandenen (und sich häufig widersprechenden) Ergebnisse aus dem Umfeld der Visualisierung diejenigen herauszufiltern, die über den Verlauf der Forschung Bestand gezeigt haben und in theoriegeleitete Konzepte überführt werden können. Das bedeutet, dass nicht jedes Einzelergebnis aus Studien oder Experimenten Erwähnung findet, sondern der Fokus auf den Erkenntnissen liegt, die sich durch einen theoriegeleiteten Ansatz und ein aussagekräftiges Design auszeichnen. Ein umfangreicher Überblick aktueller Experimente im Bereich der Visualisierung findet sich zudem im Anhang.[40] Der Einflussfaktor „Aufgabe“ wird unter dem Aspekt der Aufgabenart und der Aufgabenkomplexität untersucht, beim Einflussfaktor „Empfänger“ wird auf den kognitiven Stil und die Erfahrung Bezug genommen.

Die gewonnenen Erkenntnisse aus der Visualisierungsforschung werden im vierten Kapitel auf ihre Übertragbarkeit in den Controllingkontext untersucht, um einen konzeptionellen Ansatz für die Visualisierung von Daten im Controlling zu entwickeln. Dazu wird zunächst die aktuelle Berichtspraxis in Deutschland analysiert, von der Aussagen über den Einflussfaktor der Aufgabe abgeleitet werden können. Auch der Einflussfaktor Empfänger wird auf seine Ausprägungen im Management hin untersucht. Auf der Basis dieser systematischen theoretischen Analyse der Visualisierung von Daten im Controlling werden Hypothesen abgeleitet. Diese Hypothesen stellen präzise und eindeutige Aussagen zu Wirkungszusammenhängen der Visualisierung im Controlling dar, die einer Überprüfung bedürfen und durch empirische

[40] Vgl. Anhang 8. Im Überblick werden Experimenten zur Visualisierung ab 1991 berücksichtigt, für die Jahre und Jahrzehnte zuvor liefert Meyer (1996), S. 350 ff, einen guten Überblick.

Ergebnisse falsifiziert werden können.[41] Mit der Definition der Hypothesen zur Visualisierung von Daten im Controlling wird das erste Forschungsziel erfüllt.

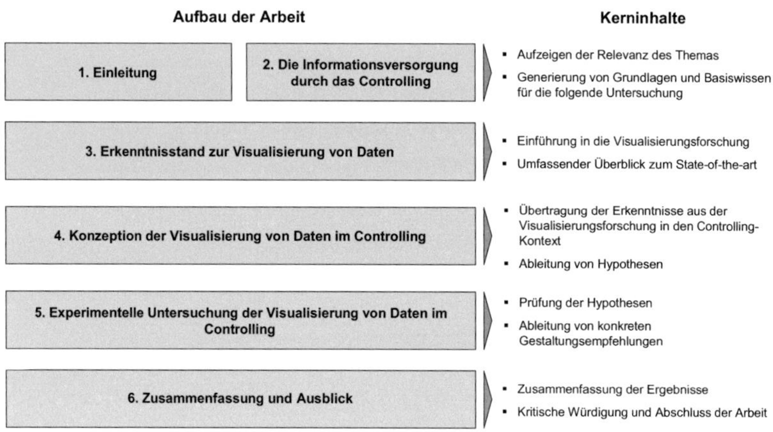

Abbildung 1: Aufbau und Kerninhalte der Arbeit[42]

Im fünften Kapitel, dem empirischen Teil der Arbeit, sollen die definierten Hypothesen in einem konkreten Anwendungsfall im Berichtswesen überprüft werden. Nach einer kurzen Einführung in die Methodik der experimentellen Forschung wird ein Experiment entwickelt, das alle zur Überprüfung der Hypothesen relevanten Variablen integriert. Es folgt die Beschreibung der Experimentdurchführung sowie die Analyse und Interpretation der Ergebnisse. Die Ergebnisse sowie Aufbau und Ablauf des Experiments werden einer kritischen Würdigung unterzogen. Auf Basis der empirischen Ergebnisse können anschließend im Sinne des pragmatischen Wissenschaftsziels konkrete Gestaltungsempfehlungen für die Visualisierung von Daten im Controlling abgeleitet werden.

---

[41] Vgl. Fülbier (2004), S. 268.
[42] Quelle: Eigene Darstellung

Die Arbeit endet mit einer Zusammenfassung der Ergebnisse, deren Einordnung in eine verhaltensorientierte Controllingkonzeption sowie einem Ausblick auf zukünftige Forschungsfelder. Der Aufbau der Arbeit und die Kerninhalte der einzelnen Kapitel können Abbildung 1 entnommen werden.

2 Die Informationsversorgung durch das Controlling

In diesem Kapitel werden Grundlagen und Begrifflichkeiten geklärt, um eine inhaltliche Basis für die folgende Untersuchung zu schaffen. Da das fundierte Verständnis der Visualisierung von Daten im Controlling neben der grundlegenden Controlling-Theorie auch Basiswissen aus anderen Disziplinen voraussetzt, wie z.B. aus der Physiologie für den Bereich der menschlichen Wahrnehmung und der Psychologie für die Informationsverarbeitung, wird diesen Grundlagen ein eigenes Kapitel gewidmet.

2.1 Zugrundeliegendes Controlling-Verständnis

In der Controllingforschung werden Konzeptionen formuliert, die als praktisch-normative Aussagesysteme eine Mittlerfunktion zwischen Theorie und Praxis einnehmen sollen.[43] Eine Konzeption wird dabei verstanden als „ein System von Aussagen [...], welches die Grundlinien einer Sachverhaltsgestaltung als Mittel zur Erreichung einer bestimmten Zielsetzung formuliert."[44] Auch dieser Arbeit liegen konzeptionelle Gedanken zu Funktion und Aufgabe des Controllings zugrunde. Da die Visualisierung von Daten einen Kernbereich des Controllings betrifft, werden im Folgenden drei unterschiedliche Sichtweisen auf das Controlling kurz umrissen, in die sich die Erkenntnisse dieser Arbeit eingliedern lassen.[45]

2.1.1 Die informationsorientierte Controllingkonzeption

In der informationsorientierten Konzeption wird das Controlling als „zentrale Einrichtung der betrieblichen Informationswirtschaft"[46] verstanden. Schwerpunkt des Controllings ist dem-

[43] Vgl. Scherm/Pietsch (2004a), S. 8.
[44] Harbert (1982), S. 140.
[45] Für eine Übersicht der Konzeptionen im Controlling sei auf Küpper (2008), S. 3 ff., verwiesen, für eine detaillierte Betrachtung unterschiedlicher Controllingkonzeptionen auf Amshoff (1993); Weber (2002) und Scherm/Pietsch (2004b).
[46] Müller (1974), S. 683. Weitere wichtige Vertreter dieser Controllingkonzeption sind auch Heigl (1989) und aktuell Reichmann (2006), vgl. S. 1 ff.

nach die bedarfsgerechte Bereitstellung entscheidungsrelevanter Informationen. Diese Controllingsicht trägt der Tatsache Rechnung, dass in der Praxis häufig auf der einen Seite eine Informationsflut beklagt wird, auf der anderen Seite aber die tatsächlich entscheidungsrelevanten Informationen fehlen.[47] Da das Rechnungswesen den wesentlichen Bezugspunkt des informationsorientierten Controllings darstellt, ist diese Sichtweise stark systemorientiert.[48]

Kritik an dieser Controllingsicht wird dahingehend geäußert, dass die hier verfolgte Zwecksetzung lediglich einer Weiterentwicklung des entscheidungsorientierten Rechnungswesens gleicht und die Tätigkeit von Controllern in der Praxis deutlich über reine Informationsaufgaben hinausgeht.[49] Verhaltenswissenschaftliche Elemente werden in diese Sicht auf das Controlling nicht einbezogen.[50]

Ungeachtet dessen, ob die Informationsversorgung als konstituierende Aufgabe des Controllings angesehen wird, herrscht doch in allen Controllingkonzeptionen Einigkeit darüber, dass der Controller eine zentrale Rolle in der Auswahl und Bereitstellung führungsrelevanter Informationen spielt.[51]

2.1.2 Die rationalitätsorientierte Controllingkonzeption

Basierend auf einer kritischen Auseinandersetzung mit bestehenden Controllingkonzeptionen und zum Ziel einer höheren Praxiskompatibilität wurde von Weber und Schäffer die Sichtweise des Controllings als Rationalitätssicherung der Führung entwickelt.[52] Aufgabe des Controllings ist es nach dieser Auffassung, Rationalitätsdefizite der Führung zu überwinden und die antizipierte Zweck-Mittel-Beziehung zu erreichen.[53] Rationalität ist dabei nach Max Weber definiert als Zweckrationalität und ex definitione relativ, das heißt bezogen auf ein aktuell vorhandenes Wissensniveau.[54] Die Zuweisung dieser Aufgabe an den Controller wird damit begründet, dass Controller und Manager sich in ihren Eigenschaften unterscheiden bzw.

[47] Vgl. Küpper (2008), S. 25 f.
[48] Vgl. Reichmann (2006), S. 10 ff.; Schaefer/Lange (2004), S. 106.
[49] Vgl. Weber/Schäffer (2008), S. 20 f.
[50] Vgl. Schaefer/Lange (2004), S. 107.
[51] Vgl. Schaefer/Lange (2004), S. 110 f.
[52] Vgl. Weber/Schäffer (2008), S. 33 ff.; Schäffer/Weber (2002).
[53] Vgl. Schäffer (2002), S. 100.
[54] Vgl. Weber/Schäffer (2008), S. 44 ff.

ergänzen und durch die Interaktion Spezialisierungsvorteile genutzt werden können.[55] Zur Sicherung der Führungsrationalität übernimmt der Controller dabei drei unterschiedliche Aufgabentypen: Durch die Übernahme von *Entlastungsaufgaben* wird in der Führung Kapazität zur besseren Fokussierung freigesetzt, durch *Ergänzungsaufgaben* können Controller mit Fach- und Methodenwissen Führungshandlungen untersuchen sowie gegebenenfalls Alternativen vorschlagen und mit *Begrenzungsaufgaben* wird möglicher Opportunismus in der Führung eingedämmt.[56]

Der Existenz von Verhaltensanomalien wird in dieser Controllingkonzeption somit explizit Rechnung getragen, wenn diese auch noch nicht methodologisch integriert werden.[57] Kritiker allerdings verstehen Rationalitätssicherung als Bestandteil aller Funktionen und Bereiche der Betriebswirtschaft und nicht als eigenständige Funktion, über die sich das Controlling definieren lässt.[58]

2.1.3 Die verhaltensorientierte Controllingkonzeption

Aufgrund der fehlenden Berücksichtigung von verhaltenswissenschaftlichen Erkenntnissen in der (deutschsprachigen) Controlling-Literatur schlägt Hirsch eine verhaltensorientierte Controllingkonzeption vor.[59] In der angelsächsischen Accounting-Forschung ist diese Perspektive schon länger etabliert, allerdings fehlt auch dort eine klare methodische Vorgehensweise zur Integration vieler Einzelerkenntnisse in eine gesamtheitliche Theorie.[60]

Die Perspektive des Behavioral Controlling wird wie von Hirsch folgt definiert:

„Controlling ist diejenige betriebswirtschaftliche Funktion im Unternehmenskontext, die Motivationsprobleme und kognitive Entscheidungsanomalien der Führung identifiziert und reduziert. Zur Identifikation, Erklärung und Bekämpfung dieser Rationalitätsdefizite des

---

[55] Vgl. Weber/Schäffer (2008), S. 35 f. Die dort beschriebenen Charakteristiken von Managern und Controllern wurden von Weber et al. (2005a) auch empirisch belegt, vgl. S. 109 ff.
[56] Vgl. Weber/Schäffer (2008), S. 39 ff.
[57] Vgl. Hirsch (2007), S. 187 f.
[58] Vgl. Küpper (2008), S. 19 f.; Lingnau (2008), S. 119 ff.; Irrek (2002) sowie Pietsch/Scherm (2000), S. 399 ff.
[59] Vgl. Hirsch (2007), S. 181 ff. bzw. S. 231 ff.
[60] Vgl. Hirsch (2007), S. 204 ff.

Managements bedienen sich typischerweise Controller problemadäquat der Erkenntnisse und Methoden der Psychologie, v. a. der experimentellen Forschung.“[61]

Ziel zukünftiger Controllingforschung soll es nun sein, verhaltenswissenschaftliche Erkenntnisse mit Relevanz für das Controlling zu identifizieren und auf die Möglichkeit einer problemspezifischen Integration in die Controllingtheorie zu prüfen.[62]

Aus allen drei vorgestellten Controlling-Sichtweisen lässt sich die Relevanz des Forschungsschwerpunktes der Visualisierung von Daten im Controlling ableiten. Wird der Controller lediglich als Informationslieferant angesehen, ist die Informationsdarstellung schon per se Kern seines Tätigkeitsbereichs. Wird ihm die Rolle des Rationalitätssicherers zugesprochen, ist es für ihn von Bedeutung, mögliche Informationsverzerrungen unterschiedlicher Darstellungsformen zu kennen. Da jedoch lediglich der verhaltensorientierte Ansatz die Notwendigkeit der Prüfung von Verhaltenswirkungen der Informationsdarstellung explizit als Gegenstand der Controllingforschung anerkennt, wird diese Sichtweise auch in der folgenden Untersuchung eingenommen.

2.1.4 Aufgaben des Controllings

Durch die unterschiedlichen Auffassungen des Controllings in Deutschland ist es nach wie vor schwierig, die Aufgaben eines Controllers genau abzugrenzen.[63] So beginnen Standardlehrbücher auch häufig mit empirischen Studien darüber, was Controller in der Praxis tagtäglich tun.[64] Die genaue Abgrenzung des Controllingbegriffs und unterschiedliche Vorstellungen der damit verbundenen Controller-Aufgaben sollen in dieser Arbeit nicht weiter vertieft werden. In Anlehnung an Amshoff können jedoch drei wichtige Aufgabenfelder des Controllings definiert werden, die konzeptionsübergreifend Konsens finden.[65] Schwerpunkte des Controllings sind demnach die Gestaltung des Planungsprozesses durch Definition von Planungsinhalten, Ableitung der Ziele, Konzeption und Umsetzung des Planungsprozesses in der Unternehmung, die Kontrolle und Steuerung der Zielerfüllung sowie die Versorgung des Managements mit führungsrelevanten Informationen durch Bereitstellung eines adäquaten

[61] Hirsch (2007), S. 267.
[62] Vgl. Hirsch (2007), S. 272 f.
[63] Vgl. Weber/Schäffer (2008), S. 1 ff.
[64] Vgl. z.B. Weber/Schäffer (2008), S. 3 ff.; Küpper (2008), S. 1 ff; Horváth (2009), S. 9 ff.
[65] Vgl. Amshoff (1993), S. 248 ff.

Informations- und Berichtssystems. Abbildung 2 stellt diese Aufgabenfelder und die wichtigsten darunter gefassten Tätigkeiten im Überblick dar.

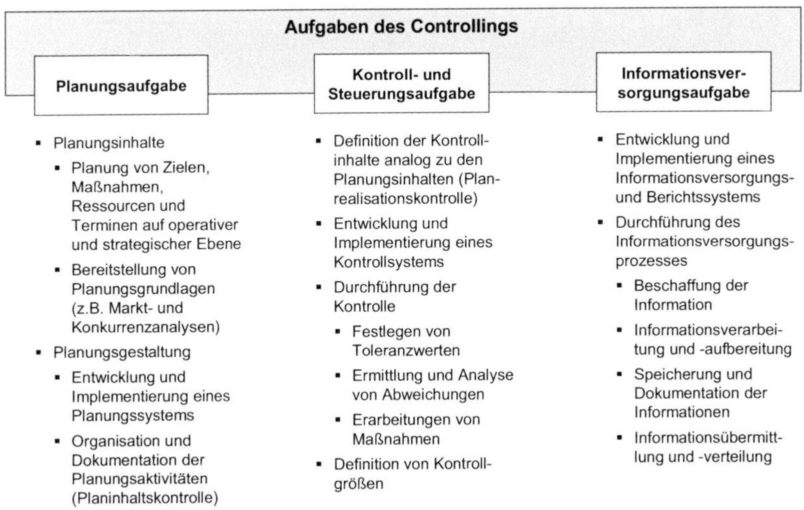

Abbildung 2: Aufgaben des Controllings[66]

Das Untersuchungsobjekt dieser Arbeit, die Visualisierung von Daten im Controlling, fällt unter die Informationsversorgungsaufgabe als Teil der Informationsverarbeitung und -aufbereitung für das Berichtswesen.

Nach Meinung von Steinle/Daum entwickelt sich das Controlling „mit seinen Bausteinen Planung, Steuerung und Kontrolle sowie Koordination und Informationsversorgung zum Unterstützungs- und Beratungssystem mit Dienstleistungscharakter auf allen Ebenen der Unternehmung“[67]. Um diesem Zukunftsbild zu entsprechen, wird es für den Controller immer mehr auch Teil der Aufgabe werden, Perspektiven zur eigenen Qualitätssteigerung in einem interdisziplinären Ansatz zu suchen und die (verhaltens-)relevanten Erkenntnisse aus benach-

---

[66] Quelle: Eigene Darstellung, vgl. auch Amshoff (1993), S. 248-274.
[67] Steinle/Daum (2007a), S. 989.

barten Wissenschaften in das Controlling zu übertragen. Ein hohes Maß an Expertise in der Visualisierung von Daten und ihrer Wirkung kann ein Aspekt dieser Qualitätssteigerung sein.

2.2 Gestaltung des Informations- und Berichtswesens durch das Controlling

Die Aufgabe der Informationsversorgung beinhaltet für den Controller, „dass die Informationen gewonnen, verarbeitet und zum richtigen Zeitpunkt sowie in der für den Verwender geeigneten Weise bereitgestellt werden.“[68] Dadurch hat das Controlling die Möglichkeit, das Verhalten und die Entscheidungen des Managements zu beeinflussen und für eine Ausrichtung an den Unternehmenszielen zu sorgen.[69] Das wichtigste Ergebnis der Informationsversorgungsaufgabe und damit „Kernprodukt der Controllerarbeit“[70], sind die unterschiedlichen Berichte, die durch das Controlling generiert und bereitgestellt werden.

2.2.1 Grundfragen der Informationsversorgung

Die Informationsversorgungsaufgabe des Controllers umfasst grundsätzlich die Informationserfassung und -bereitstellung für das Management.[71] Dabei trägt der Controller nicht nur die Verantwortung für die Qualität der Informationsquellen, er muss auch gewährleisten, dass die Informationen dem Informationsbedarf des Managers entsprechen. Hinsichtlich der Informationsquellen muss der Controller für Konsistenz und Verlässlichkeit der Zahlen sorgen, nicht nur zugunsten der Rationalität darauf basierender Entscheidungen, sondern auch zum Schutz des eigenen Ansehens als Führungsdienstleister.[72] Der Controller wird durch die Entwicklung der Informationstechnologie unterstützt, die es ermöglicht, Daten immer schneller und effizienter zu verarbeiten, zu aggregieren und auszuwerten. Den Vorteilen des technischen Fortschritts steht jedoch die Gefahr gegenüber, dass Datenmasse und -komplexität kaum noch zu bewältigen sind.[73]

[68] Küpper (2008), S. 152.
[69] Vgl. Küpper (2008), S. 205.
[70] Weber/Schäffer (2008), S. 221.
[71] Vgl. Kapitel 2.1.4. Zur Abgrenzung der Begriffe Daten und Informationen vgl. Kapitel 2.3.1.
[72] Vgl. Weber/Schäffer (2008), S. 76.
[73] Vgl. auch Kapitel 2.3.4.

Trotz der vorhandenen Datenfülle beklagen Manager häufig, dass entscheidungsrelevante Informationen nicht ausreichend oder nicht rechtzeitig vorhanden sind.[74] Eine wichtige Aufgabe des Controllers ist es daher, „die relevanten Informationen aus der großen Datenmasse zu selektieren."[75] Die „relevanten" Informationen, die zur Lösung von Aufgaben und Entscheidungsproblemen in der Unternehmung benötigt werden, werden auch als *Informationsbedarf* bezeichnet.[76] Dem gegenüber stehen das *Informationsangebot*, z.B. Berichte aus dem Controlling, und die *Informationsnachfrage* durch den Manager. Während der Informationsbedarf also vor allem von Entscheidungsproblemen dominiert ist, hängt die Informationsnachfrage von Verhaltensaspekten des Managers ab. Das Informationsangebot durch das Controlling kann als instrumentendominiert bezeichnet werden. Aus diesem Grund sind die drei Größen in der Realität zumeist nicht deckungsgleich, wie in Abbildung 3 veranschaulicht.

Feld 1 stellt den Idealbereich einer Kongruenz von Informationsbedarf, -angebot und -nachfrage dar. Feld 2 symbolisiert ein Informationsangebot des Controllings, das zwar vom Management angenommen wird, aber nicht zur Problemlösung beiträgt, Feld 3 eine unbefriedigte aber ebenfalls nicht problemrelevante Informationsnachfrage des Managements. Von großer Bedeutung ist Feld 4, das eine unbefriedigte Nachfrage nach solchen Informationen ausdrückt, die für die Problemlösung von Nutzen wären. Hier kann von einer Unterversorgung von Informationen durch das Controlling gesprochen werden. Auch Feld 5 stellt eine Unterversorgung problemrelevanter Informationen dar, der Bedarf ist jedoch weder dem Controlling noch dem Management bekannt und daher umso schwerer zu befriedigen. Feld 6 und 7 drücken ein Überangebot an Informationen vom Controlling aus. Der Controller muss diese Informationen, wenn sie zur Problemlösung beitragen (Feld 6), besser an das Management „verkaufen", andernfalls sollte die Informationsbereitstellung reduziert werden (Feld 7).[77] Der Grad der Kongruenz der Felder hängt vom Kontext des Unternehmens und der zu lösenden Aufgaben ab, sowie ganz entscheidend von den Eigenschaften des Managers.[78]

[74] Vgl. Scholl (1992), Sp. 901.
[75] Botschatzke (1998), S. 106.
[76] Vgl. Küpper (2008), S. 180.
[77] Vgl. Weber/Schäffer (2008), S. 86 f.
[78] Vgl. Weber/Schäffer (2008), S. 87.

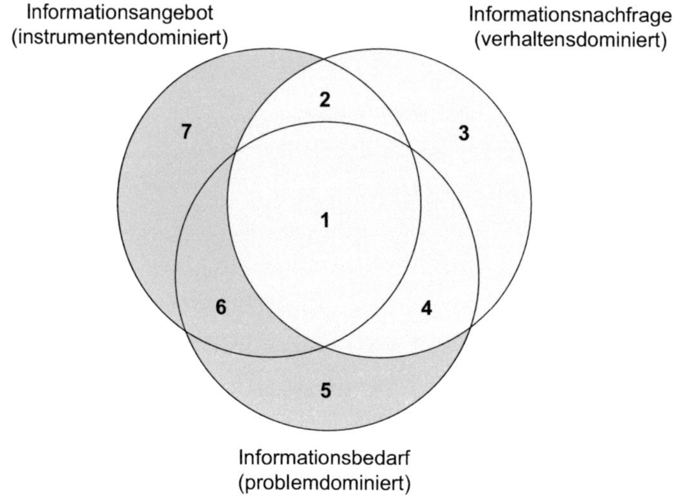

Abbildung 3: Kongruenz zwischen Informationsbedarf, -angebot und -nachfrage[79]

Um eine möglichst große Deckung des Informationsbedarfs mit Angebot und Nachfrage zu erreichen, muss der Controller seinen Kunden, den Manager, genau kennen und das Informationsangebot seinen Fähigkeiten und Einstellungen anpassen.[80] Es wird als wichtiges Ziel des Controllings angesehen, für eine möglichst hohe Informationskongruenz zu sorgen.[81]

Hinsichtlich der Weitergabe von Informationen an den Manager lassen sich nach Weber und Schäffer zudem folgende Anforderungen formulieren:[82]

- Objektivität
- Nachvollziehbarkeit
- Benutzeradäquanz
- Problemadäquanz.

[79] Quelle: Weber/Schäffer (2008), S. 86.

[80] Vgl. Küpper (2008), S. 186 ff. Dort findet sich auch eine Zusammenfassung unterschiedlicher Methoden zur Informationsbedarfsermittlung.

[81] Vgl. Amshoff (1993), S. 193 ff.

[82] Vgl. Weber/Schäffer (2008), S. 93 f.

Das Objektivitätskriterium wird erfüllt, wenn die Bewertung der Informationen durch den Controller interessenneutral ist und der Controller keine versteckten Ziele durch die Wahl der Informationen zu erreichen versucht. Um Verständnisprobleme möglichst gering zu halten, sollten alle Informationen zudem einfach nachvollziehbar sein. Benutzer- und Problemadäquanz drücken die Forderung aus, dass die übermittelten Informationen sowohl dem Empfänger und dem Problem angepasst sind, womit auch ein hoher Erfüllungsgrad der Informationskongruenz (Feld 1 in Abbildung 3) erreicht wird.

2.2.2 Determinanten des Berichtswesens

Das Berichtswesen wird als „systematische, strukturierte und zeitnahe Versorgung verschiedener Adressaten mit erforderlichen konsistenten Informationen“[83] verstanden und umfasst „alle Personen, Einrichtungen, Regelungen, Daten und Prozesse [...], mit denen Berichte erstellt und weitergegeben werden.“[84]

Das Berichtswesen stellt die zeitlich aufwändigste Aufgabe eines Controllers dar.[85] Bei der Erstellung von Berichten befindet sich der Controller in einem Spannungsfeld zwischen häufig recht kurzfristig geäußerten Anfragen des Managements, einer etablierten Berichtstradition und den technischen Möglichkeiten und Grenzen der Berichterstellung.[86] Es ist verwunderlich, dass diese Aufgabe von Controllern eher als monotone Routine angesehen wird, schließlich stellt doch gerade das Berichtswesen ein bedeutsames Endprodukt der Controllerarbeit dar und sein Inhalt hat als „Basiswissen der Unternehmensführung“[87] hohe Relevanz für die meisten Entscheidungen im Management. Ziel des Berichtswesens ist es, auch vor dem Hintergrund der eingangs beschriebenen Informationsbelastung, „das Wesentliche

[83] Weber et al. (2008), S. 12.
[84] Küpper (2008), S. 194. Der Fokus liegt dabei auf der Übermittlung innerbetrieblicher Informationen, vgl. Weber/Schäffer (2008), S. 221.
[85] In einer Studie von Weber (2008) gaben Controller an, 22,25% ihrer Zeit dem Berichtswesen zu widmen, vgl. ebd., S. 14.
[86] Vgl. Weber et al. (2005b), S. 7.
[87] Weber et al. (2005b), S. 9.

‚sichtbar' zu machen.“[88] Die Ausprägung der Merkmale des Informationsbedarfs ist daher ausschlaggebend für die Gestaltung der Merkmale des Berichtswesens.[89]

2.2.2.1 Berichtsarten

Im Berichtswesen wird allgemein zwischen Standard-, Abweichungs- und Bedarfsberichten unterschieden[90] wobei die Grenzen zwischen diesen Berichtsarten zunehmend verschwimmen.[91]

Alle regulär erstellten Berichte wie z.B. der Monatsbericht fallen in die Kategorie der Standardberichte. Sie erscheinen regelmäßig zu einem bestimmten Termin mit einer festgelegten Berichtsstruktur und werden an einen definierten Adressatenkreis verteilt. Sie enthalten typischerweise sehr umfassende Informationen, aus denen sich jeder Empfänger des Adressatenkreises die für ihn relevanten Informationen auswählen muss.[92]

Abweichungsberichte werden durch Unter- oder Überschreitung von bestimmten Schwellenwerten ausgelöst und können daher die Aufmerksamkeit des Managements direkt auf einen besonderen Entscheidungsbedarf lenken.[93]

Das Auftreten einer spezifischen Problemstellung mit einem akuten Informationsbedürfnis löst einen Bedarfsbericht aus. Je nach Aufwand, Umfang und Erstellungsrhythmus können diese Berichte für Controller sehr zeit- und kostenintensiv werden. Gerade durch die zunehmende Computerunterstützung in der Datenaufbereitung gewinnt diese Berichtsform allerdings zunehmend an Bedeutung.[94]

2.2.2.2 Gestaltungsmerkmale von Berichten

Als wichtigste Bestimmungsgröße für die Gestaltung von Berichten kann der Berichtszweck angesehen werden.

---

[88] Hummel (2007), S. 519.
[89] Vgl. Koch (1994), S. 58 f.
[90] Vgl. Küpper (2008), S. 195.
[91] Vgl. Weber et al. (2005b), S. 19.
[92] Vgl. Horváth (2009), S. 541.
[93] Vgl. Horváth (2009), S. 541 f.
[94] Vgl. Horváth (2009), S. 542.

In der Literatur werden vier Berichtszwecke unterschieden:[95]

- Dokumentation
- Planung
- Kontrolle
- Steuerung.

Unternehmensintern bezieht sich der Bedarf zur Dokumentation meist auf historische Daten des Geschäftsverlaufs, die für Planungszwecke herangezogen werden. Berichte zum Zweck der Planung dienen vornehmlich der Vorbereitung von Entscheidungen. Der Soll-Ist-Vergleich in Berichten erfüllt den Zweck der Kontrolle und führt schließlich zur Definition von Maßnahmen, die wiederum Grundlage der Steuerung des Unternehmens sind.

Die Gestaltung eines Berichts an seinem Zweck auszurichten mag zwar einfach erscheinen, in der Praxis zeigt sich jedoch, dass häufig versucht wird, mit einem Bericht mehrere der beschriebenen Zwecke zu erfüllen, was zu überladenen und komplexen Berichten führen kann.[96]

Der Berichtszweck ist entscheidend für die Gestaltung aller weiteren Berichtsmerkmale.[97] Wie in Abbildung 4 veranschaulicht, müssen dabei insbesondere die Aspekte Inhalt, Zeit, Form und Person berücksichtigt werden.[98] Der Berichtsinhalt wird im Wesentlichen über den Informationsgegenstand determiniert, also über die Daten, Informationen und Tatbestände, die der Bericht enthält. Darüber hinaus ist zu klären, welche Art von Aussagen über den Informationsgegenstand getroffen werden sollen. Hier lassen sich z.B. faktische (vergangenheitsbezogene), explanatorische (erklärende) oder prognostische (zukunftsgerichtete) Informationen unterscheiden.[99] Die Darstellung von Vergleichsgrößen (z.B. Soll-Ist-Vergleiche) ist ein wichtiger Bestandteil von Berichten und ermöglicht eine schnelle Beurteilung der Daten.[100] Das Gestaltungsmerkmal der Berichtsform umfasst den Umfang des Berichts, der sich je nach „Philosophie des Berichts“[101] zwischen kurzem Überblick und detailliertem Nachschlagewerk bewegen kann, sowie das Medium der Berichtsübermittlung. Da rein

[95] Vgl. Weber/Schäffer (2008), S. 222; siehe auch Koch (1994), S. 60 f.
[96] Vgl. Weber et al. (2005b), S. 21.
[97] Vgl. Koch (1994), S. 63.
[98] Vgl. Küpper (2008), S. 199 ff.
[99] Vgl. hierzu Küpper (2008), S. 181 f.
[100] Vgl. Horváth (2009), S. 550 ff.
[101] Weber et al. (2005b), S. 61.

computerbasierte Berichte in der Praxis bisher nur eine geringe Bedeutung haben, soll hier der Fokus auf traditionellen papierbasierten Berichtsformen liegen.[102] Hauptmerkmal der Berichtsform ist allerdings die Wahl der Darstellungsform, die auch das Untersuchungsobjekt dieser Arbeit darstellt und in Kapitel 4 noch näher analysiert wird. Grundsätzlich lässt sich daher zunächst lediglich feststellen, dass für die Darstellungsform im Allgemeinen Tabellen und Grafiken zur Auswahl stehen, die meist zusätzlich mit schriftlichen Kommentaren abgerundet werden. Insbesondere bei Standardberichten sollte auf ein einheitliches Layout geachtet werden, damit ein Wiedererkennungseffekt beim Management gewährleistet ist.[103]

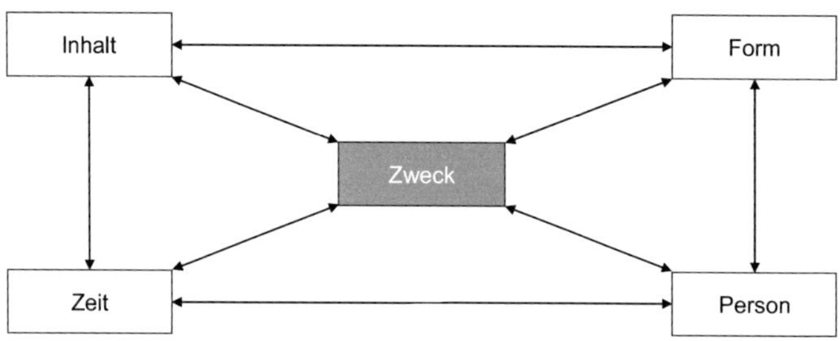

Abbildung 4: Merkmale zur Gestaltung von Berichten[104]

Die zeitliche Gestaltungsdimension des Berichtswesens bezieht sich auf den Berichtszyklus und das Erscheinungsdatum. Letzteres ist häufig ein Abwägungsproblem zwischen Aktualität und Genauigkeit der Informationen, da die Gewinnung präziser Daten z.B. aus dem Monatsabschluss und darauf basierende Analysen recht zeitaufwändig sein können.[105]

---

[102] Vgl. Weber et al. (2005b), S. 19 f. Auch Weber et al. (2008) empfehlen die Bereitstellung von Berichten in Papierform, da diese die Interaktion zwischen Controlling und Management und die Beschäftigung mit der Information fördern, vgl. S. 43 f. Laut Weber (2008) erhalten zwar knapp die Hälfte der Manager ihre Berichte nur noch in elektronischer Form, wie viele davon sich die Berichte dann ausdrucken ist jedoch nicht bekannt, vgl. S. 25.

[103] Vgl. Weber/Schäffer (2006), S. 215 f. sowie Kapitel 4.3.2.

[104] Quelle: Küpper (2008), S. 200.

[105] Vgl. Küpper (2008), S. 201 f. Zur Verfahren in der Praxis siehe auch Weber et al. (2005b), S. 51-55.

Das letzte Gestaltungsmerkmal bezieht sich auf den Berichtsempfänger und den Berichtsträger. Wie schon in Kapitel 2.2.1 angesprochen, sollte die Gestaltung eines Berichts an den Verhaltensmerkmalen des oder der Empfänger ausgerichtet werden.[106] Was diese Empfängerorientierung für die Visualisierung von Berichten genau bedeutet, wird in Kapitel 4.3 näher untersucht. In Bezug auf den Berichtsträger, also in den meisten Fällen die Controlling-Abteilung als Ersteller des Berichts, ist festzustellen, dass sich eine Berichterstattung „aus einer Hand" positiv auf die Zufriedenheit auswirkt.[107]

2.3 Grundlagen der Informationsverarbeitung

In diesem Abschnitt werden die kognitiven Prozesse der Wahrnehmung und der Informationsverarbeitung beleuchtet, die die Grundlage zum Verständnis der Verhaltenswirkung von (Berichts-)Informationen bilden. Als kognitiv werden alle Vorgänge bezeichnet, „durch die das Individuum Informationen aufnimmt, verarbeitet und speichert".[108]

2.3.1 Definition von Daten und Informationen

Im Sprachgebrauch werden die Ausdrücke, dass „anhand von bestimmten Daten", „auf Basis von vorliegenden Informationen" oder „nach bestem Wissen" entschieden wird, häufig undifferenziert verwendet. Da gerade für die wissenschaftliche Betrachtung der Visualisierung eine begriffliche Unterscheidung zwischen Daten und Informationen sinnvoll ist, sollen diese im Folgenden näher betrachtet werden.

Beim Informationsbegriff lassen sich drei aufeinander aufbauende Ebenen unterscheiden. Die syntaktische Ebene richtet sich alleine auf Zeichen bzw. Signale und ihre mathematisch-statistischen Beziehungen zueinander, die semantische Ebene bezieht sich auf Nachrichten als hinter den Signalen stehenden Tatbeständen und die pragmatische Ebene berücksichtigt auch den Sender und Empfänger sowie deren Zweckorientierung.[109] Eine weite Auslegung des Begriffs Information würde alle drei Ebenen umfassen, die enge Auslegung bezieht sich nur

---

[106] Vgl. auch Koch (1994), S. 64 f.
[107] Vgl. Weber/Sandt (2005), S. 397 f.
[108] Kroeber-Riel et al. (2009), S. 51.
[109] Vgl. Mag (1990), S. 5.

auf die Inhalte der pragmatischen Ebene.[110] In der Betriebswirtschaft hat sich die Definition von Wittmann durchgesetzt, der Informationen als „zweckorientiertes Wissen“[111] bezeichnet. Dies korrespondiert mit der engen Auslegung des Begriffs und betont die Zweckorientierung als Kernbestandteil für den Informationsbegriff, da nur jenes Wissen als Information zu betrachten ist, das der Vorbereitung einer späteren Entscheidung oder Handlung dient.[112] Wissen wird dabei als „Abbildung realer Sachverhalte in Denkinhalten (=effektives Wissen) oder Sprachzeichen (= potentielles Wissen)“[113] verstanden.

Vom Informationsbegriff lassen sich nun Daten als „medienverbunden und entscheidungsungebunden“[114] abgrenzen. Daten werden als Zeichenkombinationen (im Rahmen eines Speichermediums) verstanden, die für den Empfänger wahrnehmbar sind, aber in der Form noch nicht einem konkreten Entscheidungsproblem entsprechen. Durch den fehlenden Zweckbezug sind Daten also nur potentielle Informationen. Nach Weber/Schäffer werden „Daten oder Nachrichten, die Führungswissen repräsentieren und beim Informationsempfänger potentiell zu einer Erhöhung seines Wissenstandes führen“[115] zu Informationen. Zusammenfassend lässt sich also feststellen, dass Daten erst dann zu Informationen werden, wenn sie potentiell relevantes Wissen für eine spätere Entscheidung darstellen.

Die vorliegende Arbeit beschäftigt sich mit der Visualisierung von Daten. Daten finden demnach als entscheidungsungebundene Zahlen oder Fakten des betriebswirtschaftlichen Geschäftsverlaufs Eingang eine Form der Visualisierung, z.B. in einem Controllingbericht. Durch die Visualisierung können diese Daten für zukünftige Entscheidungsprobleme nutzbar gemacht werden und werden somit für den Visualisierungsempfänger von Daten zu Informationen.[116] Dies entspricht der Sichtweise, dass „erst die Nutzung der Daten durch das Ent-

[110] Vgl. Mag (1990), S. 5 f. Für verschiedene Auffassungen des Informationsbegriffs siehe auch Krcmar (2005), S. 14 ff.
[111] Wittmann (1959), S.14; vgl. auch Berthel (1992), Sp. 872 f.
[112] Vgl. Krcmar (2005), S. 17.
[113] Koch (1994), S. 44.
[114] Mag (1990), S. 6. Koch (1994) setzt die Zweckorientierung daher mit den Begriffen Entscheidungs- bzw. Aufgabenorientierung gleich, vgl. ebd., S. 30.
[115] Weber/Schäffer (2008), S. 76.
[116] Vgl. hierzu auch die Ausführungen in Kapitel 2.3.

scheidungssubjekt in der konkreten Entscheidungssituation [...] die Information entstehen [lässt]“[117].

2.3.2 Wahrnehmung und Informationsaufnahme

„Menschen handeln auf der Grundlage dessen, was und wie sie etwas wahrnehmen und nicht auf der Grundlage dessen, was ist.“[118] Diese Erkenntnis von Staehle macht deutlich, dass das Verständnis der menschlichen Wahrnehmung auch der Schlüssel zum Verständnis des menschlichen Handelns darstellt. Die Wahrnehmung ist ein komplexer Prozess, der über die verschiedenen Sinnesorgane des Menschen erfolgen kann. Im Folgenden wird der Fokus jedoch auf der visuellen Wahrnehmung liegen, da sie alleine für die nachfolgenden Visualisierungsfragen relevant ist.

Physiologisch ist die Vorraussetzung für die Wahrnehmung zunächst die sensorische Empfindung eines Reizes durch Stimulation einer der Rezeptoren der menschlichen Sinnesorgane.[119] Für die visuelle Wahrnehmung sind als Rezeptoren die Stäbchen und Zapfen der Retina (Netzhaut) verantwortlich. Die auslösenden Reize sind Lichtwellen und die entstehende Empfindung kann durch Farben, Muster oder Texturen ausgedrückt werden.[120] Eine Empfindung wird allerdings erst dann zur Wahrnehmung, wenn eine bewusste, gedankliche Verarbeitung des Reizes erfolgt, also ein kognitiver Prozess ausgelöst wird.[121] Die ständige Fülle von Reizen in der Umwelt überfordert die beschränkte Verarbeitungskapazität des Menschen. Daher reagiert der Organismus erst auf Reize, die eine bestimmte absolute Schwelle überschreiten und von diesen Reizen wird wiederum nur ein Teil auch wirklich wahrgenommen. Durch diese quantitative Selektion wird nur ein Bruchteil der Reize relevant für das menschliche Verhalten.[122]

Die Komplexität des Wahrnehmungsprozesses macht ihn sehr anfällig für Fehler. Zum einen können bestimmte Kombinationen von Reizen die physiologischen Möglichkeiten des Men-

---

[117] Mag (1990), S. 6.
[118] Staehle et al. (1999), S. 197.
[119] Vgl. Zimbardo/Gerrig (2004), S. 112 f.
[120] Vgl. Zimbardo/Gerrig (2004), S. 120 ff.
[121] Vgl. Staehle et al. (1999), S. 197 f.
[122] Vgl. Staehle et al. (1999), S. 198. Allerdings können auch sogenannte unterschwellige Reize eine Verhaltenswirkung auslösen, vgl. Kroeber-Riel et al. (2009), S. 325.

schen schlichtweg überfordern, so dass es zu Wahrnehmungstäuschungen oder -verzerrungen kommt,[123] zum anderen ist die Wahrnehmung des Menschen so stark subjektiv geprägt, dass unterschiedliche Wahrnehmungserlebnisse des gleichen Sachverhalts stark voneinander abweichen können.[124]

Der Begriff der Informationsaufnahme ist noch weiter gefasst als der Begriff der Wahrnehmung, da hiermit sowohl die Aufnahme von extern wahrgenommenen Reizen gemeint sein kann, als auch die Aktivierung intern vorhandener (d.h. im Gedächtnis gespeicherter) Informationen. Die Informationsaufnahme kann vom Menschen gesteuert werden, indem gezielt nach bestimmten Informationen gesucht wird, z.B. um einen Entscheidungsprozess zu unterstützen.[125]

2.3.3 Informationsverarbeitung

Nachdem ein Reiz die Schwelle zur Wahrnehmung überschritten hat, ist er Teil des menschlichen Informationsverarbeitungssystems. Das Informationsverarbeitungssystem (auch Gedächtnis) ist verantwortlich für Kodierung, Speicherung und Abruf von Informationen.[126] Es lassen sich drei Gedächtnisformen unterscheiden: das sensorische Gedächtnis (auch als sensorischer Register bezeichnet), das Arbeitsgedächtnis und das Langzeitgedächtnis.[127]

Das sensorische Gedächtnis ist für die Auswahl, Interpretation und Verknüpfung aufgenommener Reize verantwortlich und hat nur eine sehr begrenzte Speicherdauer von etwa einer halben Sekunde für visuelle Reize.[128] Die Speicherkapazität ist dafür sehr groß, so dass auch kurz nacheinander eingehende Reize gemeinsam zu einem Gesamtbild verarbeitet werden können. Innerhalb der kurzen Speicherdauer werden Reize interpretiert und verknüpft sowie

---

123 Vgl. Zimbardo/Gerrig (2004), S. 161 ff.

124 Vgl. Kroeber-Riel et al. (2009), S. 320 f.

125 Vgl. Kroeber-Riel et al. (2009), S. 289 ff. In der Marketing- und Konsumentenforschung wird intensiv zur Aktivierung der Informationsaufnahme geforscht. Im Kontext der Managemententscheidung kann jedoch davon ausgegangen werden, dass eine Aktivierung zur Lösung des Entscheidungsproblems durch entsprechende Anreizsysteme vorhanden ist.

126 Vgl. Zimbardo/Gerrig (2004), S. 293 f.

127 Vgl. Buchner/Brandt (2008), S. 430 f. Diese Unterscheidung wird als modales Gedächtnismodell bezeichnet. Es sind auch die Begriffe sensorischer Speicher, Kurzzeitspeicher und Langzeitspeicher bekannt. Diese Begriffe gelten jedoch als überholt, da sie oft als „passives Festhalten von Informationen" missverstanden worden, vgl. Kroeber-Riel et al. (2009), S. 274 f.

128 Vgl. Buchner/Brandt (2008), S. 457 f.; Kroeber-Riel et al. (2009), S. 276 f. Für visuelle Reize wird das sensorische Gedächtnis auch ikonisches Gedächtnis genannt.

eine Auswahl getroffen, welche der Reize in das Arbeitsgedächtnis weitergeleitet werden. Das sensorische Gedächtnis bildet damit „die Brücke zwischen Wahrnehmung und dem, was eher einer konventionellen Vorstellung von Gedächtnis entspricht."[129]

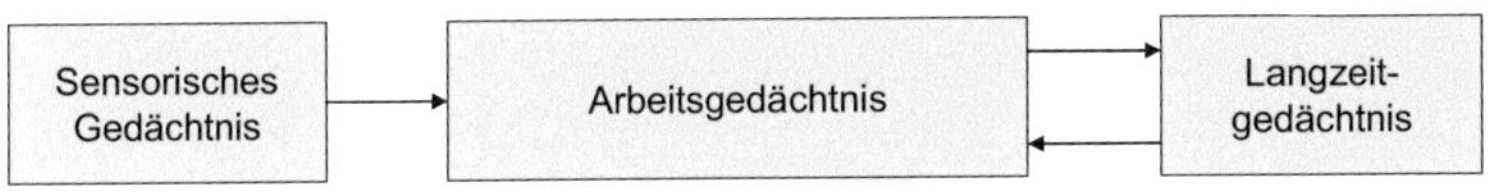

Abbildung 5: Der Informationsverarbeitungsprozess[130]

Das Arbeitsgedächtnis liegt prozessual zwischen sensorischem Gedächtnis und Langzeitgedächtnis. Auch diese Gedächtnisform hat nur eine relativ kurze Speicherdauer, die allerdings durch bewusste Aufmerksamkeit verlängert werden kann.[131] Die durchschnittliche Kapazität des Arbeitsgedächtnisses wird auf sieben plus/minus zwei Informationseinheiten geschätzt.[132] Die Größe der Informationseinheiten (die auch als chunks bezeichnet werden) variiert je nach Komplexität der aufgenommen Informationen.[133] Im Arbeitsgedächtnis werden Informationen bewusst verarbeitet, es bildet in Analogie zum Computer den Arbeitsspeicher des Gehirns. Informationen aus dem sensorischen Gedächtnis und aus dem Langzeitgedächtnis werden hier zusammengefügt und zu neuen Mustern, Ereignissen oder Erkenntnissen verarbeitet. Die begrenzte Kapazität determiniert den möglichen Umfang kognitiver Operationen.

---

129 Buchner/Brandt (2008), S. 430.

130 Quelle: In Anlehnung an Zimbardo/Gerrig (2004), S. 298.

131 Vgl. Kroeber-Riel et al. (2009), S. 285 ff. Die Aufmerksamkeitslenkung wird von der sogenannten „zentralen Exekutive" im Arbeitsgedächtnis gesteuert. Laut Edelmann (2000) beträgt die Speicherdauer im Arbeitsgedächtnis etwa 15 Sekunden, vgl. S. 168.

132 Vgl. Miller (1956). Für visuelle Informationen liegt die Kapazitätsobergrenze bei etwa vier bis fünf Objekten, vgl. Alvarez/Cavanagh (2004).

133 Vgl. Zimbardo/Gerrig (2004), S. 305. Ein chunk ist eine „bedeutungsvolle Informationseinheit", darunter kann ein einzelner Buchstabe, eine Zahl, aber auch eine Buchstabenfolge, eine Folge von Wörtern oder ein ganzer Satz verstanden werden.

Informationen, die aus dem Arbeitsgedächtnis in das Langzeitgedächtnis weitergegeben werden, stehen langfristig zur Verfügung und können jederzeit wieder in das Arbeitsgedächtnis abgerufen werden. Das Langzeitgedächtnis eines Menschen „bestimmt sein gesamtes Wissen von der Welt und von sich selbst“[134] und bietet einen geschätzten Speicherplatz für durchschnittlich 100 Billionen Informationsbestandteile.[135] Nur wenig ist bisher bekannt darüber, in welcher Form Informationen im Langzeitgedächtnis repräsentiert werden. Es wird jedoch angenommen, dass Bilder bei der Organisation des gespeicherten Wissens eine wichtige Rolle spielen und die Behaltensleistung von Informationen verbessern können.[136] Abbildung 5 zeigt eine schematische Darstellung des Informationsverarbeitungsprozesses.

Wie die Wahrnehmung verläuft auch die Informationsverarbeitung nicht immer fehlerfrei. Insbesondere sind in der psychologischen und wirtschaftswissenschaftlichen Literatur unterschiedlichste Verzerrungen der Informationsverarbeitung in Entscheidungssituationen bekannt.[137] In Kapitel 3 wird näher beleuchtet, welchen Einfluss bildliche Informationen bzw. verschiedene Formen der Visualisierung auf die Informationsverarbeitung haben. Verzerrungen der Informationsverarbeitung, die nicht auf eine Visualisierung zurückzuführen sind, sowie physiologische Anomalien der Informationsaufnahme werden im Folgenden nicht betrachtet.

2.3.4 Informationsbelastung

Die heutige Informationsgesellschaft ist gekennzeichnet durch ein massives Überangebot an Informationen, sowohl auf makroökonomischer Ebene als auch im einzelnen Unternehmen.[138] Der sogenannte „information overload“[139] führt im Unternehmen zu einer Vielzahl von Problemen. Unter anderem werden Manager sehr selektiv bei der Informationsverarbeitung

---

[134] Zimbardo/Gerrig (2004), S. 310.

[135] Vgl. Zimbardo/Gerrig (2004), S. 292.

[136] Vgl. Kroeber-Riel et al. (2009), S. 390 f.

[137] Vgl. z.B. Scholl (1992); Becker (2003); Bazerman (2006); Kahneman et al. (1982).

[138] Vgl. hierzu umfassend Bork (1994), S. 1 ff. sowie Edmunds/Morris (2000). Es lässt sich z.B. errechnen, dass nur knapp 8% des Informationsangebots im Unternehmen tatsächlich nachgefragt wird, vgl. Bork (1994) S. 10.
Dieses Überangebot an Informationen basiert letztlich auf einem Überangebot an Daten. Die in Kapitel 2.3.1. vorgenommene Unterscheidung zwischen Daten und Informationen wird in diesem Zusammenhang jedoch häufig nicht weiter vertieft, vgl. Edmunds/Morris (2000), S. 19 f.; Schick et al. (1990), S. 199.

[139] Für einen Überblick zu verschiedenen Definitionen des information overload vgl. Eppler/Mengis (2004), S. 328.

bzw. ignorieren wesentliche Informationen, sie benötigen mehr Zeit für Entscheidungen oder treffen fehlerhafte Entscheidungen und sie empfinden psychische Beanspruchung und Stress.[140] Es wird daher als Aufgabe des Controllers angesehen, die Informationsflut auf den Manager zu beschränken um seine Handlungsfähigkeit zu bewahren.[141]

Eine Möglichkeit den information overload zu reduzieren, ist die Reduktion der Menge der angebotenen Information. Es wird allgemein von einem Zusammenhang in inverser U-Form zwischen Informationsmenge und Entscheidungsqualität ausgegangen. Die Entscheidungsqualität steigt mit zunehmender Informationsmenge bis zu einem bestimmten Punkt zunächst an, um anschließend bei einer weiteren Erhöhung der Informationsmenge rapide abzunehmen.[142]

Aufgrund des stetigen Wachstums des Informationsvolumens[143] ist es jedoch nicht immer einfach, die Informationsmenge zu begrenzen. Die Visualisierung, als eine Form der Informationsverdichtung, stellt daher eine wichtige Möglichkeit dar, den information overload zu reduzieren.[144] Wie und unter welchen Umständen Visualisierungen die Informationsverarbeitung vereinfachen, wird im folgenden Abschnitt definiert und in Kapitel 3 näher untersucht.

2.4 Visualisierung von Daten

Die Visualisierung von Daten nimmt in den unterschiedlichsten Wissenschaften eine bedeutende Rolle ein. So beschäftigen sich unter anderem Physiker, Biologen und Mediziner mit der Darstellung komplexer, mehrdimensionaler Relationen und Phänomene, Informatiker mit der Entwicklung entsprechender technischer Grafik-Unterstützung, Psychologen und Ökonomen mit der Wirkung der Wahrnehmung grafischer Darstellungen auf die Informationsverar-

[140] Als Überblick zur umfangreichen Forschung zum information overload vgl. Eppler/Mengis (2004); Edmunds/Morris (2000); Schick et al. (1990). Weber/Schäffer (2008) sprechen in diesem Zusammenhang auch von gestörter Perzeptions-, Prognose- und Bewertungsfähigkeit, S. 90 f.

[141] Vgl. Amshoff (1993), S. 182; Volnhals/Hirsch (2008), S. 54 f.

[142] Vgl. Eppler/Mengis (2004), S. 326 sowie grundlegend Schroder et al. (1967).

[143] Vgl. Eichholz (2008), S. 18.

[144] Vgl. dazu die Ausführungen in Kapitel 2.4.2.

beitung und die Entscheidung und Pädagogen mit der Wirkung auf das Lernverhalten.[145] In diesem Abschnitt wird der Begriff Visualisierung in Bezug auf die Problemstellung dieser Arbeit definiert und die Wirkung der Visualisierung von Daten auf die Informationsverarbeitung aufgezeigt.

2.4.1 Definition

Die Vielzahl der unterschiedlichen Sichtweisen auf das Thema der Visualisierung spiegelt sich in den möglichen Ansätzen zur Definition des Begriffs wider.[146] Während der Begriff der Visualisierung ursprünglich sehr eng an die Computertechnik angelehnt war, werden heute die Begriffe Visualisierung, Grafik, Computergrafik, Geschäftsgrafik oder auch englischen Anleihen wie „business graphics“ teilweise synonym und ohne klare definitorische Abgrenzung verwendet.[147]

Vom lateinischen Wortstamm her (lat. videre = sehen, wahrnehmen) bezeichnet Visualisierung zunächst ganz allgemein eine Darstellungsform von Daten oder Informationen, die auf visuellen Reizen beruht. In der Fachliteratur wird der Begriff der Visualisierung allerdings vielschichtiger interpretiert. Es lassen sich zwei wichtige Charakteristiken der Visualisierung herausarbeiten, der Prozessbezug und die Zielorientierung.

Der Prozessbezug der Visualisierung wird z.B. von Fischer hervorgehoben: „Visualisierung ist der Prozess oder die Tätigkeit, nichtvisuelle Informationen in visuelle Formen zu überführen.“[148] Die Zielorientierung der Visualisierung beschreibt den Versuch, durch eine visuelle Darstellung von Daten die Verarbeitung beim Empfänger zu erleichtern. So beschreibt Ware in einer sehr technischen Definition Visualisierung als „the use of interactive visual represen-

[145] Für eine Übersicht unterschiedlicher Forschungs-Strömungen in der Visualisierung vgl. Shah et al. (2005), S. 428; Scheed (2000), S. 28 ff.; Meyer (1996), S. 1f. und 13 ff. Für einen Abriss der historischen Entwicklung der Visualisierungsforschung sei auf Möslein (1999), S.24 ff. und DeSanctis (1984), S. 464 ff. verwiesen.

[146] Einen umfassenden Überblick zu Definitionen, Konzeptionen und Sichtweisen der Visualisierung liefert Möslein (1999), S.36 f.

[147] Vgl. Meyer (1996), S. 13 ff; Sponholz (1997), S. 25 f.

[148] Fischer (1998), S. 12. Demgegenüber stellt Meyer den Begriff „visuell“ als Zustandsbezeichnung, vgl. Meyer (1996), S. 15 f. Der Versuch Meyers, durch eine Einführung unterschiedlicher Visualisierungsgrade ein Visualisierungsniveau messbar zu machen, soll hier jedoch nicht weiterverfolgt werden, da sich hiervon keine Implikationen für die Visualisierung im Controlling versprechen lassen, vgl. Meyer (1996), S. 19 ff.

tations of abstract data to amplify cognition“[149]. Laut Ware kann Visualisierung als kognitives Werkzeug gesehen werden, das die Entscheidung unterstützt.[150]

Eine Definition, die sowohl den Prozessbezug als auch die Zielorientierung der Visualisierung berücksichtigt, liefern Lurie und Mason: „visual representation involves the selection, transformation, and presentation of data [...] in a visual form that facilitates exploration and understanding."[151] Diese Definition kann als sehr weite Auslegung des Begriffs Visualisierung angesehen werden, die sogar die Auswahl der Daten mit einbezieht. Zwar wird die Auswahl von Daten oder Informationen zur Lösung von Entscheidungsproblemen im Management als Aufgabe des Controllings verstanden und im Rahmen einer Informationsbedarfsanalyse umfassend untersucht.[152] Zur Untersuchung der Wirkung einer Visualisierung von Daten im Controlling sollten jedoch Probleme der Auswahl entscheidungsrelevanter Daten ausgeklammert werden, um Effekte der Datenvisualisierung klar von Effekten der Datenauswahl trennen zu können.

Ein weiterer definitorischer Aspekt ist die Funktion der Visualisierung. Eine Visualisierung kann Träger der Kerninformation sein oder nur begleitenden Charakter haben bzw. als Hilfsmittel dienen, wie beispielsweise die Formatierung von Texten.[153] Diese Arbeit konzentriert sich auf Darstellungen, die Träger der Kerninformation sind, da dies der Funktion des Berichtswesens im Controlling entspricht. Animationen und bewegte Bilder stehen nicht im Fokus, da diese Formen der Visualisierung technisch sehr aufwändig sind und in der Praxis von Controlling und Management heute nur äußerst selten Anwendung finden.[154]

---

[149] Ware (2004), S. xvii.
[150] Vgl. Ware (2004), S. 2.
[151] Lurie/Mason (2007), S. 161.
[152] Vgl. Botschatzke (1998), S. 106; Berthel (1992); Horváth (2009), S. 310 ff.
[153] Vgl. Meyer (1996), S. 15.
[154] Vgl. dazu Meyer (1996), S. 479-482. Studien zeigen außerdem, dass die Animation von Grafiken das Verständnis nicht verbessert, vgl. Tversky et al. (2002).

Für diese Arbeit soll Visualisierung daher *die Umwandelung von Daten in eine visuelle Darstellung sowie deren Präsentation mit dem Ziel einer leichteren Erfassung und eines besseren Verständnisses* umfassen.[155]

Entsprechend der in Kapitel 2.3.1 dargestellten Sichtweise der Begriffe Daten und Informationen wird nun deutlich, dass die Visualisierung in diesem Zusammenhang als Möglichkeit verstanden werden kann, aus Daten für den Visualisierungsempfänger entscheidungsrelevante Informationen zu generieren. Dabei wird unterstellt, dass der Sender das Ziel hat, dem Empfänger nicht nur Daten (ohne Zweckbezug), sondern Informationen zu übermitteln.[156] Der Begriff Visualisierung stellt dabei einen Oberbegriff für unterschiedliche Visualisierungsformen dar und wird synonym zu den Begriffen grafische Darstellung oder Grafik verwandt. Auch Tabellen können im weiteren Sinne eine Form der Visualisierung darstellen. In der vorliegenden Arbeit wird unter dem Begriff Visualisierung jedoch vornehmlich die grafische Darstellung von Daten verstanden.

2.4.2 Wirkung auf die Informationsverarbeitung

Die Fähigkeit des Menschen, bildliche und räumliche Zusammenhänge, also Muster, Formen, Farben oder Unregelmäßigkeiten, besonders gut zu erfassen, kann der Visualisierung einen entscheidenden Vorteil gegenüber anderen Formen der Informationsbereitstellung liefern.[157]

Die Imagery-Forschung befasst sich explizit mit den gedanklichen Prozessen, „die bei der Entstehung, Verarbeitung, Speicherung und beim Aufruf von visuellen Informationen wirksam werden."[158] Es lässt sich zeigen, dass sprachliche (verbale) und bildliche (visuelle) Informationen in voneinander unabhängigen, aber miteinander verbundenen Systemen des Gedächtnisses verarbeitet und gespeichert werden, man spricht auch von unterschiedlicher

[155] Dieses Verständnis lehnt sich dem englischen Begriff der „data visualization" an, der sich vom Begriff „information visualization" dadurch abgrenzt, dass sich die information visualization im Wesentlichen mit der Entwicklung von Programmen zur Visualisierung sehr komplexer, multidimensionaler Daten sowie deren Mensch-Computer-Schnittstelle beschäftigt, vgl. Chen (2006); Card et al. (1999). Diese komplexen Programme und Visualisierungen spielen jedoch im Controlling (noch) keine Rolle.

[156] Vgl. Kapitel 2.3.1.

[157] Vgl. Lurie/Mason (2007), S. 160.

[158] Kroeber-Riel et al. (2009), S. 391.

Kodierung der Informationen.[159] Da es für ein Individuum einfacher ist, bildliche Darstellungen in den verbalen Code zu transferieren, als verbale Informationen in einen bildlichen Code, sind Visualisierungen bei der Informationsverarbeitung und -speicherung im Vorteil.[160] Durch die bildliche Darstellung werden Daten verdichtet und eine Menge an Daten kann vom Betrachter als ein einzelner „chunk“ wahrgenommen werden.[161] Dies entlastet die kognitiven Prozesse des Betrachters, er kann also mehr Daten oder Informationen auf einmal aufnehmen, ohne seine begrenzte Kapazität zu überfordern.[162] Bei der Speicherung von Informationen im bildlichen Code werden zudem sogenannte Schemata gebildet, die das Wiedererkennen bildlicher Darstellungen erleichtern.[163] Weiterhin werden durch Visualisierungen nicht nur Zusammenhänge innerhalb der Daten, wie Trends oder Entwicklungen, besser sichtbar, sondern auch Ausreißer oder Ausnahmen werden schneller erkannt.[164]

Die Vorteile einer Visualisierung bei der Informationsspeicherung werden insbesondere im Marketing ausgenutzt.[165] Für die vorliegende Arbeit soll der Fokus allerdings auf Informationsverarbeitungs- und Entscheidungsprozessen und nicht auf möglichen (Langzeit-)Effekten der Informationsspeicherung liegen.[166]

2.5 Fazit der Informationsversorgung durch das Controlling

Zusammenfassend lässt sich feststellen: „No matter how clever the choice of the information, and no matter how technologically impressive the encoding, a visualization fails if the decoding fails.”[167] Daher wurde in diesem Kapitel großer Wert auf die Erläuterung der Grundlagen kognitiver Prozesse gelegt, die über die Dekodierung der Daten aus einer Darstellung und

---

159 Dies entspricht der Dual Coding-Theorie von Paivio, der verbale Informationen vornehmlich der linken und bildliche Informationen der rechten Gehirnhälfte zuordnet, vgl. Paivio (1986), S. 53 ff.; Glass et al. (1979), S. 7 ff.; Kroeber-Riel et al. (2009), S. 390 ff.

160 Dies wird auch als „picture superiority effect“ bezeichnet, vgl. Kroeber-Riel et al. (2009), S. 393.

161 Zum Begriff chunk vgl. Kapitel 2.3.3.

162 Vgl. Lohse (1997), S. 297; Speier (2006), S. 1120.

163 Simkin/Hastie (1987) definieren diese Schemata als „generic cognitive structure, learned from past experience in a domain and stored in long-term memory, that guides a perceiver in organizing incoming information into a complex knowledge representation”, S. 459. Vgl. auch Zimbardo/Gerrig (2004), S. 328 ff.

164 Man spricht hier vom sogenannten „visual salience effect”, vgl. Jarvenpaa (1990); Lurie/Mason (2007).

165 Vgl. Kroeber-Riel et al. (2009), S. 403 ff.

166 Zu Vorteilen der Visualisierung bei der Informationsspeicherung vgl. auch Sparrow (1989); Umanath et al. (1988); Umanath et al. (1990).

167 Cleveland (1993), S. 26.

damit über den Erfolg einer Visualisierung entscheiden. Das Erreichen eines Visualisierungserfolgs wurde als Ziel der Arbeit definiert.[168]

Folgende Punkte wurden als Grundlagen für die Untersuchung der Visualisierung von Daten im Controlling festgehalten:

- Die Relevanz des Forschungsschwerpunktes der Visualisierung von Daten im Controlling kann aus unterschiedlichen Controllingkonzeptionen abgeleitet werden. Da nur das verhaltensorientierte Controlling-Verständnis explizit die Notwendigkeit der Integration verhaltenswissenschaftlicher Erkenntnisse in die Controllingforschung anerkennt, wird diese Sichtweise für die vorliegenden Arbeit eingenommen.

- Die Aufgaben des Controllings umfassen die Planung, die Steuerung und Kontrolle sowie die Informationsversorgung. Die Visualisierung von Daten ist insbesondere für die Informationsversorgungsaufgabe des Controllings von großer Bedeutung.

- Die Informationsversorgungsaufgabe des Controllings umfasst die Informationserfassung und -bereitstellung für das Management. Das Berichtswesen stellt dabei ein wesentliches Endprodukt der Controllerarbeit dar.

- Im Berichtswesen wird zwischen Standard-, Abweichungs- und Bedarfsberichten unterschieden. Gestaltungsmerkmale von Berichten umfassen Zweck, Inhalt, Zeit, Person und Form. Letzteres Merkmal schließt auch die Visualisierung von Berichtsdaten ein.

- Information wird als zweckorientiertes Wissen definiert. Daten werden durch den fehlenden Zweckbezug als potentielle Informationen verstanden. Durch die Visualisierung können Daten für zukünftige Entscheidungsprobleme nutzbar gemacht werden und werden somit für den Empfänger der Visualisierung zu Informationen.

- Die visuelle Wahrnehmung von Reizen erfolgt über die Stäbchen und Zapfen der Netzhaut und löst ab der Überschreitung einer Reizschwelle einen kognitiven Verarbeitungsprozess aus.

[168] Vgl. Kapitel 1.2.

- Der Informationsverarbeitungsprozess umfasst die Informationsaufnahme im sensorischen Gedächtnis, die Weiterverarbeitung im Arbeitsgedächtnis sowie die Informationsspeicherung im Langzeitgedächtnis. Die Informationsverarbeitungskapazitäten des Menschen sind begrenzt.

- Unter dem Begriff „information overload" wird die Belastung durch ein Überangebot an Daten und Informationen verstanden. Die Visualisierung von Daten stellt eine Möglichkeit dar, die Informationsbelastung zu reduzieren.

- Die Visualisierung wird in Bezug auf die Problemstellung dieser Arbeit als die Umwandelung von Daten in eine visuelle Darstellung sowie deren Präsentation mit dem Ziel einer leichteren Erfassung und eines besseren Verständnisses definiert.

- Durch die bildliche Kodierung im Gedächtnis können Visualisierungen die Verarbeitung und Speicherung von Daten erleichtern.

Basierend auf diesen Grundlagen sollen in der folgenden Untersuchung der Visualisierung von Daten im Controlling vor allem verhaltenswissenschaftliche Erkenntnisse im Vordergrund stehen, nicht die Exploration technischer Visualisierungsformen und -möglichkeiten.[169] Als nächster Schritt soll nun der Erkenntnisstand zur Visualisierung vertieft werden.

[169] Zu technischen Aspekten der Visualisierung siehe z.B. Fry (2008); Chen (2006).

3 Erkenntnisstand zur Visualisierung von Daten

Die wissenschaftliche Betrachtung der Visualisierung ist nicht primär eine Thematik der betriebswirtschaftlichen Forschung. Wie schon in Kapitel 2.4 erwähnt, beschäftigt sich eine Vielzahl an Forschungsgebieten mit diesem Thema, jedes von ihnen mit ganz unterschiedlichen Fragestellungen. Im Vergleich zu anderen Wissenschaften scheint die betriebswirtschaftliche Forschung jedoch, was die Anwendung von Erkenntnisse aus der Visualisierungsforschung angeht, noch nicht weit fortgeschritten zu sein.[170] Daher ist es zweckmäßig, einen detaillierten Blick auf den Erkenntnisstand zur Visualisierung zu werfen, um anschließend kritisch zu prüfen, welche Aspekte sich speziell für die Controllingforschung nutzbar machen lassen.

Durch die Vielfalt der Forschungsgebiete liegt eine Flut an Forschungsbeiträgen zur Visualisierung vor, deren Ergebnisse jedoch häufig widersprüchlich sind. Hauptgründe hierfür sind vor allem fehlende Theoriegrundlagen und teilweise sehr simple Untersuchungsdesigns.[171] Während zu Beginn der Visualisierungsforschung versucht wurde, die Überlegenheit einzelner Visualisierungsformen gegenüber Tabellen oder gegenüber einander zu beweisen, zeigte sich durch die Vielzahl an unvereinbaren Ergebnissen bald, dass das Thema integrativer betrachtet werde muss. So hat sich inzwischen der Konsens gebildet, dass der Visualisierungserfolg neben der grundlegenden Gestaltung der Visualisierung abhängig ist von den Einflussfaktoren „Aufgabe“ und „Empfänger“.[172] Jarvenpaa und Dickson postulierten sogar das ambitionierte Langfristziel, eine Matrix aller Präsentationsformate und Aufgaben sowie beeinflussender Nutzercharakteristiken zu erstellen.[173] Da eine derartige Matrix eine unermessliche Komplexität annehmen würde, ist dieses Ziel wohl kaum erreichbar. Es hat sich daher in der Visualisierungsforschung die Meinung durchgesetzt, von einem auf vielen

---

[170] Vgl. Lurie/Mason (2007), S. 160 mit Verweis auf West (1995).

[171] Vgl. DeSanctis (1984), S. 479 ff.; Shah et al. (2005), S. 465 f.

[172] Vgl. grundlegend DeSanctis (1984) sowie u.a. Shah et al. (2005); Meyer et al. (1997); Schumann/Müller (2000), S. 2; Coll/Coll (1993). Einige Autoren sehen zusätzlich den Kontext der Problemlösung bzw. die Situation als Einflussfaktor an, vgl. Meyer (1996), S. 157 ff.; Fischer (1998), S. 30. Die Aspekte des Kontexts lassen sich – soweit für die vorliegende Untersuchung relevant – jedoch besser in den Einflussfaktor Aufgabe eingliedern.

[173] Vgl. Jarvenpaa/Dickson (1988), S. 766.

Einzelexperimenten basierenden induktiven Verfahren abzukehren und generelle validierbare Modelle der Visualisierung zu erforschen.[174] In diesem Sinne sollen im Folgenden die für die Visualisierung maßgeblichen Konzepte und Modelle vorgestellt und der „state of the art“ der Visualisierungsforschung abgebildet werden. Die grundlegenden Zusammenhänge der Visualisierung bilden den konzeptionellen Bezugsrahmen[175] der Untersuchung und sind in Abbildung 6 dargestellt. Die Ziele der Visualisierung bestimmen zunächst, was mit einer Visualisierung erreicht werden soll. Die Eigenschaften der Aufgabe und des Empfängers beeinflussen die Informationsverarbeitung beim Empfänger und haben damit eine entscheidende Bedeutung für den Erfolg einer Visualisierung. Die Gestaltung der Visualisierung muss zur Erreichung eines Visualisierungserfolgs daher diesen beiden Einflussfaktoren angepasst werden.[176]

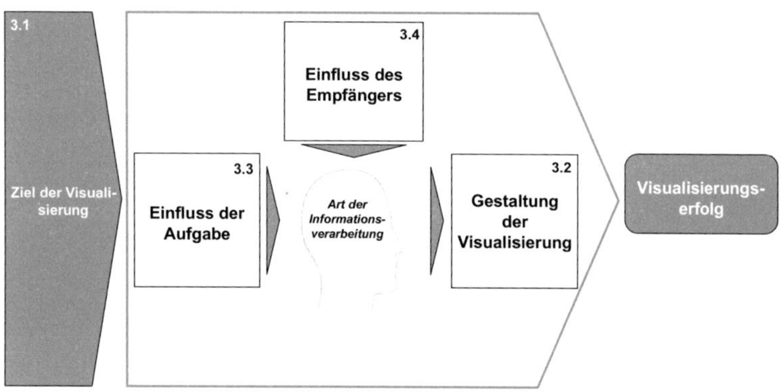

Abbildung 6: Bezugsrahmen zur Untersuchung der Visualisierung[177]

[174] Vgl. Meyer (2000), S. 1841.

[175] Ein konzeptioneller Bezugsrahmen ist eine „explizite und geschlossene Darstellung der jeweils verwendeten Grundbegriffe und der zwischen ihnen angenommenen Beziehungen in Form von möglichen Ursachen und erwarteten Konsequenzen“, Kubicek (1975), S. 37.

[176] Dieses Verständnis der Zusammenhänge entspricht der sogenannten Contingency-Theorie (auch: kontingenztheoretischer Ansatz) vgl. DeSanctis (1984), S. 480 f.; Sponholz (1997), S. 82 ff. Sie unterscheidet sich von einfachen Stimulus-Response-Modellen durch die explizite Modellierung der kognitiven Prozesse. Vgl. dazu die Ausführungen zum SOR-Paradigma des Neobehaviorismus bei Staehle et al. (1999), S. 154 ff.

[177] Quelle: Eigene Darstellung.

Dieser Bezugsrahmen bildet auch die Struktur des Kapitels ab. Zunächst werden in Kapitel 3.1 mögliche Ziele der Visualisierung definiert und erläutert. Anschließend wird in Kapitel 3.2 auf Grundlagen der Visualisierung eingegangen, um eine Basis für die spätere Untersuchung der im Bezugsrahmen dargestellten Wirkungsweise der Visualisierung zu schaffen. Dies beinhaltet neben einem Überblick zu den gängigsten Formen der Visualisierung die Analyse von grundlegenden Gestaltungsprinzipien. Diese Prinzipien aus der Gestaltpsychologie und aus praktischem Erfahrungswissen mit der Visualisierung können als Hygienefaktoren der Visualisierung verstanden werden. Die Gestaltung der Visualisierung entsprechend der Hygienefaktoren stellt die notwendige, nicht jedoch die hinreichende Bedingung für einen Visualisierungserfolg dar. Um auch die hinreichende Bedingung zu erfüllen, werden in Kapitel 3.3 und 3.4 die beiden erfolgsrelevanten Einflussfaktoren Aufgabe und Empfänger ausführlich untersucht und der diesbezüglich aktuelle Stand der Visualisierungsforschung dargestellt. Während die in Kapitel 3.2. gesammelten Erkenntnisse universelle Geltung auch für den Controllingbereich haben, müssen die in Kapitel 3.3. und 3.4 identifizierten Ursache-Wirkungs-Zusammenhänge erst auf ihre Relevanz für bzw. Übertragbarkeit auf das Controlling geprüft werden. Dies erfolgt in Kapitel 4, das sich ausschließlich der Visualisierung im Controllingkontext widmet.

3.1 Ziele der Visualisierung von Daten

In Kapitel 1.2 wurde die Identifikation von Einflussfaktoren auf den Visualisierungserfolg als ein Ziel dieser Arbeit beschrieben. Visualisierung wurde zudem in Kapitel 2.4.1 als *die Umwandelung von Daten in eine visuelle Darstellung sowie deren Präsentation mit dem Ziel einer leichteren Erfassung und eines besseren Verständnisses* definiert. Ein Visualisierungserfolg wird demnach erreicht, wenn eine Visualisierung zu einer leichteren Erfassung und einem besseren Verständnis als alternative Darstellungsformen von Daten führt. Die Erfassung und das Verständnis von Daten sind im Unternehmen jedoch kein Selbstzweck, sondern stehen im Zusammenhang mit Entscheidungs- und Beurteilungsproblemen. Als Oberziel der Visualisierung soll daher die Funktion der Entscheidungsunterstützung zur Erreichung einer höheren Entscheidungseffizienz (*schnellere* Entscheidungen) und einer höheren Entscheidungsqualität (mehr *richtige* Entscheidungen) festgehalten werden.[178] Dieses Oberziel kann im Kontext der Verwendung der Visualisierung noch weiter konkretisiert werden. Dabei werden zwei Verwendungssituationen der Visualisierung unterschieden, zum einen die Visualisierung zur Analyse und zum anderen die Visualisierung zur Präsentation.[179]

3.1.1 Ziele der Analyse

Die Analyse von Daten umfasst „Explorationen, Messungen, Berechnungen und Herleitungen von Beziehungen aus Daten."[180] Da die menschliche Informationsverarbeitung ist in ihrer Kapazität stark beschränkt ist[181], stoßen Menschen bei der Analyse von Daten schnell an kognitive Grenzen. Damit große Mengen von Daten aufgenommen und analysiert werden können, müssen diese daher aggregiert, das heißt auf sinnvolle Weise verdichtet werden, um die inhärenten Strukturen der Daten sichtbar zu machen. Aus der Struktur der Daten können dann neue Erkenntnisse, z.B. über statistische Zusammenhänge, gewonnen werden.[182] Die Visualisierung ist daher eine Form der Aggregation, die das Verständnis von Daten bei der Analyse stark vereinfacht, da sie „[i]nnere, sonst verborgene Zusammenhänge [...] aufgezeigt [...], die allein aus der Interpretation von Zahlenkolonnen nicht ableitbar wären."[183] Die Visualisierung hilft somit, die physische Leistungsfähigkeit der menschlichen Informationsverarbeitung für die Analyse besser zu nutzen.[184] Durch das Transparentmachen von Zusammenhängen und Strukturen können auch Probleme in den Daten selbst, z.B. fehlende oder inkorrekte Werte, aufgedeckt werden, so dass die Visualisierung eine Art Qualitätskontrolle von Daten ermöglicht.[185]

Bei der Analyse der Daten steht demnach der Erkenntnisgewinn durch die Visualisierung im Vordergrund. Wenn die Verantwortlichkeit für Datenanalyse und Entscheidung in einer Organisation personell übereinstimmen, erfüllt die Visualisierung damit direkt eine Entscheidungsunterstützungsfunktion. Sind jedoch unterschiedliche Personen für Datenaufbereitung

---

[178] Vgl. Ware (2004), S. 5: „The critical question is how best to transform the data into something that people can understand for optimal decision making."

[179] Vgl. Fischer (1998), S. 12; Schumann/Müller (2000), S. 2.

[180] Fischer (1998), S. 12

[181] Vgl. Kapitel 2.3.

[182] Vgl. Ware (2004), S. 4.

[183] Schumann/Müller (2000), S. 2.

[184] Vgl. Geßler (1993), S. 25; Meyer (1996), S. 26.

[185] Vgl. Ware (2004), S. 3.

und Entscheidung verantwortlich, müssen die in der Analyse aufgedeckten Erkenntnisse kommuniziert bzw. präsentiert werden.

3.1.2 Ziele der Präsentation

Unter der Präsentation von Daten wird allgemein die Darstellung von Themen für eine Zielgruppe verstanden.[186] Diese Darstellung kann dabei ganz unterschiedliche Formen annehmen, wie z.B. die Ansprache von Personen durch einen Präsentator oder die Darreichung von Berichten oder Broschüren.

Im Vergleich zur Analyse geht es bei der Verwendung von Visualisierungen in Präsentationen weniger um Erkenntnisgewinn als um Kenntnisvermittlung. Auch bei der Kommunikation von Informationen und Erkenntnissen wird durch die Visualisierung die Aufnahmefähigkeit und das Verständnis verbessert und beschleunigt. Dies führt zu einer höheren Akzeptanz der Informationen beim Adressatenkreis und erhöht die Motivation.[187] Visualisierungen eignen sich daher für alle Formen der Kommunikation und Kenntnisvermittlung, von der Präsentation der Geschäftszahlen bis zum Training von Mitarbeitern.[188]

Mit einer Visualisierung kann außerdem die Aufmerksamkeit gezielt auf bestimmte Themen, Daten oder Fakten gelenkt werden.[189] Dies ist von Vorteil, wenn dadurch die wichtigen und relevanten Teile einer Präsentation zuerst oder verstärkt wahrgenommen werden. Die Aufmerksamkeitslenkung von Visualisierung birgt jedoch auch die Gefahr, dass die nicht betonten Daten zu wenig Aufmerksamkeit bekommen und eventuell gar nicht mehr wahrgenommen werden. Das Ziel der Aufmerksamkeitslenkung durch Visualisierung ist daher aus Controllersicht nur dann legitim, wenn es wirklich zur Förderung einer rationalen Entscheidung führt.

---

[186] Vgl. Adam (2007), S. 628. Bruch (2003) spricht auch von einem „Prozeß wechselseitiger Informationsübermittlung", S. 662.

[187] Vgl. Meyer (1996), S. 26; Geßler (1993), S. 18.

[188] Vgl. Meyer (1996), S. 22.

[189] Vgl. Meyer (1996), S. 26. Man spricht diesbezüglich auch vom „visual salience effect", vgl. Jarvenpaa (1990)S. 251.

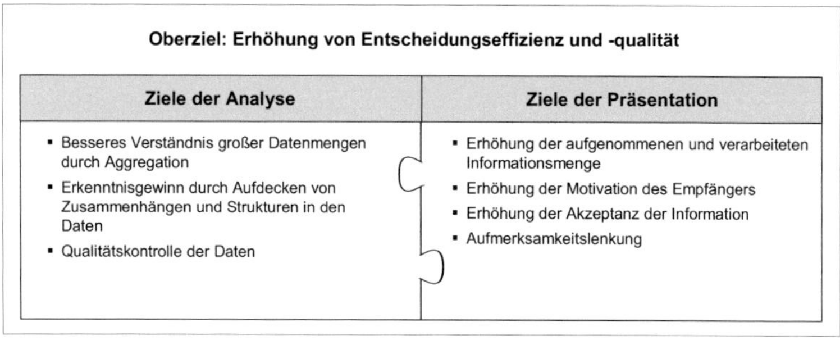

Abbildung 7: Ziele der Visualisierung[190]

Es ist jedoch auch denkbar, dass die Kraft der Visualisierung dazu genutzt wird, die Aufmerksamkeit bewusst von wichtigen Informationen abzulenken, z.B. um Fehler in den Daten zu vertuschen. Diese Form von Aufmerksamkeitslenkung mit einer Tendenz zur Manipulation wird in der Literatur auch mit „Impression Management" bezeichnet.[191] Impression Management beschreibt den Prozess, mit dem Menschen versuchen, die Wahrnehmung ihrer selbst von Anderen zu kontrollieren oder zu beeinflussen.[192] Unter bestimmten Umständen kann es für einen Menschen wichtiger sein, einen positiven Eindruck zu hinterlassen als eine sachlich richtige Faktenlage zu präsentieren. Tractinsky und Meyer zeigen experimentell, dass die Auswahl einer Visualisierung sowohl von der Vorteilhaftigkeit des zugrundeliegenden Inhalts und als auch davon beeinflusst wird, ob eine Entscheidung von der Versuchsperson selbst oder von einer anderen Person zu treffen ist.[193] Bei negativem Inhalt und anderen Personen als Entscheider werden verstärkt aufwändigere Visualisierungsformen ausgewählt, die durch ihre Gestaltung vom Inhalt ablenken könnten.[194] Der Konstrukteur einer Visualisierung muss sich daher seine Verantwortung für die Wirkung der Visualisierung bewusst machen.[195] Eine

[190] Quelle: Eigene Darstellung.
[191] Vgl. zu Theorie und Herleitung Leary (2001) und als Literaturüberblick Leary/Kowalski (1990).
[192] Vgl. Leary (2001), S. 7245.
[193] Vgl. Tractinsky/Meyer (1999).
[194] Vgl. auch Kapitel 3.2.2.2.
[195] Vgl. Abels/Degen (1981), S. 244.

bewusst manipulative Beeinflussung soll für die folgende Untersuchung jedoch ausgeklammert werden.

Abbildung 7 fasst die Ziele der Visualisierung in den Bereichen Analyse und Präsentation zusammen. Die beiden Ziele ergänzen sich gegenseitig, da gute Analysen selbstverständlich auch präsentiert werden können, bzw. eine für die Präsentation aufbereitete Visualisierung auch immer eine Form der Analyse darstellt. Entscheidend für den Visualisierungserfolg bleibt die positive Wirkung auf Entscheidungseffizienz und -qualität.

3.2 Grundlagen der Visualisierung von Daten

Die Grundlagen der Gestaltung einer Visualisierung wurden einem breiten Publikum vor allem durch die Werke von Tufte und Zelazny bekannt gemacht, die mit Gespür für Zusammenhänge zwischen Grafiken und Informationsverarbeitung, jedoch ohne empirische Überprüfung, Regeln herausgearbeitet haben, die noch heute viel zitiert und genutzt werden.[196] Eine Vielzahl dieser auf Erfahrungswissen beruhenden Regeln wurde im Nachgang empirisch überprüft und validiert.[197]

3.2.1 Visualisierungsformen

Ausgangspunkt für die Analyse und die anschließende Präsentation von Daten sind meist die Rohdaten einer Datenbank beziehungsweise Auszüge aus diesen Datenbanken in Tabellenform. Auch in Tabellenform ist schon eine Analyse und Präsentation der Daten möglich und in vielen Unternehmen auch gängig.[198] Die Visualisierung von Daten stellt eine grafische Weiterverarbeitung zum Ziel einer leichteren kognitiven Verarbeitung und eines besseren

[196] Vgl. Tufte (1983); Zelazny (1985).

[197] Viele Handbücher zu Visualisierung und Präsentation verzichten jedoch auf eine wissenschaftliche Grundlage und basieren ihre Handlungsempfehlungen lediglich auf Erfahrungswissen, vgl. z.B. Seifert (2008); Breger/Grob (2003). In den folgenden Ausführungen wird darauf geachtet, nur wissenschaftlich fundierte Erkenntnisse aufzugreifen.

[198] Durch weitreichende Möglichkeiten der grafischen Aufwertung von Tabellen (z.B. im Microsoft Excel-Programm) wird eine strikte Trennung zwischen Tabelle und Visualisierung zunehmend schwieriger, vgl. Fischer (1998), S. 36.

Verständnisses dar.[199] Da der Fokus dieser Arbeit speziell auf der Visualisierung von Daten liegt, wird auf Gestaltungshinweise für Tabellen nicht gesondert eingegangen.[200]

Zur Klassifikation von Visualisierungsformen findet sich in der Literatur eine Vielzahl unterschiedlicher Ansätze.[201] So können grafische Darstellungen nach der Art der Daten (quantitativ, qualitativ), der Skalierbarkeit (ordinal-, nomialskalierbar), der Dimensionalität (ein-, zwei-, drei- oder mehrdimensional), der Variabilität (statisch, bewegt), der Verwendung (Datenanalyse, Datenpräsentation) und weiteren Kriterien unterschieden werden. Da diese Klassifizierungen jedoch häufig nicht überschneidungsfrei sind und sie für die weitere Diskussion auch nur bedingt einen Mehrwert liefern, sollen die hier vorgestellten Visualisierungsformen nur nach zwei Kriterien unterschieden werden: der Art der Daten und der Dimensionalität.

Der Fokus liegt dabei auf quantitativen Daten, da sie den Großteil des vom Controlling bereitgestellten Analyse- und Präsentationsangebots im Unternehmen ausmachen. Mit den gängigen Grafikprogrammen sind zudem in der Regel maximal zwei Dimensionen abbildbar, mehr Dimensionen werden entweder unübersichtlich oder setzen komplexe Grafiksoftware voraus. Die im Folgenden aufgeführten Visualisierungsformen stellen die Grundform in ihrer jeweiligen Kategorie dar, jedoch bei weitem kein vollständiges Bild möglicher Ausdrucksformen.[202] Allgemein ist ein wesentlicher Faktor des Erfolgs der Visualisierung, dass das richtige Schaubild für die vorliegenden Daten ausgewählt wird. Deshalb werden neben der Beschreibung der Grafikformate auch Hinweise für deren Anwendung gegeben.

In einem *Punkt-* oder *Streudiagramm*[203] werden Werte in einem Koordinatensystem dargestellt. Dabei wird die unabhängige Größe auf der waagerechten und die abhängige Größe auf der senkrechten Koordinate abgezeichnet. Diese Diagrammform stützt sich auf die sehr guten

---

[199] Vgl. die Definition des Visualisierungsbegriffs in Kapitel 2.4.1.

[200] Die Konstruktion und Gestaltung einer Tabelle wird zudem im Vergleich zur Visualisierung als deutlich einfacher angesehen, vgl. Sponholz (1997), S. 78.

[201] Vgl. z.B. Geßler (1993), S. 42 ff.; Meyer (1996), S. 37 ff; Sponholz (1997), S. 26 ff.

[202] Für eine Vielzahl kreativer Gestaltungsmöglichkeiten der hier vorgestellten Visualisierungsformen sei auf Zelazny (2006) oder Bounford/Campbell (2001) verwiesen. Bei aller Kreativität sollte jedoch darauf geachtet werden, dass die Visualisierung nicht von den im Kapitel 3.2.2 beschriebenen Gestaltungsgrundsätzen abweicht.

[203] Im Englischen wird diese Visualisierungsform als „dot chart“ oder „scatterplot“ bezeichnet.

Fähigkeiten des Menschen, relative Positionen einzuschätzen.[204] Das Punktdiagramm wird vor allem verwendet, um einen allgemeinen Eindruck vom Verhältnis zweier Variablen zu bekommen bzw. um etwaige Korrelationen oder Clusterbildung zu erkennen.[205] Verschiedene Punktediagramme im selben Wertebereich können zusammengefasst werden, dann sollten die Punkte unterschiedliche Farben oder Formen haben, um die Unterscheidbarkeit der Datenmengen zu gewährleisten. Eine Sonderform des Punktdiagramms sind Portfoliodarstellungen, bei denen eine dritte Dimension in Form der Größe der Punkte eingeführt wird.

Auch für *Linien-* und *Kurvendiagramme* wird ein Koordinatensystem aufgespannt, wobei die Abszisse meistens eine Zeitleiste darstellt. Im Unterschied zum Punktdiagramm werden benachbarte Punkte durch Linien bzw. Kurven miteinander verbunden. Dadurch wird das generelle Verhalten der Datenreihe und nicht das absolute Ausmaß einzelner Datenpunkte betont, Trends oder lokale Strukturen sind leichter erkennbar.[206] Wie im Punktediagramm können auch hier verschiedene, grafisch unterschiedliche gekennzeichnete Zeitreihen in einem Diagramm dargestellt werden. Unterschiedliche Datenreihen in einer Darstellung sollten jedoch einen inhaltlichen Zusammenhang und eine möglichst geringe Anzahl an Überschneidungen aufweisen.[207]

Beim Liniendiagramm muss implizit eine Annahme für den Verlauf zwischen einzelnen Datenpunkten getroffen werden. In der Regel werden die Datenpunkte der Einfachheit halber mit Geraden verbunden und kurzfristige Schwankungen des Kurvenverlaufs vernachlässigt. Je mehr Datenpunkte vorhanden sind, umso genauer wird die Darstellung des Kurvenverlaufs.[208] Bei der Darstellung von Kennzahlen ist es zudem möglich, einen Toleranzkorridor in die Darstellung einzubringen, so dass Abweichungen von der Norm sofort erkannt werden.

[204] Vgl. Schumann/Müller (2000), S. 131; Cleveland/McGill (1984), S. 535 ff.

[205] Vgl. Kosslyn (2006), S. 60 f. Hierbei ist allerdings darauf zu achten, dass es sich nicht um Scheinkorrelationen handelt, bei der beide Merkmale mit einer dritten Größe korrelieren aber nicht miteinander, vgl. Abels/Degen (1981), S. 190.

[206] Vgl. Schumann/Müller (2000), S. 133.

[207] Vgl. Abels/Degen (1981), S. 110. Bei Überschneidungen der Linien kann es zu Wahrnehmungsverzerrungen kommen. Amer (2005) untersucht in diesem Zusammenhang die sogenannte Poggendorf Illusion. Wenn sich mehrere Linien schneiden, z.B. in einem Kosten-Umsatz-Diagramm, kommt es zu Verzerrungen durch Über- oder Unterschätzung der Werte, vgl. S. 11 ff. Ein Raster in der Grafik verringert den Effekt, vgl. S. 14 ff.

[208] Vgl. Geßler (1993), S. 52 ff.

Neben Zeitreihen können mit einem Kurvendiagramm natürlich auch Häufigkeitsverteilungen dargestellt werden.[209]

Von einem *Säulendiagramm* wird gesprochen, wenn die unabhängige Variable auf der Abszisse abgetragen wird und die Ausprägung der abhängigen Variable durch ein senkrechtes Rechteck, die Säule, dargestellt wird. Diese Visualisierungsform eignet sich besonders, wenn die unabhängige Variable nominal oder diskret ist und die abhängige Größe quantitativ, es lassen sowohl positive als auch negative Wertebereiche abbilden.[210] Es wird empfohlen, die Anzahl der dargestellten Werte ist auf maximal 10 bei nominalen Variablen bzw. 8 bei Zeitreihen zu beschränken, da diese Visualisierungsform sonst leicht unübersichtlich wird.[211] Bei Zeitreihenvergleichen sollten sich die dargestellten Werte auf abgeschlossene Perioden beziehen, die nicht aufeinander aufbauen (beispielsweise Umsatz- oder Produktionsdaten), andernfalls sind Liniendiagramme zu bevorzugen.[212] Eine weitere Verwendungsmöglichkeit ist die Darstellung von Bestandteilen eines Wertes durch Unterteilung der Säulen in mehrere Komponenten, entweder in absoluter Form oder mit auf 100% normierten Säulen möglich.[213] Das Säulendiagramm ist eine äußerst flexible Visualisierungsform, was sich durch die große Anzahl an Sonderformen ausdrückt. So kann es z.B. als Histogramm eine einfache oder kumulierte Häufigkeitsverteilung darstellen oder als Wasserfall-Diagramm den Verlauf von einem Anfangswert über eine Reihe positiver oder negativer Einflüsse zu einem Endwert visualisieren.[214]

Werden die Balken in einer Visualisierung waagerecht untereinander angeordnet, wird auch vom *Balkendiagramm*[215] gesprochen. Grundsätzlich gelten für das Balkendiagramm bis auf wenige Unterschiede die gleichen Aussagen wie für Säulendiagramme. Das Balkendiagramm ist gut geeignet für die Darstellung einer Rangfolge, in der die Werte untereinander angeordnet werden, für eine Zeitreihendarstellung jedoch weniger geeignet, da dies der Leserichtung

[209] Vgl. Fischer (1998), S. 40. Eine kumulierte Form dieser Häufigkeitsverteilung ist auch als ABC-Analyse bekannt.
[210] Vgl. Kosslyn (2006), S. 48; Schumann/Müller (2000), S. 134.
[211] Vgl. Abels/Degen (1981), S. 31; Zelazny (2006), S. 36. Abels/Degen (1981) empfiehlt bei Zeitreihen sogar auf Beschränkung auf maximal 6 Werte, vgl. S. 42.
[212] Vgl. Zelazny (2006), S. 36.
[213] Vgl. Geßler (1993), S. 68 ff.
[214] Vgl. Schumann/Müller (2000), S. 135 f.
[215] Sowohl für das Säulen- als auch für das Balkendiagramm ist auch der Begriff Stabdiagramm gebräuchlich.

von links nach rechts widerspricht.[216] Ein sehr praktischer Vorteil des Balkendiagramms liegt darin, dass neben den Balken mehr Platz zur Beschriftung der Variablen vorhanden ist als in einem Säulendiagramm.[217] Als Sonderform des Balkendiagramms ist das sogenannte Gantt-Chart zu nennen, welches zur Zeitplanung, z.B. bei Projekten, verwandt wird. Einzelne Balken kennzeichnen dabei den Start bzw. das Ende einzelner Projektphasen.[218] Im Vergleich zu anderen Visualisierungsformen zeigen Säulen- und Balkendiagramme sehr gute Ergebnisse und gelten daher als besonders vielfältig einsetzbar.[219]

Kreisdiagramme haben zwar ihren festen Platz in vielen Präsentationen, werden jedoch von allen Visualisierungsformen am häufigsten falsch verwendet.[220] Wie bei Säulen- bzw. Balkendiagramm wird hier ein quantitatives Merkmal einer unabhängigen, nominalen Variable dargestellt, allerdings wird statt einem Koordinatensystem der Kreis als Bezugssystem gewählt.[221] Das Kreisdiagramm impliziert immer eine Vollständigkeit der Grundgesamtheit, da sich die einzelnen Bestandteile zu einem Kreis addieren. Kreisdiagramme werden vor allem für Anteilsvergleiche benutzt. Entgegen früherer Forschungsergebnisse wird heute davon ausgegangen, dass die Größe einzelner Anteile im Kreisdiagramm mindestens genauso gut vergleichbar ist wie in einem normierten Säulen- oder Balkendiagramm.[222] Die Anzahl der Werte sollte jedoch 6 nicht überschreiten, andernfalls ist die Zusammenfassung kleinerer Werte in einer Sammelkategorie bzw. das Säulen- oder Balkendiagramm als Visualisierungsform zu empfehlen.[223]

„The only worse design than a pie chart is several of them."[224] Tufte – ohnehin ein Gegner von Kreisdiagrammen – beschreibt hier mit klaren Worten, dass Kreisdiagramme für Vergleiche verschiedener Grundgesamtheiten ungeeignet sind. Stattdessen können normierte Säulen- oder Balkendiagramme herangezogen werden, die nebeneinandergestellt Unterschiede leicht

---

[216] Vgl. Zelazny (2006), S. 33 ff.
[217] Vgl. Kosslyn (2006), S. 54.
[218] Vgl. Fischer (1998), S. 46.
[219] Vgl. Wilson/Addo (1994), S. 113.
[220] Vgl. Zelazny (2006), S. 29.
[221] Vgl. Schumann/Müller (2000), S. 138.
[222] Vgl. Kosslyn (1989), S. 37 ff. sowie Spence/Lewandowsky (1991).
[223] Vgl. Zelazny (2006), S. 28.
[224] Tufte (2001), S. 178.

erkennbar machen.[225] Gänzlich abzuraten ist von Visualisierungen, die quantitative Merkmale durch andere Flächen- oder Volumensvergleiche als dem Kreis darstellen, da dies die menschliche Wahrnehmung häufig überfordert und zu Fehleinschätzungen führt.[226]

Abbildung 8 zeigt beispielhafte Darstellungen der beschriebenen Visualisierungsformen für quantitative Daten bis zwei Dimensionen.

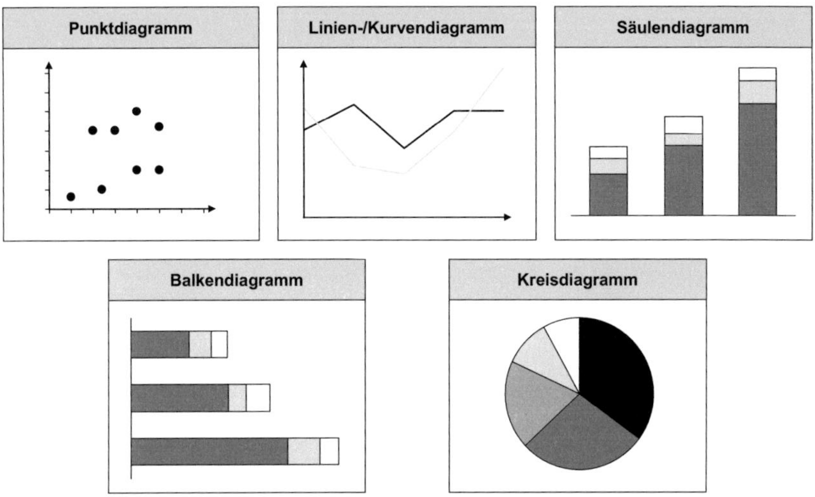

Abbildung 8: Visualisierungsformen für quantitative Daten mit bis zu zwei Dimensionen[227]

Die Visualisierung multivariater Daten ist wesentlich komplexer und findet in der Betriebswirtschaft daher seltener Anwendung. Im Folgenden sollen nur zwei Visualisierungsformen näher betrachtet werden, das in der Marktforschung sehr gängige Sterndiagramm und der Ansatz der „schematic faces“, der in der experimentellen Entscheidungsforschung großes Interesse hervorgerufen hat.

---

[225] Vgl. Zelazny (2006), S. 32.
[226] Vgl. Kapitel 3.2.2.2 sowie Geßler (1993), S. 59.
[227] Quelle: Eigene Darstellung.

Für multivariate Daten des positiven Wertebereichs stellt das *Netzdiagramm*[228] eine übersichtliche Visualisierungsform dar. Dabei werden die einzelnen Wertekategorien durch Achsen repräsentiert und die entsprechende Ausprägung des Wertes auf diesen Achsen abgetragen. Durch Verbindung der Punkte entsteht so eine Art Netz oder Profil.[229] Zur Interpretation können nun entweder die Punkte einzelner Achsen abgelesen oder die Flächen unterschiedlicher Profile im gleichen Diagramm verglichen werden.[230]

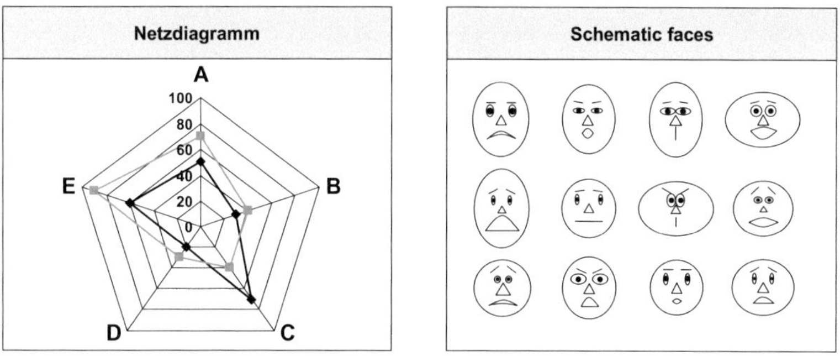

Abbildung 9: Visualisierungsformen mehrdimensionaler quantitativer Daten[231]

Die sogenannten *„schematic faces"*[232] stellen eine Visualisierungsform dar, die auf der Beobachtung beruht, dass die menschliche Wahrnehmung Unterschiede in Gesichtern besonders leicht identifizieren kann. Mit Hilfe der schematic faces werden bis zu 18 Merkmale in einer Darstellung visualisiert, indem unterschiedliche Gesichtsteile wie Mund, Augen, Nase, Kopfform, Augenbrauen etc. mit den Merkmalen kodiert werden.[233] Diese innovative Visuali-

---

[228] Weitere Bezeichnungen für das Netzdiagramm sind Stern- oder Spinnendiagramm, im Englischen wird von radar, star oder spider chart gesprochen.

[229] Vgl. Geßler (1993), S. 81 ff.; Fischer (1998), S. 51 ff.

[230] Vgl. Harris (1999), S. 320 ff.

[231] Quelle: Netzdiagramm: eigene Darstellung; Schematic faces entnommen aus Shah et al. (2005), S. 441.

[232] Nach dem Entwickler dieser Visualisierungsform Herman Chernoff werden sie auch Chernoff faces oder Chernoff Gesichter genannt, vgl. Chernoff (1973).

[233] Vgl. Geßler (1993), S. 123 ff.

sierungsform hat in der Entscheidungsforschung großes Interesse erregt und ihre Wirkung wurde in zahlreichen Experimenten erforscht.[234] Problematisch an den schematic faces ist jedoch, dass die Zuweisung der Variablen zu den Gesichtsteilen meist völlig willkürlich geschieht, die Interpretation der Gesichtszüge sehr subjektiv ist und so allgemein die Gefahr von Fehlinterpretationen im Zusammenspiel unterschiedlicher Variablen sehr hoch ist.[235] Daher wird der Einsatz von schematic faces zur Entscheidungsunterstützung nicht empfohlen.

Die beschriebenen Visualisierungsformen mehrdimensionaler Daten sind in Abbildung 9 beispielhaft dargestellt.

3.2.2 Allgemeine Anforderungen an die Visualisierung von Daten

In diesem Abschnitt sollen allgemeine Anforderungen an die Visualisierung von Daten beleuchtet werden, die im Sinne einer notwendigen, nicht aber hinreichenden Bedingung für den Visualisierungserfolg eine unverzerrte Wahrnehmung und ein inhaltliches Verständnis des Empfängers gewährleisten. Dabei handelt es sich um objektive Kriterien, die als allgemeingültig für alle Arten von Visualisierung angesehen werden können, ohne die spezifische Anpassung der Visualisierung auf die Einflussfaktoren Aufgabe oder Empfänger. Diese allgemeinen Anforderungen können sozusagen als Hygienefaktoren der Visualisierung angesehen werden: Sind sie erfüllt, werden sie kaum bemerkt und daher als selbstverständlich angesehen. Liegt jedoch ein Mangel vor, führen sie beim Visualisierungsempfänger zu Unverständnis oder Verwirrung.

3.2.2.1 Prinzipien der Gestaltpsychologie

Die Schule der Gestaltpsychologie entstand Anfang des 20. Jahrhunderts durch Psychologen um Max Wertheimer und Kurt Koffka, die sich grundlegend mit der Frage befassten, wie

[234] Vgl. u.a. So/Smith (2004); So/Smith (2003); Smith/Taffler (1996); Bricker/Nehmer (1995); Umanath/Vessey (1994); Amer (1991); MacKay/Villarreal (1987); Montazemi/Wang (1988) sowie die dort aufgeführten Literaturüberblicke. DeSanctis/Jarvenpaa (1989) bemerken, dass traditionelle Darstellungsformen in der experimentellen Forschung gegenüber schematic faces vernachlässigt werden, vgl. S. 509.

[235] Vgl. Ware (2004), S. 239 f. So wird z.B. eine Veränderung der Mundform sehr viel stärker gewichtet als eine Änderung der Augenbrauen, vgl. auch Bricker/Nehmer (1995), S. 21 ff.

Formen (bzw. Gestalten) durch die Wahrnehmung erkannt werden.[236] Die dabei entwickelten Gestaltgesetze bedienen sich angeborener Strukturen der Wahrnehmung und liefern durch Erklärung interner Muster einfache Grundprinzipien der Visualisierung, die noch immer aktuell sind.[237] Ein Abweichen von diesen Regeln kann zu fehlerhafter Wahrnehmung, Fehlinterpretationen und somit weniger effektiven Grafiken führen.

Als Grundprinzip der Gestaltpsychologen gilt, „daß die menschliche Wahrnehmung tendenziell *gute*, d.h. geschlossene, symmetrische, runde, einfache, stabile oder bekannte Gestalten bevorzugt.“[238] Die wichtigsten hiervon abgeleiteten Gestaltgesetze werden nun kurz erläutert.

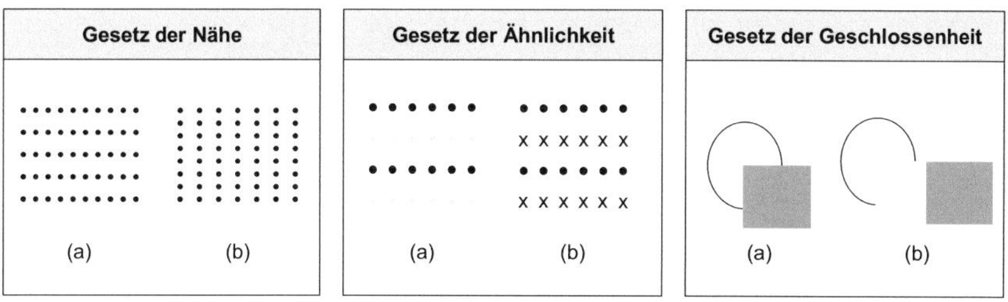

Abbildung 10: Wichtige Gestaltgesetze[239]

Das *Gesetz der Nähe* besagt, dass räumlich dicht beieinander liegende Objekte als Gruppe verstanden bzw. wahrgenommen werden.[240] So werden im ersten Bild der Abbildung 10 durch eine kleine Veränderung der Abstände zwischen den Punkten aus waagerecht verlau-

[236] Zur Entwicklung der Gestaltpsychologie grundlegend Koffka (1935); Köhler (1947) und Wertheimer (1923). Der Begriff Gestalt kann hierbei als Form, Kern oder Ganzes interpretiert werden, vgl. Zimbardo/Gerrig (2004), S. 168. Einen aktuelleren Beitrag zur Weiterentwicklung der Wahrnehmungsprinzipien liefern Palmer/Rock (1994).

[237] Vgl. Ware (2004), S. 189 ff.; Schumann/Müller (2000), S. 106 ff.

[238] Koch (1994), S. 115.

[239] Quelle: In Anlehnung an Ware (2004), S. 189 ff.

[240] Vgl. Ware (2004), S. 189 f.; Kosslyn (2006), S. 11 f.

fenden Reihen (a) senkrecht verlaufende Reihen (b). Es ist dem Betrachter praktisch nicht möglich, die Punkte einzeln bzw. nicht als Reihe wahrzunehmen.

Auch das *Gesetz der Ähnlichkeit* dient der Gruppierung von einzelnen Elementen bei der Wahrnehmung. So werden in Form oder Farbe ähnliche oder gleiche Objekte eher als Gruppe wahrgenommen als unterschiedliche.[241] Dies ist im zweiten Bild der Abbildung 10 verdeutlicht. Helle Punkte (a) bzw. Kreuze (b) werden als Gruppe erkannt und bei der Wahrnehmung von den schwarzen Punkten abgegrenzt.

Durch das *Gesetz der Geschlossenheit* wird ausgedrückt, dass eine geschlossene Kontur als Einheit aufgefasst wird.[242] Bei der Wahrnehmung wird immer versucht, Konturen zu schließen, wie im dritten Bild der Abbildung 10 verdeutlicht wird. Bei (a) wird ein Kreis hinter einem Rechteck vermutet, nicht ein offener Ring wie in (b). Das Gesetz der Geschlossenheit wirkt sogar noch stärker als das Gesetz der Nähe.[243]

Die beschriebenen Gesetze mögen in ihrer Einfachheit zwar trivial wirken, werden jedoch bei der Visualisierung von Daten nicht selten verletzt.[244] Für weitere Überlegungen zur Gestaltung von Visualisierungen bilden die Gestaltgesetze daher eine wichtige Grundlage.

3.2.2.2 Praktische Gestaltungsprinzipien

Durch die Entwicklung von praktischen Gestaltungsprinzipien, basierend auf den Erfahrungen aus mehreren Jahrhunderten visualisierter Daten, hat der Statistiker Edward R. Tufte einen wichtigen Beitrag zum wissenschaftlichen Umgang mit Visualisierungen geleistet.[245] Ziel der Prinzipien war die Erreichung von „graphical integrity", also einer hohen grafischen Ausdrucksfähigkeit, durch die Daten oder Informationen unverfälscht wiedergegeben und auf Anhieb verstanden werden.[246]

---

[241] Vgl. Ware (2004), S. 190 f.; Kosslyn (2006), S. 12.

[242] Vgl. Ware (2004), S. 194 f. Ein ähnliches Prinzip wird durch das Gesetz der guten Fortsetzung verfolgt. So werden einfache, einheitliche oder symmetrische Konturen eher als Form verstanden als komplexe.

[243] Vgl. Metzger (1975), S. 39 f.

[244] Vgl. Ware (2004), S. 225.

[245] Vgl. Tufte (1983).

[246] Vgl. Tufte (2001), S. 54 ff. Schumann/Müller (2000) sprechen in diesem Zusammenhang vom Prinzip der Expressivität, vgl. S. 9 f.

Folgende sechs Prinzipien sind grundlegend für die Ausdrucksfähigkeit einer Visualisierung:[247]

(1) Die absolute Größe der grafischen Veränderung sollte proportional zur numerischen Veränderung der Daten sein.

(2) Grafiken sollten klar und detailliert beschriftet sein.

(3) Fokus sollte auf der Veränderung der Daten und nicht des Designs liegen, d.h. keine Ablenkung von den Daten durch grafische Effekte.

(4) Für Geldwerte sollten bei der Darstellung von Zeitreihen reale oder standardisierte Währungseinheiten verwendet werden.

(5) Die Anzahl der Dimensionen in der Grafik sollte die Anzahl der Dimensionen in den Daten nicht übersteigen.

(6) Eine Grafik sollte Daten nicht ohne den Kontext darstellen.

Ad (1): Zur Messung einer Verletzung dieses Prinzips führt Tufte den „lie factor" ein, der aus dem Quotient der Größe des Effektes in der Grafik und der Größe des Effektes in den Daten gebildet wird.[248] Ein lie factor von 1 zeigt dabei eine korrekte Grafik an, ein Wert größer als 1,05 oder kleiner als 0,95 steht nach dieser Logik für eine beträchtliche Verzerrung in der Grafik. Um die Veränderung der Daten demnach korrekt darzustellen, sollte die Skalierung gleichmäßig und ohne Sprünge sein. Ist es aufgrund des Wertebereichs auf eine Skalenunterbrechung nicht zu verzichten, z.B. weil ansonsten Variationen in den Daten nicht mehr sichtbar sind, müssen diese in jedem Fall klar gekennzeichnet sein.[249]

Zur Notwendigkeit der Einbeziehung des Nullpunktes bei der Skalierung gibt es unterschiedliche Meinungen, die von einer zwingenden Einbeziehung des Nullpunktes in jede Skala bis zu einer grundsätzlichen Vernachlässigung reichen. Letztendlich muss je nach Zweck und

---

[247] Vgl. Tufte (2001), S. 77.
[248] Vgl. Tufte (2001), S. 57 ff.
[249] Vgl. Geßler (1993), S. 37; Sponholz (1997), S. 38. Abels/Degen (1981) stellen für Säulendiagramme die Faustregel auf, dass durch eine Skalenunterbrechung gekürzt werden darf, wenn die größte Säule mehr als doppelt so groß wie die zweitgrößte Säule wäre, vgl. S. 49.

Inhalt der Grafik entschieden werden, ob die Einbeziehung des Nullpunktes den Informationsgehalt der Grafik erhöht oder ob von den eigentlichen Datenveränderungen eher abgelenkt wird.[250]

Ad (2): Die Notwendigkeit einer eindeutigen, vollständigen und detaillierten Beschriftung einer Visualisierung ist einleuchtend und wird in der Literatur immer wieder betont.[251] Ein mit diesem Punkt zusammenhängendes Problem bei der Gestaltung einer Visualisierung ist die Entscheidung zwischen einer Beschriftung innerhalb der Grafik und dem Einsatz von Legenden. Soweit die Grafik eine direkte Beschriftung zulässt, sollte auf Legenden verzichtet werden, da sie den kognitiven Arbeitsspeicher stärker belasten und dadurch für zeitliche Nachteile bei der Informationsverarbeitung sorgen.[252]

Ad (3): Der Merksatz von Tufte lautet im Original: „Show data variation, not design variation."[253] Eine Ausschmückung der Grafik durch Designvariationen wie Schattierungen, Bilder, etc. mag zwar manchen Betrachter beeindrucken, birgt jedoch die Gefahr einer verzerrten Wahrnehmung und ist daher nicht zu empfehlen. Tufte hat hierfür den Ausdruck „chartjunk" geprägt, der sich auf die Teile einer Visualisierung bezieht, die nicht direkt durch die abzubildenden Daten vorgegeben werden.[254]

Meyer definiert in diesem Zusammenhang das Authentizitätsprinzip und das Minimalprinzip für Grafiken. Das Authentizitätsprinzip besagt, „dass nur die Informationen visuell dargestellt werden sollen, die durch die zu verwendenden Informationen vorgegeben werden, und dass die Informationsinhalte nicht verzerrt oder verfälscht wiedergegeben werden dürfen."[255] Mit dem Minimalprinzip wird postuliert, dass in der Grafik nur solche Informationen dargestellt werden sollen, die auch in den nicht-visuellen Daten vorgegeben sind.[256] Dies gilt auch für den Einsatz von Farbe. Unterschiedliche Farben können zur Kennzeichnung verschiedener Kategorien eingesetzt werden, sollen jedoch nicht zur Veranschaulichung quantitativer

---

[250] Vgl. Geßler (1993), S. 35 f.; Kosslyn (2006), S. 86 f.
[251] Vgl. u. a. Sponholz (1997), S. 34 ff.; Geßler (1993), S. 33 ff; Hill/Milner (2003), S. 142.
[252] Vgl. Shah et al. (2005), S. 445. Um eine Grafik richtig interpretieren zu können, muss die Information der Legenden während der visuellen Verarbeitung der Grafik im Arbeitsspeicher gehalten werden. Eine Beschriftung wird jedoch direkt mitverarbeitet und schafft daher Erleichterung im Arbeitsspeicher.
[253] Tufte (2001), S. 77.
[254] Vgl. Tufte (2001), S. 107 ff.
[255] Meyer (1999), S. 133.
[256] Vgl. Meyer (1999), S. 132.

Veränderungen eingesetzt werden.[257] Der Einsatz von Farbe in einer Visualisierung sollte sehr sparsam erfolgen, um nicht vom Inhalt abzulenken. Allgemein gilt für die Visualisierung von Daten, je simpler die Grafik aufgebaut ist, desto größer ist die Wahrscheinlichkeit, dass sie auch verstanden wird.[258]

Ad (4): Bei der Darstellung von Geldwerten ist zu beachten, ob im Zeitverlauf nominale oder reale Werte dargestellt werden. Nominale Geldwerte sind nicht um die Inflation bereinigt und können daher zu einer Überschätzung von Steigerungsraten führen. Gerade wenn sich Werte über die Jahre nur geringfügig ändern, kann es einen großen Unterschied mache, ob die Werte nominal steigen oder real sogar sinken. In jedem Fall muss in der Beschriftung klar definiert werden, ob es sich in der Grafik um reale oder nominale Werte handelt.[259]

Ad (5): Das fünfte Prinzip bezieht sich auf die Dimensionalität der Darstellung sowie der dargestellten Daten. In Literatur und Presse werden häufig Piktogramme zur Veranschaulichung von Daten verwendet, wobei die Größe der Piktogramme als Äquivalent zur Größe der zugrundeliegenden Daten dienen soll. Diese Darstellungsweise ist jedoch sehr stark verzerrend, da hier ein eindimensionaler Wert von einem zweidimensionalen Bild repräsentiert wird. Vom Betrachter wird häufig die Fläche der Piktogramme als Bezugsgröße verwendet wird und nicht korrekterweise die Höhe.[260] Solche Darstellungen haben daher hauptsächlich Unterhaltungs- und nur sehr geringen Informationswert.

Häufig wird in Grafiken auch eine dritte Dimension als „Scheindimension“ eingeführt, d.h. diese Dimension trägt keinen Informationsgehalt, sondern ist ein reines Designelement. Auch hier gilt wie bei ad (3) der Grundsatz, dass die einfache Darstellung zu bevorzugen ist und zusätzliche Elemente die Interpretation der Grafik negativ beeinflussen.[261] Trotz der geringeren Interpretationsgenauigkeit sprechen Betrachter häufig eine Präferenz für Grafiken mit

---

[257] Vgl. Shah et al. (2005), S. 443 f.

[258] Vgl. DeSanctis (1984), S. 470 ff.

[259] Vgl. Tufte (2001), S: 65 ff.

[260] Vgl. Tufte (2001), S. 69 ff. sowie für anschauliche Beispiele Krämer (1998), S. 111 ff. Auch von der Nutzung von mehreren Piktogrammen, von denen jedes Einzelne für eine bestimmte Anzahl der Grunddaten steht, ist abzuraten, da hier stets grobe Rundungen vorgenommen werden müssen, bzw. Piktogramme anteilsmäßig dargestellt werden, vgl. Abels/Degen (1981), S. 60 ff.

[261] Vgl. Shah et al. (2005), S. 445 ff.; Siegrist (1996), S. 98. Bei Meyer (1996) wird dieser Punkt unter das Minimalprinzip gefasst, vgl. S. 166 f.

einer dritten Scheindimension aus. Shah et al. sprechen daher von einem Trade-off zwischen der Genauigkeit des Verständnisses und der Erhöhung des Interesses bei der Nutzung von Scheindimensionen.[262]

Ad (6): Mit dem letzten Prinzip adressiert Tufte den Kontext der dargestellten Daten. Eine Visualisierung muss die für die Lösung des Entscheidungsproblems notwendigen Daten und ihren zeitlichen oder inhaltlichen Kontext vollständig darstellen, um eine korrekte Interpretation der Daten sicherzustellen.[263]

Obwohl die beschriebenen praktischen Gestaltungsprinzipien für die Visualisierung von Daten klar nachvollziehbar sind und ihre Wirksamkeit vielfach auch experimentell belegt wurde, wird in der Realität (bewusst oder unbewusst) häufig davon abgewichen. In der Literatur finden sich viele Beispiele, die z.B. die Verletzung obiger Regeln in Geschäftsberichten dokumentieren.[264] Selbst wenn in der Grafik exakte Datenwerte angegeben sind, kann eine Visualisierung, die obige Prinzipien verletzt, die Entscheidung signifikant negativ beeinflussen.[265]

Zusammenfassend lässt sich feststellen, dass Visualisierungen, die den allgemeinen Anforderungen entsprechen, einen Qualitätsstandard erreichen, der nicht verzerrend oder verwirrend auf den Empfänger wirkt. Damit ist jedoch nur eine notwendige Bedingung für den Visualisierungserfolg erfüllt. Die hinreichende Bedingung liegt in der situationsspezifischen Anpassung der Visualisierung an wesentliche Einflussfaktoren, die in den folgenden Kapiteln untersucht werden.

3.3 Ausrichtung der Visualisierung auf die Aufgabe

Schon Washburne als ein Vorreiter der Visualisierungsforschung schlussfolgerte, dass die Vorteilhaftigkeit einer Darstellungsform von der Aufgabe, die durch sie unterstützt werden

[262] Vgl. Shah et al. (2005), S. 445 ff.
[263] Vgl. Tufte (2001), S. 74 ff.
[264] Vgl. hierzu z.B. die umfangreiche Forschung von Steinbart (1989); Beattie/Jones (1992); Beattie/Jones (2001); Beattie/Jones (2002).
[265] Vgl. Arunachalam et al. (2002).

soll, abhängig ist.[266] Die Forschung der folgenden Jahrzehnte war jedoch geprägt von Einzelexperimenten ohne theoriegeleiteten Zusammenhang, mit unterschiedlichen Kombinationen von Aufgabe, Kontext und Darstellung, bis Jarvenpaa et al. ernüchtert feststellten: „Future research efforts will keep producing contradictory results unless researchers develop some type of taxonomy of tasks and start interpreting the results within the taxonomy."[267]

Die konzeptionelle Durchdringung der unterschiedlichen Definitionen, Charakteristiken und Operationalisierungen des Konstrukts Aufgabe stellt jedoch ein komplexes Unterfangen dar.[268] Von den unterschiedlichen Aspekten der Aufgabe haben sich die Aufgaben*art* und -*komplexität* als besonders ausschlaggebend für die Visualisierung von Daten herausgestellt und werden daher im Folgenden näher betrachtet.

3.3.1 Orientierung an der Aufgabenart

Während viele Forscher die Meinung teilen, dass der Erfolg einer Visualisierung nur vor dem Hintergrund der zu lösenden Aufgabe interpretiert werden kann, versuchen nur wenige, eine theoriegeleitete Taxonomie zu entwickeln.

3.3.1.1 Elementare Wahrnehmungsaufgaben

Zu den ersten Versuchen, eine für die Visualisierungsforschung nutzbare Systematik der Aufgabe zu entwickeln, zählt die Untersuchung des grafischen Wahrnehmungsvermögens durch Cleveland und McGill.[269] Sie definieren elementare Wahrnehmungsaufgaben, die von den verschiedenen Visualisierungsformen unterschiedlich stark gefordert werden. Bei einem Säulendiagramm beispielsweise ist die vorherrschende elementare Wahrnehmungsaufgabe das Erkennen bzw. Beurteilen von Positionen auf einer gemeinsamen Skala.[270] Durch eine Reihe von Experimenten wurde gemessen, wie exakt diese elementaren Aufgaben durch die menschliche Wahrnehmung ausgeführt werden können. So wurde eine Rangordnung der

---

[266] Vgl. Washburne (1927), S. 375. Meyer (1997a) kann die Ergebnisse nach in einer erneuten Analyse der Daten von Washburne jedoch nur teilweise bestätigen, vgl. ebd., S. 339 f.

[267] Jarvenpaa et al. (1985), S. 144.

[268] Vgl. So/Smith (2004), S. 288.

[269] Vgl. Cleveland/McGill (1984). Eine ähnliche Herangehensweise findet sich auch bei Simkin/Hastie (1987) und Meyer (2000).

[270] Vgl. Cleveland/McGill (1984), S. 533.

Wahrnehmungsaufgaben erstellt, mit der die Vorteilhaftigkeit von Visualisierungen bestimmt werden konnte. Die entwickelte Rangordnung der definierten Wahrnehmungsaufgaben lautet:[271]

1. Position auf einer gemeinsamen Skala
2. Position auf unterschiedlichen Skalen
3. Länge, Richtung und Winkel
4. Fläche
5. Volumen, Krümmung
6. Schattierung, Farbsättigung.

Als Ziel bei der Gestaltung von Visualisierungen wurde auf dieser Basis postuliert, Wahrnehmungsaufgaben möglichst weit oben in der Rangordnung nutzbar zu machen. Ein Kreisdiagramm beispielsweise, welches eine Beurteilung des Winkels erfordert, kann praktisch immer in ein Säulendiagramm umgewandelt werden, welches die weitaus genauere Beurteilung von Positionen auf einer gemeinsamen Skala ermöglicht.[272]

An der Vorgehensweise von Cleveland und McGill wurde kritisiert, dass die Festschreibung einer Hierarchie den Kontext der Visualisierung zu wenig berücksichtigt.[273] Zudem handelt es sich bei den definierten elementaren „Aufgaben“ genaugenommen um Prozesse der Wahrnehmung.[274] Eine reale Entscheidung oder Aufgabe müsste zur Beurteilung im Rahmen dieser Systematik also zunächst in die dafür nötigen Wahrnehmungsprozesse zerlegt werden.

3.3.1.2 Klassifizierung von Entscheidungsaufgaben

Der Ansatz von Jarvenpaa und Dickson lehnt sich stärker an die Entscheidungstheorie an und unterscheidet Aufgaben anhand der dafür notwendigen mentalen Prozesse nur grob in zwei

[271] Vgl. Cleveland/McGill (1984), S. 536. Zwischen diesen verschiedenen Aufgaben auf Rang 3, 5 und 6 konnte kein Unterschied in der Genauigkeit festgestellt werden.
[272] Vgl. Cleveland/McGill (1984), S. 545. Diese Ergebnis wurde allerdings u.a. von Spence/Lewandowsky (1991) relativiert, vgl. ebd., S. 75 f.
[273] Vgl. Tan/Benbasat (1990), S. 419 f.
[274] Meyer (2000) zählt diesen Ansatz daher auch zu den sogenannten „cognitive process models“, vgl. ebd., S. 1842.

Kategorien.[275] Elementare Aufgaben umfassen unter anderem das Aufzeigen von Trends oder das Ablesen einzelner Werte aus einer Grafik und erfordern einfache Wahrnehmungsprozesse. Aufgaben der höheren Ebene erfordern weitergehende mentale Aktivitäten wie Beurteilung oder Integration von Informationen. Beispiele hierfür sind die Leistungsbeurteilung oder die Prognose. Die Auswahl der Aufgaben in beiden Kategorien erfolgt auf Basis von Literaturrecherche und ist weder abschließend noch klar theoriegeleitet.[276]

Elementare Aufgaben	**Aufgaben auf höherer Ebene**
▪ Daten zusammenfassen	▪ Problemlösung
▪ Trends aufzeigen	▪ Verständnis von Informationen
▪ Punkte und Muster vergleichen	▪ Leistungsbeurteilung
▪ Abweichungen aufzeigen	▪ Prognose
▪ Punkte / Werte ablesen	▪ Schwellenwertüberschreitung
	▪ Planung und Allokation von Ressourcen
	▪ Exploratorische Datenanalyse

Abbildung 11: Dichotomie der Aufgaben nach Jarvenpaa/Dickson[277]

Eine vollständige Auflistung der untersuchten Aufgaben findet sich in Abbildung 11. In einer Metaanalyse bisheriger Visualisierungsexperimente sowie in eigenen Experimenten untersuchten Jarvenpaa/Dickson für diese Aufgaben die Wirkung unterschiedlicher Visualisierungsformen.[278] Die Untersuchung lieferte in Bezug auf die abhängigen Variablen Entscheidungsqualität und -geschwindigkeit jedoch keine eindeutigen Ergebnisse. Um mehr Klarheit in den Zusammenhang zwischen Aufgabe und Visualisierung zu bringen, betonen Jarven-

[275] Vgl. Jarvenpaa/Dickson (1988).

[276] Vgl. Jarvenpaa/Dickson (1988), S. 767: „Within the two categories, we merely utilize the tasks for which sources in the popular literature have advodated [sic]! the use of graphics."

[277] Quelle: Eigene Darstellung, vgl. auch Jarvenpaa/Dickson (1988), S. 767 f.

[278] Ungeachtet dessen stellen Jarvenpaa/Dickson (1988) vorläufige Leitlinien auf: Grafiken werden demnach für die Zusammenfassung von Daten, das Ablesen von Trends, den Vergleich von Punkten und für die Prognose empfohlen, Tabellen hingegen ausschließlich für das Ablesen einzelner Werte, vgl. ebd., S. 772.

paa/Dickson, dass ein stärker theoriegeleitetes Vorgehen in der Entwicklung einer Taxonomie der Aufgabe notwendig ist.[279]

Hwang/Wu ziehen in einer weiteren Metaanalyse zur Gliederung der Aufgaben die von Greeno entwickelte Typologie von Problemen heran, in der drei idealtypische Kategorien psychologischer Fähigkeiten und Kenntnisse definiert werden.[280] Zur Problemlösung lassen sich danach Probleme der Strukturerzeugung, der Transformation und der Anordnung unterscheiden. Das Problem der Strukturerzeugung erfordert das Erkennen von Beziehungen und Mustern zwischen Elementen, bei der Transformation wird soll eine Veränderung eines Ausgangszustands über eine Sequenz von Operationen zu einem definierten Ziel erfolgen und beim Problem der Anordnung werden Elemente anhand eines Kriteriums beurteilt.[281] Ein moderierender Einfluss der Aufgabenart konnte in der Metastudie allerdings nicht bestätigt werden, lediglich die Komplexität der Aufgabe zeigte einen signifikanten Einfluss.[282] Auch diese Aufgabentypologie scheint daher nicht geeignet, weitere Erkenntnisse zur Visualisierung zu liefern.

Hard und Vanecek klassifizieren vier aufeinander aufbauende Prozesse zur Entscheidungsfindung: die Akkumulation (das Ansammeln von Wissen durch Lesen und Verstehen), das Erkennen (das Identifizieren von Mustern oder Beziehungen), die Beurteilung sowie die Prognose.[283] Für diese Aufgaben wird die Entscheidungsqualität und -geschwindigkeit mit Tabellen, Balken- und Liniendiagrammen experimentell verglichen. Bei Akkumulations- und Prognoseaufgaben wurde mit Tabellen die besten Ergebnisse erzielt, für Erkennensaufgaben konnte kein Unterschied zwischen Tabelle und Visualisierungen festgestellt werden. Lediglich bei Beurteilungsaufgaben zeigten grafische Formate einen leichten Vorteil bei der Entscheidungsqualität.[284]

Insgesamt haben die unterschiedlichen Ansätze zur Klassifikation von Entscheidungsaufgaben nur wenig Klarheit in den Zusammenhang von Aufgabe und Visualisierung gebracht.

[279] Vgl. Jarvenpaa/Dickson (1988), S. 772.
[280] Vgl. Hwang/Wu (1991) sowie Greeno (1978), S. 241 ff.
[281] Vgl. Greeno (1978), S. 241 ff. Im Original lauten die Bezeichnungen „problems of inducing structure, of transformation, and of arrangement", S. 241.
[282] Vgl. Hwang/Wu (1991), S. 18.
[283] Vgl. Hard/Vanecek (1991). Originalbezeichnungen lauten „accumulation", „recognition", „estimation" und „projection".
[284] Vgl. Hard/Vanecek (1991), S. 44 f.

Keiner dieser Ansätze hat sich daher in der Visualisierungsforschung nachhaltig durchsetzen können.[285]

3.3.1.3 Kompatibilitätsmodelle

Erfolgreicher bei der Entwicklung einer theoriebasierten Konzeption der Aufgabenart sind die sogenannten Kompatibilitätsmodelle, zum einen das auf Erkenntnissen der Gestaltpsychologie basierende *„Proximity Compatibility Principle"* und zum anderen die Theorie des *„Cognitive Fit"*.[286]

Theoretischer Hintergrund beider Modelle ist die in anderen Bereichen der Informationsverarbeitung und Problemlösung bereits etablierte Kosten-Nutzen-Theorie.[287] Nach dieser Theorie passt ein Entscheider seine beschränkten Informationsverarbeitungskapazitäten bei der Problemlösung den Gegebenheiten des Problems an, indem er den Nutzen der Problemlösung und die Kosten der Informationsaufnahme und -verarbeitung abwägt und versucht, die Kosten bei einem gegebenen Nutzenlevel zu minimieren bzw. die gemeinsamen Kosten von fehlerloser Problemlösung und notwendigem Aufwand zu minimieren.

Aus der Forschung im Bereich Consumer Behavior ist z.B. bekannt, dass Entscheider ihre Informationsverarbeitungsprozesse dem Format anpassen, in dem die Information präsentiert wird, um den kognitiven Aufwand und damit die Kosten zu minimieren.[288] So werden bei einem Entscheidungsproblem, in dem verschiedene Alternativen nach Attributen organisiert dargestellt werden, die Informationen auch nach Attributen verarbeitet und nicht einzelne Alternativen verglichen.[289] Auf der anderen Seite hat nicht nur die Darstellung des Entscheidungsproblems sondern auch die Art der Aufgabe selbst eine Auswirkung auf die kognitiven Kosten der Problemlösung, da für unterschiedliche Aufgaben unterschiedliche Entschei-

---

[285] Vgl. Sponholz (1997), S. 77 ff.; Vessey (1991), S. 219 f.

[286] Vgl. zum Proximity Compatibility Principle grundlegend Carswell/Wickens (1987) und Wickens/Carswell (1995), zur Cognitive Fit Theorie Vessey (1991) und Vessey (1994). Die Bezeichnung Kompatibilitätsmodell („compatibility model") wurde von Meyer (2000) geprägt, vgl. S. 1841 f.

[287] Vgl. allgemein Payne (1982); Beach/Mitchell (1978) und zum Bezug auf die Visualisierung Jarvenpaa (1989) und Kleinmuntz/Schkade (1993).

[288] Vgl. Bettman/Kakkar (1977). Weitere Hinweise auf den Zusammenhang zwischen Informationsverarbeitungsstrategie und Format finden sich in der Literatur zur Informationsverarbeitung, vgl. Newell/Simon (1972).

[289] Vgl. Bettman/Kakkar (1977), S. 239 f.

dungsprozesse ablaufen.[290] Nun werden die Anforderungen an die Informationsverarbeitung für die Lösung einer Entscheidungsaufgabe nicht immer vom Format, in dem die Information präsentiert wird, unterstützt. Aus der Kosten-Nutzen-Theorie kann abgeleitet werden, dass dieser Konflikt zusätzliche Kosten verursacht, die sich entweder in höherem Aufwand (Zeitfaktor) oder einer höheren Fehlerquote (Genauigkeit) niederschlagen.[291]

Zur Entwicklung des Proximity Compatibility Principle werden diese Erkenntnisse mit den Prinzipien der Gestaltpsychologie verbunden und zwei Arten von Informationsverarbeitungsprozessen bzw. zwei Arten von Entscheidungsaufgaben unterschieden.[292] Erfordert eine Aufgabe ganzheitliche Informationsverarbeitung (integrative processing), wird von hoher Aufgabennähe (task proximity) gesprochen. Steht bei der Aufgabe die selektive Verarbeitung einzelner Aspekte der Daten oder Informationen im Vordergrund (nonintegrative processing) ist die Aufgabennähe niedrig. Daten oder Informationen, die ganzheitlich wahrgenommen werden sollen, sollten auch in der Visualisierung mit großer Nähe dargestellt werden um die Wahrnehmung zu vereinfachen.

Nähe bedeutet in diesem Fall entweder physische Nähe in der Darstellung oder eine Darstellung in den gleichen physischen Dimensionen (z.B. Farbgebung).[293] Umgekehrt ist eine hohe Nähe in der Darstellung von Entscheidungsaufgaben mit niedriger Nähe nicht von Nutzen. Allgemein sollten die Aufgabennähe und die in der Visualisierung dargestellte Wahrnehmungsnähe (perceptual proximity) einander entsprechen, also kompatibel sein, wie in Abbildung 12 schematisch dargestellt.[294]

Das Proximity Compatibility Principle wurde in einem Experiment von Amer für verschiedene Visualisierungsformen untersucht.[295] Es wurde angenommen, dass sich die Entscheidungsqualität für eine ganzheitliche Aufgabe mit Visualisierungsformen von großer Nähe wie schematic faces oder Netzdiagramme verbessert, während für eine selektive Aufgabe Darstel-

[290] Vgl. z.B. Einhorn/Hogarth (1981).
[291] Vgl. Jarvenpaa (1989), S. 287 f.
[292] Die Gestaltpsychologie beschreibt die Neigung der menschlichen Wahrnehmung, aus einzelnen visuellen Dimensionen Objekte zu erzeugen, vgl. Kapitel 3.2.2.1.
[293] Mit der physischen Nähe wird dem Gestaltgesetz der Nähe entsprochen, mit Nähe in einer physischen Dimension dem Gesetz der Ähnlichkeit, vgl. Kapitel 3.2.2.1.
[294] Vgl. Wickens/Carswell (1995). In ähnlicher Weise argumentieren auch Dunwoody et al. (2000).
[295] Vgl. Amer (1991).

lungen mit niedriger Nähe wie Tabellen oder Säulendiagramme besser geeignet sind. Dieser Zusammenhang konnte allerdings nur für selektive Aufgaben bestätigt werden.[296]

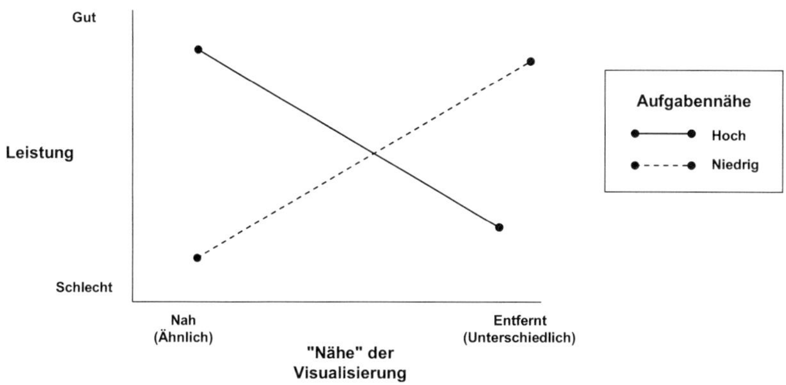

Abbildung 12: Das Proximity Compatibility Principle[297]

In der von Vessey entwickelten Theorie des Cognitive Fit steht nicht die Nähe von Entscheidungsaufgaben bzw. Darstellungen im Fokus, es werden stattdessen allgemein zwei Kategorien von Informationen unterschieden, räumliche und symbolische Informationen.[298] Grafiken werden als räumliche Darstellung von Informationen verstanden, da die zugrundeliegenden Daten in bildlicher Form präsentiert werden und die Kontinuität der Informationen im Vordergrund steht. Tabellen hingegen gelten als symbolische Darstellungen, da hier die Betonung auf diskreten Werten liegt.[299] Auch wenn inhaltlich dieselben Daten verwendet werden, unterscheiden sich Grafiken und Tabellen daher gänzlich durch Betonung unterschiedlicher

[296] Vgl. Amer (1991), S. 30 f.

[297] Quelle: In Anlehnung an Wickens/Carswell (1995), S. 475.

[298] Vgl. Vessey (1991), S. 225; Vessey (1994), S. 105. Im Original werden die Begriffe „spatial" und „symbolic" verwandt.

[299] Diese Unterscheidung beruht auf der Kodierung, mit der Informationen im Gedächtnis gespeichert werden. In den Kognitionswissenschaften wird eine analoge Kodierung, vergleichbar mit bildlicher Darstellung im Gedächtnis, und eine analytische Kodierung, vergleichbar mit verbaler Speicherung, unterschieden, vgl. Glass et al. (1979), S. 7 ff. und die „dual coding" Theorie bei Paivio (1986), S. 53 ff. Siehe dazu auch die Ausführungen in Kapitel 2.4.2.

Arten von Informationen.[300] Räumliche Darstellungen werden vornehmlich mit wahrnehmenden Informationsverarbeitungsprozessen („perceptual processes“) erfasst, symbolische Darstellungen hingegen mit analytischen Informationsverarbeitungsprozessen („analytical processes“).[301]

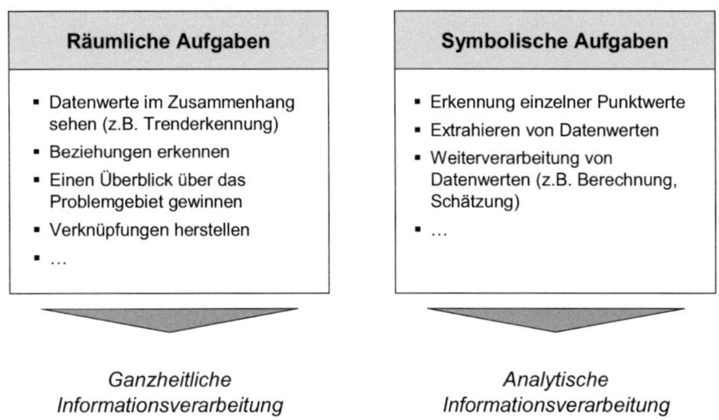

Abbildung 13: Klassifikation räumlicher und symbolischer Aufgaben[302]

Auch Entscheidungsaufgaben können in räumliche und symbolische Kategorien unterteilt werden. Räumliche Aufgaben erfordern die ganzheitliche Verarbeitung der Informationen und das Erkennen von Zusammenhängen innerhalb der Daten, dies wird mit wahrnehmenden Informationsverarbeitungsprozessen am besten erreicht. Zur Lösung symbolischer Aufgaben müssen einzelne Datenwerte extrahiert und analysiert werden, hier sind analytische Informationsverarbeitungsprozesse von Vorteil.[303] Eine nicht abschließende Auflistung räumlicher und symbolischer Aufgaben ist in Abbildung 13 dargestellt.

---

[300] Dies entspricht der in Kapitel 2.3.1 dargelegten Sichtweise, dass Daten durch eine Form von Visualisierung für den Empfänger zu Informationen werden.

[301] Vgl. Vessey (1994), S. 105.

[302] Quelle: In Anlehnung an Meyer (1996), S. 120.

[303] Vgl. Vessey (1991), S. 226 f.; Vessey (1994), S. 106.

Das Modell des Cognitive Fit geht von einem Zusammenhang zwischen Problemrepräsentation, Entscheidungsaufgabe und mentaler Repräsentation aus. Der Begriff Problemrepräsentation bezeichnet die formale Darstellung der zur Lösung der Entscheidungsaufgabe notwendigen Daten bzw. Informationen. Die mentale Repräsentation beschreibt die Art und Weise, wie ein Entscheider ein Problem in seinem kognitiven Arbeitsspeicher darstellt, und determiniert, welche Prozesse – wahrnehmende oder analytische Informationsverarbeitungsprozesse – bei der Problemlösung genutzt werden. Sie wird aus der Kombination der Charakteristiken von Problemrepräsentation und Entscheidungsaufgabe gebildet. Wird nun sowohl in der Problemrepräsentation als auch in der Entscheidungsaufgabe dieselbe Art von Informationen betont, wird die Bildung einer konsistenten mentalen Repräsentation erleichtert und der sogenannte Cognitive Fit erreicht. Werden in der Problemrepräsentation und der Entscheidungsaufgabe jedoch verschiedene Informationen betont, so muss der Entscheider zur Formulierung seiner mentalen Repräsentation eines dieser beiden Elemente anpassen, wodurch für ihn zusätzlicher kognitiver Aufwand entsteht.[304] Durch Cognitive Fit kann somit eine effektivere (präzisere) und effizientere (schnellere) Problemlösung erreicht werden.[305] Die linke Seite von Abbildung 14 verdeutlicht diesen Zusammenhang.

Die rechte Seite von Abbildung 14 zeigt die Implikationen des Modells. Ein Cognitive Fit wird erreicht, wenn räumliche Aufgaben mit Grafiken dargestellt werden bzw. symbolische Aufgaben mit Tabellen. Bei der Darstellung räumlicher Aufgaben mit Tabellen sowie symbolischer Aufgaben mit Grafiken sind Leistungsnachteile bei der Problemlösung zu erwarten. Eine Einschränkung des Cognitive Fit-Modells liegt darin, dass der Zusammenhang primär für einfache Aufgaben der Informationsbeschaffung und -beurteilung gilt, die klar einer der beiden Kategorien zugeordnet werden können.

Bei einer Analyse bisheriger Studien zu Grafiken und Tabellen liefert die Theorie des Cognitive Fit eine Erklärung für eine Vielzahl widersprüchlicher Forschungsergebnisse und auch in eigener empirischer Forschung kann Vessey die im Modell dargestellten Zusammenhänge

[304] Vgl. Vessey (1994), S. 107.

[305] Vgl. Vessey (1991), S. 234: „In effect, cognitive fit encourages the use of consistent (and therefore optimal) problem-solving processes in the solution of a specific task, resulting in performance advantages". Da Problemrepräsentation und Aufgabe unabhängig voneinander sind, kann der Entscheider auch ohne Cognitive Fit zu einer Lösung gelangen, Cognitive Fit erzeugt lediglich eine Verbesserung in der Leistung, vgl. Vessey/Galletta (1991), S. 65.

bestätigen.[306] Aufgrund umfangreicher Forschung zum Cognitive Fit-Modell mit unterschiedlichen Inhalten kann der im Modell postulierte Zusammenhang für einfache Aufgaben als gültig angesehen werden.[307] Die Modelle des Proximity Compatibility Principle und des Cognitive Fit verfolgen zwar den gleichen Grundgedanken, in der Visualisierungsforschung hat sich allerdings das Modell des Cognitive Fit, vermutlich aufgrund seiner besseren Anwendbarkeit, weitgehend durchgesetzt.[308]

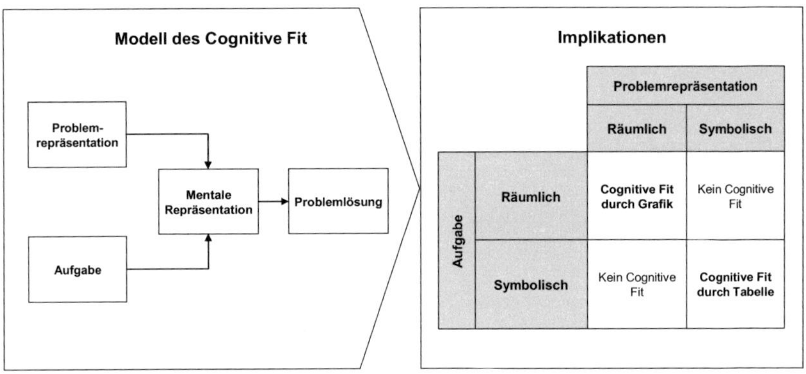

Abbildung 14: Modell und Implikationen des Cognitive Fit[309]

Von den verschiedenen Ansätzen zur Systematisierung der Aufgabe haben einzig die Kompatibilitätsmodelle mit der Cognitive Fit-Theorie einen befriedigenden Erklärungswert gezeigt. Da die betrachteten Aufgaben-Taxonomien jedoch zu einem großen Teil auf sehr einfachen Aufgaben aufbauen, muss nun der Aspekt der Komplexität einbezogen werden, um das Zusammenspiel von Entscheidungsaufgabe und Visualisierung umfassend zu verstehen.

[306] Vgl. Vessey (1991), S. 229 ff. und Vessey/Galletta (1991).

[307] Vgl. Vessey (1994), S. 116; Speier (2006), S. 1116 ff. sowie u.a. Mahoney et al. (2003); Wilson/Zigurs (1999); Kennedy et al. (1998); Umanath/Vessey (1994). Für einen detaillierten Überblick zu Experimenten der Visualisierung siehe Anhang 8.

[308] Vgl. Meyer (2000), S. 1841 f.; Chandra/Krovi (1999), S. 272 ff.; Speier (2006), S. 1115.; Tuttle/Kershaw (1998), S. 3.

[309] Quelle: Modell des Cognitive Fit vgl. Vessey (1994), S. 107; Implikationen in Anlehnung an Meyer (1996), S. 120.

3.3.2 Orientierung an der Komplexität der Aufgabe

Die unzureichende Integration von Komplexität in der Visualisierungsforschung wird unter anderem von Shah et al. kritisiert: „Unfortunately, most research on graph interpretation has focused on relatively sparse, simple data sets. It is possible that models of simple graph comprehension may not scale up to account for more complex data sets."[310] In der Realität stellen sich die Entscheidungsprobleme häufig nicht so einfach dar, wie in den Modellen und Experimenten zur Visualisierung von Daten angenommen. Komplexität, als wichtige Determinante für das Zusammenspiel von Visualisierung und Entscheidungsaufgabe, beeinflusst den kognitiven Aufwand der Lösung einer Aufgabe und damit die Informationsverarbeitungsprozesse.[311] Komplexität ist meist auch entscheidend dafür, welches Vorwissen für die Lösung der Aufgabe notwendig ist und stellt eine wichtige Determinante für die Wahl der Entscheidungsstrategie dar.[312] Es ist daher zu prüfen, ob die bisher identifizierten Zusammenhänge zwischen der Visualisierung von Daten und der Entscheidungsaufgabe auch einem komplexeren Umfeld standhalten.

3.3.2.1 Definition von Komplexität

Die Ansätze zur Definition und Beschreibung von Komplexität sind so vielfältig wie die Taxonomien der Aufgabenart. Zunächst lassen sich die Sichtweisen auf das Konstrukt der Aufgabenkomplexität danach unterscheiden, ob Komplexität als objektiver Aufgabenbestandteil angesehen wird, als subjektives, psychologisches Empfinden des Aufgabenträgers oder als Interaktion zwischen Person und Aufgabe.[313] Da auf psychologische Aspekte des Individuums im nächsten Abschnitt gesondert eingegangen wird, liegt der Fokus hier auf einer objektiven Beschreibung der Aufgabenkomplexität unabhängig vom einzelnen Aufgabenträger.[314]

---

[310] Shah et al. (2005), S. 448.
[311] Vgl. z.B. Newell/Simon (1972).
[312] Vgl. Payne (1976); Payne (1982).
[313] Vgl. Campbell (1988), S. 40 ff.
[314] Auch der Aspekt des nötigen Vorwissens daher erst in Kapitel 3.4 behandelt.

Eine Vielzahl an Autoren hat versucht, Aufgabeneigenschaften zu definieren, die für die Komplexität einer Aufgabe entscheidend sind.[315] Dabei wird angenommen, dass eine Aufgabe umso komplexer ist, je mehr dieser Eigenschaften sie in sich vereint. Eine Aufzählung der unterschiedlichen Ansätze würde den Rahmen dieser Arbeit übersteigen, daher sei lediglich auf Campbell verwiesen, der basierend auf einem umfangreichen Überblick zur Aufgabenkomplexität schlussfolgert, dass alle objektiven Aufgabencharakteristiken, die zu einer Erhöhung der Informationslast, der Informationsdiversität oder der Veränderungsrate der Informationen führen, zur Komplexität einer Aufgabe beitragen.[316] Campbell identifiziert vier Aufgabencharakteristiken, auf die diese Beschreibung zutrifft: die Existenz mehrerer möglicher Wege zur Lösung der Aufgabe, die Existenz mehrerer möglicher Lösungen, die Existenz von Konflikten und Interdependenzen zwischen Wegen und Lösungen und schließlich die Unsicherheit in Bezug auf die Verbindung zwischen Wegen und Lösungen.[317] Dieses Verständnis von Komplexität hat sich in der Literatur weitgehend durchgesetzt.[318]

3.3.2.2 Operationalisierung in der empirischen Forschung

Ein Blick in die empirische Forschung zeigt jedoch, dass die Komplexität häufig nur nach dem Kriterium der Datenmenge modelliert wurde, entsprechend dem Schema „mehr Daten bzw. mehr Informationen bedeuten mehr Komplexität“.[319] Dies entspricht dem Ansatz von Meyer et al., bei dem die Komplexität der Daten und nicht der Aufgabe im Mittelpunkt steht.[320] Drei Faktoren sind hier ausschlaggebend: die Anzahl der dargestellten Datenpunkte, die Konfiguration der Datenpunkte (z.B. in Linien oder Spalten) und die Gleichmäßigkeit der Daten (z.B. die Existenz von Trends oder Mustern). An diesem Ansatz ist allerdings problematisch, dass die Komplexität einer Entscheidungsaufgabe nur in Bezug auf andere Aufgaben durch den Vergleich der benötigten Datenmenge gemessen werden kann, nicht aber absolut.

---

[315] Vgl. u.a. March/Simon (1958), S. 139 ff.; Steinmann (1976), S. 170; Wood (1986), S. 66 ff; Bonner (1994).

[316] Vgl. Campbell (1988), S. 43 sowie Schroder et al. (1967).

[317] Vgl. Campbell (1988), S. 43. Aus diesen Charakteristiken leitet Campbell vier Kategorien komplexer Aufgaben ab: Entscheidungsaufgaben, Beurteilungsaufgaben, Problemaufgaben und unscharfe Aufgaben („fuzzy tasks“), vgl. ebd., S. 45 ff.

[318] Vgl. Speier (2006), S. 1117.

[319] Vgl. z.B. Kumar/Benbasat (2004), Coll et al. (1994) oder Blocher et al. (1986). Für einen Überblick der experimentellen Forschung sei auf Anhang 8 verwiesen.

[320] Vgl. Meyer et al. (1997), S. 269.

Aufgrund einer häufig sehr simplen Operationalisierung der Komplexität liefern die empirischen Ergebnisse zur Visualisierung komplexer Entscheidungsaufgaben kein schlüssiges Bild. Bei Blocher et al. sind grafische Darstellungen bei geringer Komplexität Tabellen überlegen, in einer komplexeren Umgebung dreht sich das Verhältnis jedoch um und Tabellen führen zu besseren Entscheidungen.[321] Bei Meyer et al. werden Tabellen allgemein als das bessere und weniger zeitintensive Format für komplexe Aufgaben identifiziert, es werden jedoch Unterschiede zwischen verschiedenen Aufgabentypen festgestellt.[322] In der Untersuchung von Coll et al. zeigen Tabellen lediglich bei komplexen symbolischen Aufgaben einen Vorteil, für komplexe räumliche Aufgaben führen Grafiken zu deutlich besseren Ergebnissen.[323] Der Zeitbedarf ist bei Tabellen zwar allgemein geringer, steigt aber für beide Formate mit höherer Komplexität an. Sowohl So und Smith als auch Wright untersuchen den Effekt zusätzlicher grafischer Darstellungen auf die Qualität der Entscheidung.[324] In beiden Beiträgen wird bei geringer Komplexität kein Unterschied zwischen einer Tabelle und dem kombinierten Format aus Tabelle und Grafik festgestellt. Bei hoher Komplexität jedoch widersprechen sich die Ergebnisse: Bei So und Smith sind Tabellen vorteilhafter als das kombinierte Format, bei Wright ist die Wirkung von Tabellen alleine jedoch schlechter.

Trotz dieser teils widersprüchlichen Ergebnisse empirischer Forschung lässt sich grundsätzlich feststellen, dass Komplexität in Interaktion mit der Aufgabenart und dem Format eine signifikante Wirkung auf die Entscheidungsqualität und die Entscheidungsgeschwindigkeit hat.[325] Zum Teil führt erst eine steigende Komplexität überhaupt zu einer Differenzierung der Formate.

3.3.2.3 Komplexität im Cognitive Fit-Modell

Einen alternativen, wiederum auf kognitiven Aspekten basierenden, Ansatz zur Definition der Komplexität liefert Vessey mit dem Ziel, das Cognitive Fit-Modell auch für komplexe Ent-

---

321 Vgl. Blocher et al. (1986), S. 465 ff.

322 Vgl. Meyer et al. (1997), S. 281 f.

323 Vgl. Coll et al. (1994), S. 81 ff.

324 Vgl. So/Smith (2004), S. 300 ff. und Wright (1995), S. 152. Die Komplexität wird bei So und Smith nach der Definition von Steinmann (1976) modelliert.

325 Vgl. auch den Überblick bei Shah et al. (2005), S. 448 ff.

scheidungsaufgaben zu erweitern.[326] Basierend auf Einhorn und Hogarth wird dazu der Entscheidungsprozess des Datenempfängers in die Informationsaufnahme, die Beurteilung und das Feedback bzw. das Lernen unterteilt.[327] Einfache Aufgaben umfassen nur die Informationsaufnahme. Komplexe Aufgaben umfassen sowohl Informationsaufnahme als auch die Beurteilung, die wiederum aus mehreren Unteraufgaben bestehen kann. Während einfache Aufgaben mit einzelnen Informationsverarbeitungsprozessen – entweder wahrnehmend oder analytisch – gelöst werden,[328] ist für die Lösung einer komplexen Aufgabe eine Kombination mehrerer Informationsverarbeitungsprozesse nötig. Diese Kombination wird als Informationsverarbeitungsstrategie bezeichnet.[329] Analog zu den Prozessen der Informationsverarbeitung lässt sich für die Informationsverarbeitungsstrategie eine ganzheitliche und eine analytische Strategie unterscheiden, je nachdem, welche Art von Informationen für die Lösung der Entscheidungsaufgabe schwerpunktmäßig vom Datenempfänger verwendet werden. Eine ganzheitliche Informationsverarbeitungsstrategie besteht demnach vornehmlich aus wahrnehmenden Informationsverarbeitungsprozessen, eine analytische Informationsverarbeitungsstrategie hingegen schwerpunktmäßig aus analytischen Informationsverarbeitungsprozessen.[330]

In Verbindung mit den Aufgabenkategorien aus dem Cognitive Fit-Modell lässt sich ableiten, dass komplexe Entscheidungsaufgaben, die einen grundlegend räumlichen Aufgabencharakter haben, mit einer ganzheitlichen Strategie gelöst werden. Bei einem grundlegend symbolischen Aufgabencharakter wird hingegen zunächst eine analytische Strategie gewählt.[331] Von der ganzheitlichen Strategie wird angenommen, dass sie eine geringere kognitive Anstrengung erfordert als die analytische Strategie. Da die kognitiven Fähigkeiten eines Entscheiders beschränkt sind, kann es daher bei der Lösung komplexer symbolischer Aufgaben zu einem Engpass in der Verarbeitungskapazität kommen, der ab einem bestimmten Komplexitätsgrad

---

[326] Vgl. Vessey (1994), S. 105 ff.

[327] Vgl. Einhorn/Hogarth (1981), S. 62 ff.

[328] Vgl. Kapitel 3.3.1.3.

[329] Vessey (1994) definiert den Informationsverarbeitungs*prozess* als: „specific approach or a micro operation that aids in accomplishing a task“ und die Informationsverarbeitungs*strategie* als „general approach to decision making that involves a number of steps and sub-tasks: [...] a macro approach”, vgl. ebd., S. 104.

[330] Vgl. Vessey (1994), S. 104; Speier (2006), S. 1120.

[331] Speier (2006) beschreibt dementsprechend komplexe symbolische Aufgaben als „tasks that require *symbolic* information acquisition and evaluation subtasks that involve a large number of information cues, processes and inter-relatedness within the task” und komplexe räumliche Aufgaben als „tasks that require spatial information acquisition and evaluation subtasks and have higher levels of the complexity characteristics”, vgl. ebd., S. 1120.

zu einem Strategiewechsel zu der weniger aufwändigen ganzheitlichen Strategie führt.[332] Der Begriff Strategiewechsel beschreibt dabei die Beobachtung, dass Menschen bei komplexen Entscheidungsproblemen (unbewusst) die analytische Informationsverarbeitungsstrategie mit einer ganzheitlichen Strategie ersetzen. Durch einen solchen Strategiewechsel versucht der Entscheider, den kognitiven Aufwand zu reduzieren und nimmt dabei die Möglichkeit einer weniger korrekten Lösung in Kauf.[333] Bei komplexen räumlichen Aufgaben hingegen besteht kein Anreiz, von der ganzheitlichen zur analytischen Informationsverarbeitungsstrategie zu wechseln, da dadurch keine Minderung des kognitiven Aufwands erreicht werden kann.[334] In Abbildung 15 wird dieser Zusammenhang schematisch dargestellt.

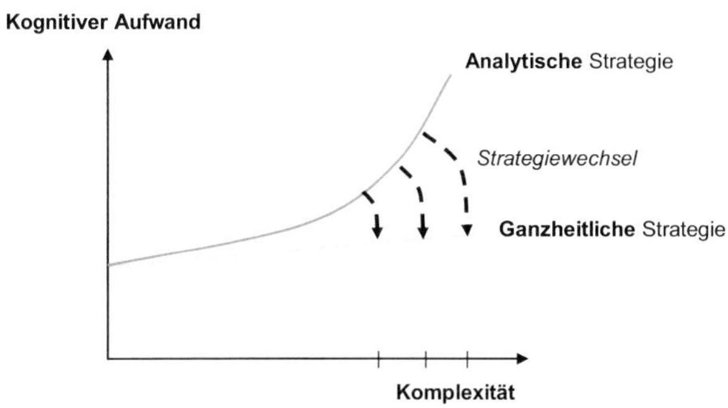

Abbildung 15: Schematische Darstellung des Strategiewechsels[335]

Verbindet man diese Erkenntnisse mit der Theorie des Cognitive Fit lässt sich schlussfolgern, dass ein Cognitive Fit erreicht wird, wenn komplexe räumliche Entscheidungsaufgaben von räumlichen Darstellungen (Grafiken) unterstützt werden, da dies die ganzheitliche Informati-

[332] Vgl. Kosslyn (1989); Lohse (1997).
[333] Vgl. Speier (2006), S. 1120. Speier bezeichnet den Punkt dieses Strategiewechsels auch als „cross-over point".
[334] Vgl. Johnson/Payne (1985); Vessey (1994), S. 109 ff.
[335] Quelle: Eigene Darstellung.

onsverarbeitungsstrategie (mentale Repräsentation) unterstützt. Bei komplexen symbolischen Aufgaben wählen Entscheider zwischen einer analytischen Strategie, die zwar hohen Aufwand aber auch hohe Genauigkeit bringt, und einer ganzheitlichen Strategie, die bei geringerem Aufwand zu etwas weniger korrekten Ergebnissen führt. Der Komplexitätsgrad, bei dem ein Wechsel zwischen den beiden Informationsverarbeitungsstrategien stattfindet, ist nicht definiert und kann durch Nebenbedingungen der Problemlösung wie Zeitdruck oder ein bestimmter Anspruch an die Richtigkeit beeinflusst werden.[336] Das Erfordernis einer schnellen Problemlösung führt dabei eher zu einem frühzeitigem Wechsel zur ganzheitlichen Strategie, während das Erfordernis einer genauen Lösung zu einem späten Strategiewechsel führt. Ab einem bestimmten Komplexitätsgrad ist es dem Entscheider auch überhaupt nicht mehr möglich, eine analytische Strategie anzuwenden, da diese seine kognitiven Fähigkeiten übertrifft.[337] Da für komplexe symbolische Entscheidungsaufgaben daher nicht grundsätzlich bestimmt werden kann, welche Informationsverarbeitungsstrategie angewandt wird, lässt sich auch nicht festlegen ob die Verwendung von Grafik oder Tabelle zum Cognitive Fit führt.[338]

Den beschriebenen Zusammenhang zwischen Komplexität der Entscheidungsaufgabe und Wechsel der Informationsverarbeitungsstrategie kann Vessey bei der Analyse verschiedener Experimente fremder Autoren zeigen.[339] Des Weiteren untersuchen sowohl Speier als auch Tuttle/Kershaw auf dieser Basis eine mögliche Erweiterung des Cognitive Fit-Modells auf komplexe Aufgaben.[340]

Speier prüft den oben beschriebenen Strategiewechsel bei komplexen symbolischen Entscheidungsaufgaben. Räumliche und symbolische Darstellungen führen in ihrem Experiment bei diesem Aufgabentyp zum gleichen Visualisierungserfolg, was durch einen Wechsel zur ganzheitlichen Informationsverarbeitungsstrategie erklärt werden kann. Ab einem bestimmten Komplexitätslevel sind also räumliche Darstellungen auch für symbolische Aufgaben geeignet.[341] Unklar ist, wie das für den Strategiewechsel ausschlaggebende Komplexitätsniveau

---

[336] Vgl. Vessey (1994), S. 110.
[337] Vgl. Vessey (1994), S. 110.
[338] Vessey (1994), S. 111.
[339] Vgl. Vessey (1994), S. 111 ff.
[340] Vgl. Speier (2006) und Tuttle/Kershaw (1998).
[341] Vgl. Speier (2006), S. 1126.

bestimmt werden kann. Es gibt jedoch Anzeichen, dass die Schwelle für den Strategiewechsel schon relativ schnell erreicht wird.[342]

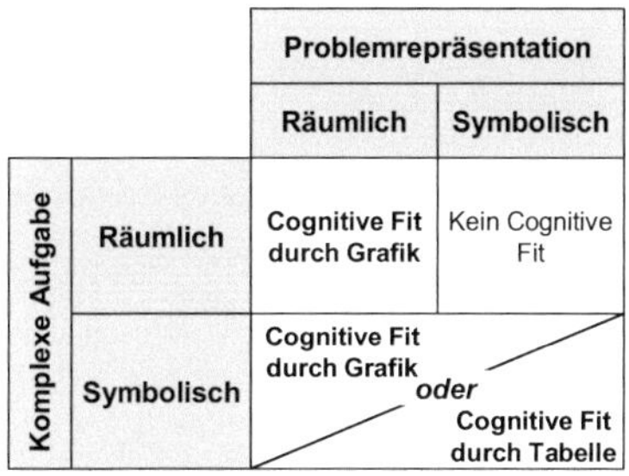

Abbildung 16: Cognitive Fit-Modell für komplexe Aufgaben[343]

Tuttle und Kershaw manipulieren die bei der Aufgabenbearbeitung verfolgte Informationsverarbeitungsstrategie in einer komplexen Leistungsbeurteilungsaufgabe und bestätigen, dass entsprechend des Cognitive Fit-Modells räumliche Darstellungen bei einer ganzheitlichen Strategie zu einer höheren Entscheidungsqualität führen, bei einer analytischen Strategie wird jedoch kein Unterschied zwischen den Formaten festgestellt.[344] In Bezug auf den Zeitbedarf gibt es bei einer ganzheitlichen Strategie keinen Unterschied zwischen Tabelle und Grafik, bei einer analytischen Strategie wird mit Tabellen wesentlich schneller entschieden. Aus diesen Ergebnissen lässt sich für die Theorie des Cognitive Fit schließen, dass die Kompatibilität von Aufgabe und Darstellungsform eine Möglichkeit der Komplexitätsreduktion der Aufgabe darstellt und zu effizienterer oder effektiverer Problemlösung führt.[345] Allgemein gilt das Modell des Cognitive Fit demnach für einfache symbolische Entscheidungsaufgaben und

[342] Vgl. Speier (2006), S. 1127.
[343] Quelle: Eigene Darstellung.
[344] Vgl. Tuttle/Kershaw (1998), S. 9 ff.
[345] Vgl. Tuttle/Kershaw (1998), S. 14.

sowohl für einfache als auch komplexe räumliche Entscheidungsaufgaben.[346] Die Erweiterung des Cognitive Fit-Modells für komplexe Aufgaben ist in Abbildung 16 dargestellt.

Die vorhergehenden Ausführungen haben gezeigt, dass sowohl die Art der Aufgabe als auch die Aufgabenkomplexität bei der Wahl der Visualisierung zu berücksichtigen sind, um zu einer Visualisierung mit optimaler Unterstützungsfunktion für den Entscheider zu gelangen. Zum genauen Zusammenspiel von Aufgabeart, Aufgabenkomplexität und Visualisierung gibt es zwar unterschiedliche Modelle und teilweise widersprüchliche Forschungsergebnisse, das Modell des Cognitive Fit zeigt aber in der empirischen Forschung eine relativ hohe Aussagekraft. Insbesondere in Bezug auf komplexe symbolische Aufgaben besteht jedoch noch weiterer Forschungsbedarf, um den Punkt eines Strategiewechsels besser verstehen und einschätzen zu können. Die wesentlichen Aussagen zum Zusammenspiel von Visualisierung und Aufgabe sind in Abbildung 17 zusammengefasst.

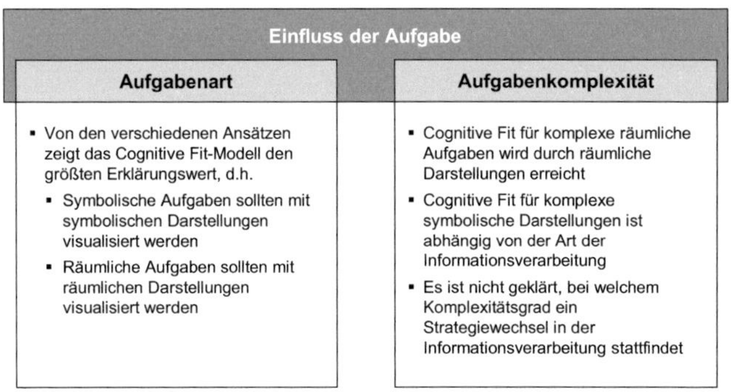

Abbildung 17: Erkenntnisse zum Einfluss der Aufgabe auf die Visualisierung[347]

[346] Vgl. Vessey (1994), S. 115.
[347] Quelle: Eigene Darstellung.

3.4 Ausrichtung der Visualisierung auf den Empfänger

Neben der Ausrichtung auf die Aufgabe wurde die Orientierung an den Charakteristiken des Empfängers als wichtiger Einflussfaktor für den Visualisierungserfolg identifiziert.[348] Ausgangspunkt ist die Erkenntnis, dass die Persönlichkeit des Datenempfängers auch bei der Informationsverarbeitung und bei Entscheidungen eine wichtige Rolle spielt.[349] Als Persönlichkeit werden die „einzigartigen psychologischen Eigenschaften eines Individuums"[350] bezeichnet, welche die charakteristischen, konstanten Verhaltensmuster eines Menschen beeinflussen.[351]

Aus der Vielzahl möglicher Charakteristiken hat sich bisher noch keine klare Klassifizierung herausgebildet, die für eine Untersuchung des Einflusses auf die Visualisierung von Daten nutzbar wäre.[352] Zwei Faktoren zeigen jedoch einen besonders hohen Einfluss auf die Informationsverarbeitung, sowie, wie die beschränkte Zahl an Forschungsergebnissen in diesem Bereich vermuten lässt, auch auf die Visualisierung. Dies sind zum einen der kognitive Stil des Datenempfängers und zum anderen dessen Erfahrung mit dem Visualisierungsformat und mit den visualisierten Inhalten.

3.4.1 Einfluss des kognitiven Stils auf den Visualisierungserfolg

Der kognitive Stil eines Individuums wird beschrieben als „consistent individual differences in [...] ways of organizing and processing information und experience."[353] Die Unterscheidung von Individuen nach verschiedenen kognitiven Stilen hat keine wertende Komponente, sondern beschreibt lediglich die unterschiedliche Art und Weise dieser Individuen, sich mit

---

[348] Vgl. die Ausführungen zu Beginn dieses Kapitels sowie grundlegend DeSanctis (1984); Lucas/Nielsen (1980); Bariff/Lusk (1977).

[349] Vgl. allgemein Gemünden (1992) sowie McGhee et al. (1978); Libby/Lewis (1982) und Gul (1984). Einen guten Überblick liefert auch Bonner (2008).

[350] Zimbardo/Gerrig (2004), S. 601.

[351] Die hier betrachteten kognitiven Charakteristiken der Persönlichkeit unterscheiden sich von kognitiven Heuristiken oder Verzerrungen (auch bekannt als „biases") der Informationsverarbeitung bzw. der Entscheidung. Heuristiken und Verzerrungen sind vom rationalen Verhalten abweichende Entscheidungsmuster, denen die Mehrheit der Menschen unterliegt, während kognitive Charakteristiken die Informationsverarbeitung, je nach ihrer Ausprägung beim Individuum, unterschiedlich beeinflussen. Zu Heuristiken und Verzerrungen vgl. z.B. Bazerman (2006); Becker (2003); Kahneman et al. 1982 und Slovic et al. (1977).

[352] Vgl. die unterschiedlichen Klassifizierungen bei Zmud (1979); Ho/Rodgers (1993) und So/Smith (2003).

[353] Messick (1976), S. 4 f.

Informationen und Entscheidungen auseinanderzusetzen.[354] Damit unterschieden sich Untersuchungen des kognitiven Stils klar von der Messung sogenannter kognitiver Fähigkeiten.[355] Während kognitive Fähigkeiten im Laufe des Lebens eines Menschen durch Lernen oder Erfahrung erweitert werden können, verändert sich der kognitive Stil nur wenig. Der Begriff des kognitiven Stils wurde in der Literatur allerdings lange Zeit sehr breit gefasst, sodass unter diesem Begriff auch Modelle zur Messung kognitiver Fähigkeiten einbezogen wurden.[356] Dies erklärt zum Teil widersprüchliche Ergebnisse in Bezug auf die Implikationen verschiedener kognitiver Stile.

Es existieren unterschiedliche Ansätze zur Messung des kognitiven Stils, in der betriebswirtschaftlich orientierten Wissenschaft und Praxis hat sich jedoch der „Myers-Briggs Type Indicator" (MBTI), der auf Carl Gustav Jungs psychologischer Typentheorie basiert und sich durch eine hohe Validität und Reliabilität auszeichnet, als ein häufig verwendetes Verfahren bewährt.[357] Der MBTI misst den kognitiven Stil anhand von vier Variablen:

- Die Orientierung zur Umwelt auf dem Spektrum von Introversion (I) bis Extraversion (E),

[354] Vgl. Myers/McCaulley (1985), S. 3 ff.

[355] Die Messung kognitiver Fähigkeiten (z.B. durch sogenannte IQ-Tests) kommt meistens zu einem wertenden Ergebnis im Sinne von „more is better" Hough/ogilvie (2005), S. 421. Zum Unterschied zwischen kognitiven Fähigkeiten und kognitiven Stil vgl. Ho/Rodgers (1993), S. 102 ff.

[356] Beispiele hierfür sind z.B. Lusk/Kersnick (1979) und Bariff/Lusk (1977). Diese nutzen den Embedded Figures Test zur Messung der Feldabhängigkeit, ein Meßmethode die den kognitiven Fähigkeiten zuzuordnen ist, vgl. Ho/Rodgers (1993), S. 108 f. Huber (1983) kritisiert die Vielzahl unterschiedlicher Messmethoden, die in der Forschung Verwendung findet, vgl. S. 568.

[357] Zur Jung'schen Typentheorie vgl. grundlegend Jung (1921). Basierend darauf wurde der MBTI als Selbsttest zur Messung des kognitiven Stils entwickelt, vgl. Myers/McCaulley (1985). Einen umfassenden Überblick zum Instrument des MBTI liefert Hammer 1996. Auf dem MBTI basierende Forschungsbeiträge werden z.B. bei Gardner/Martinko (1996) und Walck (1997) besprochen. Der MBTI sieht sich in der psychologischen Forschung durchaus auch kritischer Beurteilungen ausgesetzt, vgl. z.B. McCrae/Costa (1989); Pittenger (2005). Eine neuerer Ansatz zur Operationalisierung des kognitiven Stils ist der Cognitive Style Index, der auf der Theorie der individuellen Dominanz einer der beiden Hirnhemisphären beruht, vgl. Allinson/Hayes (1996). Im Vergleich zum mehrdimensionalen MBTI wird der kognitive Stil hier auf einem Kontinuum eines einzelnen Kriteriums (zwischen den Extremen der dominierenden analytischen linken bzw. intuitiven rechten Gehirnhälfte) gemessen. Die Methodik dieses Ansatzes scheint allerdings noch nicht ausgereift, vgl. Hodgkinson/Sadler-Smith (2003).
Die wissenschaftliche Beurteilung unterschiedlicher Methoden zur Messung des kognitiven Stils kann jedoch nicht Ziel dieser Arbeit sein, da dies den inhaltlichen Rahmen deutlich sprengen würde. Für die weitere Untersuchung wird mit dem MBTI ein Verfahren gewählt, welches in der Literatur mit dem Thema der Visualisierung von Daten verknüpft wird und insbesondere in der betriebswirtschaftlichen Literatur als probates Verfahren zur Beurteilung des kognitiven Stils anerkannt ist, vgl. Bonner (2008), S. 101; Ho/Rodgers (1993), S. 108.

- die Art der Wahrnehmung zwischen sensitiven Wahrnehmen (S - Sensing) und Intuition (N[358]),
- die Grundlage von Entscheidungsprozessen zwischen Denken (T - Thinking) und Fühlen (F - Feeling),
- die Lebenseinstellung mit den zwei Polen Entscheiden (J - Judging) und Wahrnehmen (P - Perceiving).

Dimension	**Fokus und Präferenzen**	
Orientierung zur Umwelt	**Introversion (I):** Erhält Energie durch die Einsamkeit, ist reflektierend und konzentriert, hat ein tiefes Interessenfeld	**Extraversion (E):** Erhält Energie durch andere Menschen und orientiert sich an ihnen, ist sozial und kontaktfreudig, hat breite Interessen
Art der Wahrnehmung	**Sensitives Wahrnehmen (S):** Ist interessiert an Fakten, Daten und Details, mag alles Praktische, Realistische und Greifbare	**Intuition (N):** Ist interessiert an Beziehungen, Bedeutungen und Möglichkeiten, mag Theorien und Visionen
Grundlage von Entscheidungsprozessen	**Denken (T):** Legt Wert auf objektive Kriterien, Logik und Analyse, ist systematisch und prinzipientreu	**Fühlen (F):** Ist subjektiv und einfühlsam, Werte, Harmonie und Vertrauen stehen im Vordergrund
Lebenseinstellung	**Entscheiden (J):** Ist sehr organisiert und strukturiert, macht Pläne, mag die Routine	**Wahrnehmen (P):** Ist sehr spontan und flexibel, lässt die Dinge passieren, offen für Veränderungen

Tabelle 1: Die Ausprägungen des kognitiven Stils nach dem MBTI[359]

Die Ausprägungen der Variablen ist in Tabelle 1 beschrieben. Durch Kombination dieser vier Variablen werden 16 möglichen Typenausprägungen unterschieden.[360] Die Implikationen der Typenausprägung wurden für unterschiedliche Fragestellungen, wie z.B. das Entscheidungsverhalten, die Entscheidungsqualität oder das Führungsverhalten untersucht, wobei der

[358] Das N als stellvertretender Buchstabe wurde gewählt, da der sonst übliche erste Buchstabe I schon durch die Kategorie Introversion belegt war.

[359] Quelle: Eigene Darstellung; vgl. auch Gardner/Martinko (1996), S. 47; Myers/McCaulley (1985).

[360] Vgl. Myers/McCaulley (1985) und Hammer 1996 mit den darin enthaltenen detaillierten Charakterisierungen der einzelnen Dimensionen bzw. der 16 Typenausprägungen.

Schwerpunkt auf den Dimensionen Wahrnehmung (S/N) und Entscheidung (T/F) liegt.[361] Die Kombination dieser beider Variablen wird auch als Entscheidungsstil bezeichnet.[362]

Von den Charakteristiken unterschiedlicher kognitiver Stile lassen sich für einen Datenempfänger auch in Bezug auf die Visualisierung Aussagen ableiten. Auf der Ebene der Wahrnehmung wird der S-Typ mit einer Neigung zu konkreten (Roh-) Daten assoziiert, der N-Typ hingegen kann sehr gut mit abstrakten Darstellungen (Grafiken) und Zusammenfassungen umgehen.[363]

Durch die Vielzahl unterschiedlicher Messmethoden, die in der Vergangenheit zur Untersuchung des kognitiven Stils herangezogen wurden, gibt es jedoch nur wenige direkt vergleichbare empirische Ergebnisse mit Bezug zur Visualisierung. Davis und Elnicki untersuchen die Kombination von Wahrnehmungs- und Entscheidungsdimension und stellen fest, dass sich Datenempfänger mit einer Präferenz für N und T (sogenannte NT-Typen) mit grafisch aufbereiteten Rohdaten am schnellsten entscheiden, ST-Typen mit grafisch zusammengefassten Daten, NF-Typen mit zusammengefassten Daten in Tabellenform und SF-Typen mit Rohdaten in Tabellenform.[364] Auch Ramnarayanan und Gardner untersuchen die Entscheidungsgeschwindigkeit mit einem ähnlichen Ergebnis: N-Typen mit Grafiken und S-Typen mit Tabellen sind schneller als der jeweils andere Typ mit demselben Format.[365] So und Smith untersuchen die Hypothese, dass schematic faces aufgrund ihrer abstakt-emotionalen Gestaltung bei N- und F-Typen bevorzugt werden, können dies im Vergleich mit anderen grafischen Formaten und Tabellen aber nicht bestätigen.[366]

Es ist zwar kaum möglich, aus den bisherigen empirischen Ergebnissen klare Schlüsse für den Einsatz der Visualisierung zu ziehen. Der starke und vielfach auch empirisch belegte Bezug

---

[361] Vgl. als Überblick Bonner (2008), S. 100 ff.; Gardner/Martinko (1996); sowie speziell für den Bereich Accounting Ho/Rodgers (1993). Für den Zusammenhang zwischen kognitivem Stil und strategischen Entscheidungen vgl. außerdem Gallén (2006); Hunt et al. (1989); Stumpf/Dunbar (1991); sowie Henderson/Nutt (1980) speziell zu Risikowahrnehmung; Blaylock/Rees (1984) zur Informationsbewertung und Hough/ogilvie (2005) zu Entscheidungsfreudigkeit und Entscheidungsqualität bei Managern. Vgl. auch die Arbeit von Fink (1987), der einen signifikanten Zusammenhang zwischen der Wahrnehmungsdimension und der Informationsaufnahme bestätigt, vgl. S. 269 ff.

[362] Vgl. Hough/ogilvie (2005), S. 424 f.

[363] Vgl. Mason/Mitroff (1973), S. 477 und Gardner/Martinko (1996), S. 59 f. sowie ausführlicher Myers/McCaulley (1985).

[364] Vgl. Davis/Elnicki (1984).

[365] Vgl. Ramnarayanan/Gardner (1991), zitiert nach Gardner/Martinko (1996), S. 71.

[366] Vgl. So/Smith (2003), S. 64.

von kognitivem Stil zu Informationsverarbeitung und Entscheidungsverhalten legt jedoch nahe, dass ein signifikanter Effekt des kognitiven Stils eines Datenempfängers auf den Visualisierungserfolg möglich ist. Tendenziell kann daher bis auf weiteres der in der Theorie des kognitiven Stils postulierte Zusammenhang angenommen werden, dass N-Typen mit grafischen Darstellungen und S-Typen mit Rohdaten bzw. Tabellen für S-Typen schnellere und bessere Entscheidungen treffen.

Auch der Einfluss der Entscheidungsaufgabe auf den Visualisierungserfolg darf in einer Betrachtung des Zusammenhangs von kognitivem Stil und der Visualisierung von Daten nicht vergessen werden, möglicherweise ist dieser sogar größer als der Einfluss des kognitiven Stils. Dies legen die Ergebnisse einer Untersuchung von Spence und Tsai nahe, in der die zur Lösung verschiedener Entscheidungsaufgaben genutzten kognitiven Prozesse vornehmlich von der Art der Aufgabe und weniger vom kognitiven Stil der Versuchspersonen abhängig waren.[367] Insgesamt sind in diesem Bereich noch weitere Forschungsarbeiten nötig, um den Zusammenhang von kognitiven Stilen und der Wirkung verschiedener Visualisierungsformen auch empirisch eindeutig zu belegen.[368]

3.4.2 Einfluss der Erfahrung auf den Visualisierungserfolg

Für die Empfängerorientierung einer Visualisierung stellt die Erfahrung des Datenempfängers eine wichtige Komponente dar.[369] Dabei kann das Konstrukt Erfahrung unter zwei Gesichtspunkten betrachtet werden: Zum einen die Erfahrung mit der Visualisierung als solcher („graphical literacy“) und zum anderen Erfahrung mit dem Thema, welches durch die Visualisierung veranschaulicht wird („domain knowledge“).[370]

---

[367] Vgl. Spence/Tsai (1997). Mahoney et al. (2003) kommen mit Bezug auf kognitive Fähigkeiten zu einem ähnlichen Ergebnis. Kognitive Fähigkeiten hatten in ihrer Untersuchung keinen Einfluss auf die Entscheidungsqualität, wenn Cognitive Fit eingehalten wird.

[368] Vgl. Ho/Rodgers (1993), S. 124.

[369] Für Jarvenpaa/Dickson (1988) ist dies sogar der wichtigste Faktor der Empfängerorientierung, vgl. S. 7.

[370] Vgl. Shah et al. (2005), S. 454 ff. für einen Überblick der Forschung in beiden Bereichen.

3.4.2.1 Erfahrung mit dem Visualisierungsformat

Erkenntnisse zum ersten der beiden Aspekte, also der Bedeutung der Erfahrung des Datenempfängers mit konkreten Visualisierungsformen bzw. -formaten, wurden aus der Forschung zu den kognitiven Prozessen der grafischen Informationsverarbeitung gewonnen.[371]

Durch Erfahrung mit Grafiken und ihrer Interpretation werden im Langzeitgedächtnis des Empfängers einer Visualisierung sogenannte Schemata gespeichert, mit denen Beziehungen zwischen der Grafik und den zugrundeliegenden quantitativen Daten abgebildet werden. Erfahrene Betrachter einer Visualisierung können somit durch Abgleich mit bestehenden Schemata die Verarbeitung der dargestellten Daten erleichtern und beschleunigen.[372] Unerfahrene Betrachter hingegen haben einen größeren kognitiven Aufwand, um die konzeptionellen Zusammenhänge von Daten und Visualisierungen zu verstehen und sind daher fehleranfälliger in der Interpretation. Nach einer Lernphase oder formalem Training werden diese Unterschiede jedoch ausgeglichen.[373]

Dieser Lerneffekt ist empirisch vielfach belegt. DeSanctis und Jarvenpaa zeigen einen Lerneffekt bei Empfängern einer Visualisierung in Zusammenhang mit Feedback zur richtigen Lösung. Nach fünf Durchgängen führten Grafiken zu signifikant besseren Ergebnissen als Tabellen.[374] Meyer et al. stellen sowohl für zwei Grafikformate (Säulen- und Liniendiagramm) als auch für Tabellen eine signifikanten Lerneffekt fest, der sich in schnelleren und für einige Aufgaben auch genaueren Antworten manifestiert.[375] In einer Erweiterung des Experiments wird ein anfänglicher Vorteil von Tabellen gegenüber den Grafikformaten in Bezug auf Zeit und Genauigkeit nach einigen Versuchen ganz ausgeglichen.[376] Frownfelter-Lohrke hingegen kann einen Lerneffekt nicht bestätigen, legt ihrem Experiment jedoch auch eine besonders anspruchsvolle Aufgabe zugrunde, deren hohe Komplexität den Lerneffekt

---

[371] Vgl. Kapitel 2.2.2 sowie Kosslyn (1989), S. 190 ff.

[372] Vgl. Shah et al. (2005), S. 454 f. Schwierigkeiten entstehen allerdings, wenn die Konstruktion einer Visualisierung von gängigen Konventionen abgeweicht. So wird z.B. vom Betrachter erwartet, dass die abhängige Variable in einem Liniendiagramm der y-Achse und die unabhängige der x-Achse zugeordnet werden. Ist dies nicht der Fall kommt es zu Fehlinterpretationen, vgl. Gattis/Holyoak (1996).

[373] Vgl. Meyer et al. (1997), S. 270; Christ/Corso (1983); Jarvenpaa/Dickson (1988), S. 771 f.

[374] Vgl. DeSanctis/Jarvenpaa (1989), S. 521. Es wurden Tabellen und Säulendiagramme ohne und mit numerischen Datenangaben verglichen. Die Säulendiagramme mit numerischen Angaben führten zu den besten Ergebnissen, der Unterschied zwischen den beiden Grafikformaten war allerdings nicht signifikant.

[375] Vgl. Meyer et al. (1997), S. 276 ff.

[376] Vgl. Meyer (2000), S. 1851 ff. Säulendiagramme führten in dieser Untersuchung zu durchgängig besseren Ergebnissen als Liniendiagramme.

verhindert haben kann.[377] Die Bekanntheit von Visualisierungen im Sinne einer graphical literacy, erworben durch Erfahrung oder Training, ist somit Vorraussetzung dafür, dass die positiven Effekte grafischer Informationsverarbeitung beim Empfänger der Visualisierung wirken können.

3.4.2.2 Erfahrung mit Inhalten

Die Auswirkung von Fachwissen des Visualisierungsempfängers („domain knowledge"), also dem Wissen über die den Daten zugrundeliegenden Theorien, Konzepte oder Methoden, auf die Interpretation von Visualisierungen ist noch nicht eindeutig geklärt.[378]

Allgemein ist ein zweischneidiger Einfluss von Erfahrung auf die Informationsverarbeitung bekannt. Zum einen lässt sich zeigen, dass Individuen sich auf Basis des vorhandenen Wissens Erwartungen bilden, die grundsätzlich die Wahrnehmung von Daten oder Informationen beeinflussen können. Wird ein ganz bestimmter Zusammenhang erwartet, kann die Wahrnehmung dahingehend verzerrt werden, dass der erwartete Zusammenhang fälschlicherweise in Daten hineininterpretiert wird.[379] Fachwissen und Erwartungen können jedoch auch das Verständnis einer Aufgabe beschleunigen bzw. die Problemlösungsfähigkeit verbessern, indem Hintergrundwissen aktiviert werden kann.[380] Je komplexer die Entscheidungsaufgabe, umso größer ist der Vorteil, den ein Datenempfänger durch Vorwissen erzielen kann.[381]

Dieser direkte Effekt von Erfahrung auf die Problemlösung gibt allerdings noch keine Auskunft über einen möglichen Interaktionseffekt mit der Visualisierung von Daten. Studien zur Wirkung von Erfahrung auf die Einschätzung von Korrelationen in Streudiagrammen kommen zu dem Ergebnis, dass Erwartungen des Visualisierungsempfängers über inhaltliche Zusammenhänge tendenziell zu einer Überschätzung des Ausmaßes der Korrelation führen, jedoch nur, solange die dargestellten Daten nicht völlig unvereinbar mit den vorhandenen

---

[377] Vgl. Frownfelter-Lohrke (1998) sowie die Kritik bei Mahoney et al. (2003), S. 91 f.

[378] Vgl. Cardinaels (2008), S. 583, Shah et al. (2005), S. 458 ff.

[379] Dieser Effekt ist auch als „curse of knowledge" bekannt, vgl. u.a. Camerer et al. (1989).

[380] Vgl. mit Bezug auf Accounting und Auditing, wo Erfahrung besonders ausführlich besprochen wird, das „expertise paradigm" bei Libby/Luft (1993), S. 429 ff. sowie Bonner/Lewis (1990) und Libby (1995). Einen Überblick liefert Bonner (2008), S. 62 ff.

[381] Vgl. Abdolmohammadi/Wright (1987).

Erwartungen sind.[382] Im Bereich der Meteorologie wird festgestellt, dass sich Erfahrung positiv auf den Erfolg der Visualisierung auswirkt.[383] Dieses Ergebnis überrascht allerdings nicht, da in der Studie die Interpretation von Wetterkarten von Meteorologen und Laien verglichen wurde. Zudem hilft Erfahrung dem Empfänger von Visualisierungen dabei, von Störfaktoren in den Daten („noise") zu abstrahieren.[384] So zeigen Vera-Muñoz und Kollegen in einem komplexen Desinvestitions-Problem, dass erfahrene Testpersonen trotz unpassendem Datenformat das richtige Analyseverfahren wählen, während unerfahrene Testpersonen erst durch die Unterstützung des passenden Datenformats zu besseren Ergebnissen zu kommen.[385]

Bei Cardinaels schneiden Versuchpersonen mit größerer Erfahrung in einer komplexen Aufgabe aus dem Bereich der Prozesskostenrechnung mit Grafiken überraschenderweise schlechter ab als mit Tabellen.[386] Unerfahrene Versuchspersonen ziehen hingegen einen klaren Vorteil aus der Grafik. Den Grund hierfür sieht Cardinaels darin, dass ein größeres Erfahrungslevel eine analytische Herangehensweise an das Problem fördert, für die Tabellen besser geeignet sind als Grafiken. Nur für Versuchspersonen mit geringer Erfahrung stellen Grafiken also eine Komplexitätsreduktion dar.[387]

Arnold et al. kommen bei der der Untersuchung von sogenannten „intelligent decision aids" zu einem gegensätzlichen Ergebnis.[388] Sie stellen fest, dass diese intelligenten Entscheidungshilfen nur erfahrenen Nutzern helfen, bei Nutzern mit geringer Erfahrung jedoch zu größeren Verzerrungen in der Entscheidung führen. Der „mismatch (in terms of expertise) between the user and the intelligent decison aid makes the novice user susceptible to dominance by the technology"[389], nur mit genug Erfahrung können also die Ergebnisse eines intelligenten Entscheidungssytems richtig gedeutet werden. Das Konzept des Cognitive Fit wird hier

---

[382] Vgl. den Überblick bei Shah et al. (2005), S. 459 f.
[383] Vgl. Lowe (1993).
[384] Vgl. Shah et al. (2005), S. 460.
[385] Vgl. Vera-Muñoz et al. (2001). Format wird in dieser Studie allerdings als Struktur der Daten verstanden.
[386] Vgl. Cardinaels (2008). Einschränkend ist jedoch anzumerken, dass die grafischen Formate im Versuchsdesign nicht alle Informationen der Tabellen enthielten, so dass hier eine Verzerrung möglich ist, vgl. S. 588 ff.
[387] Vgl. Cardinaels (2008), S. 595 ff.
[388] Vgl. Arnold et al. (2004). Diese intelligenten Entscheidungshilfen „integrate the expertise of one or more experts in a given decision domain" mit dem Ziel „to provide a specific recommendation to a given problem and/or provide expert advice that assists the user in making a better decision than when unaided", S. 2.
[389] Arnold et al. (2004), S. 8.

erweitert auf die Entscheidungshilfe und das Erfahrungslevel des Entscheiders.[390] Versteht man sehr komplexe Visualisierungen auch als eine Form von intelligent decision aid, bedeutet dies, dass diese komplexen Visualisierungen nur mit dem entsprechenden Hintergrundwissen verstanden werden können.

Die vorgestellten Ergebnisse lassen keine klaren Schlüsse in Bezug auf die Wirkung von Fachwissen des Empfängers auf den Visualisierungserfolg zu. Am wahrscheinlichsten scheint jedoch die Vermutung, dass Visualisierungen für Empfänger ohne Fachwissen bis zu einer bestimmten Komplexitätsobergrenze eine Hilfe darstellen. Für Empfänger mit Fachwissen ist die Richtung eines Effektes durch die Visualisierung auf Basis der vorhandenen Ergebnisse noch nicht zu bestimmen. Hier ist also weitere Forschung dringend nötig

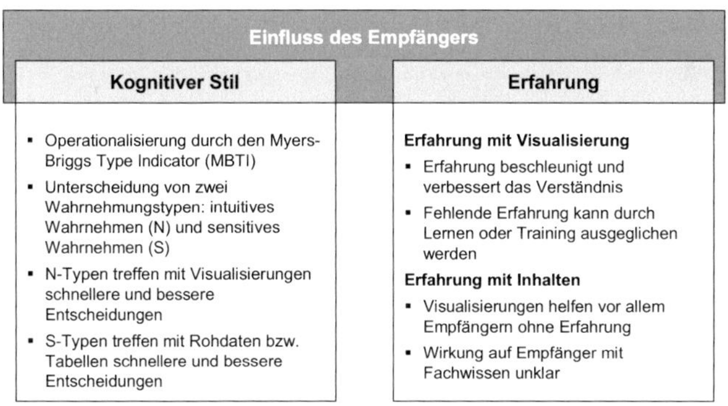

Abbildung 18: Zusammenfassung der Ergebnisse zur Empfängerorientierung[391]

Abbildung 18 fasst die Ergebnisse aus der Betrachtung des Einflussfaktors der Empfängerorientierung zusammen. Obwohl eine Empfängerorientierung bei der Visualisierung von Daten

[390] Die sogenannte Theorie der technologischen Dominanz stellt drei Anforderungen für den Erfolg einer Entscheidungshilfe auf: die Aufgabe muss komplex sein, die Entscheidungshilfe muss bekannt sein und „the cognitive fit between aid and user should be congruent“, Arnold et al. (2004), S. 7.

[391] Quelle: Eigene Darstellung.

vielfach gefordert wird, ist der Stand der Forschung zu diesem Thema noch nicht befriedigend. Es wurde zwar gezeigt, dass die zwei hier untersuchten Charakteristiken, der kognitive Stil und die Erfahrung des Datenempfängers, den Erfolg einer Visualisierung beeinflussen können, die aufgezeigten empirischen Ergebnisse lassen jedoch nur in Teilen Schlüsse über die Richtung der Wirkungszusammenhänge zu. Zudem lässt sich die Komplexität der Persönlichkeit eines Visualisierungsempfängers sicherlich nicht auf die zwei betrachteten Aspekte reduzieren, sondern bietet noch viele weitere Angriffspunkte für Einflussfaktoren auf den Visualisierungserfolg.[392] Insgesamt scheint die Forschung in diesem breiten Feld mit einer Vielzahl an unterschiedlichen Kategorisierungen, Definitionen und Messarten noch sehr unstrukturiert und bietet daher noch viel Potential für zukünftige Forschung.[393]

Die experimentellen Ergebnisse zur Empfängerorientierung müssen außerdem immer vor dem Hintergrund der untersuchten Entscheidungsaufgabe betrachtet werden. Wie oben bereits erwähnt ist es möglich, dass der Einfluss der Aufgabe den Einfluss der Empfängereigenschaften bei der Wirkung auf den Visualisierungserfolg überlagert.[394] Mahoney und Kollegen zum Beispiel stellen keinen differentiellen Einfluss persönlicher Eigenschaften des Empfängers auf den Visualisierungserfolg fest, wenn die Visualisierung entsprechend der Theorie des Cognitive Fit an die Entscheidungsaufgabe angepasst wird.[395]

3.5 Fazit und Implikationen für die weitere Untersuchung

Gegenstand dieses Kapitels war der umfassende Überblick zum Wesen und zum Forschungsstand der Visualisierung von Daten. Dazu wurden zunächst die Ziele der Visualisierung von Daten sowie Ausprägungsformen und allgemeine Gestaltungsanforderungen der Visualisierung betrachtet. In der zweiten Hälfte des Kapitels wurde der aktuelle Stand der Forschung in Bezug auf die zwei wesentlichen Einflussfaktoren der Visualisierung, die Aufgabe und die Empfängereigenschaften, analysiert.

---

[392] Als Beispiel seien Geschlecht, kulturelle Einflüsse, berufsspezifische Gewohnheiten, physiologische Aspekte genannt, vgl. Schumann/Müller (2000), S. 115 f.; So/Smith (2003).

[393] Vgl. Ho/Rodgers (1993), S. 123 f.

[394] Vgl. Spence/Tsai (1997); Mahoney et al. (2003).

[395] Vgl. Mahoney et al. (2003), S. 103 f., untersucht wurden hier die kognitiven Fähigkeiten. Zur Unterscheidung zwischen kognitivem Stil und kognitiven Fähigkeiten vgl. Kapitel 3.4.1.

Die folgenden Punkte können als Ergebnisse festgehalten werden und dienen als Vorgaben für die Untersuchung der Visualisierung von Daten im Controlling.

- Durch den Einsatz von Visualisierungen von Daten kann die Entscheidungseffizienz und -effektivität des Datenempfängers erhöht werden. Die Gestaltung der Visualisierung, sowie die Anpassung an die Entscheidungsaufgabe und den Visualisierungsempfänger bestimmen, ob der angestrebte Visualisierungserfolg erreicht wird.

- In Bezug auf die Gestaltung der Visualisierung müssen als notwendige Bedingungen für einen Visualisierungserfolg Erkenntnisse aus der Gestaltpsychologie sowie praktischen Gestaltungsprinzipien beachtet werden. Sie bilden die „Hygienefaktoren“ der Visualisierung.

- Aus der Gestaltpsychologie sind vor allem die Gesetze der Nähe, der Ähnlichkeit sowie der Geschlossenheit relevant. Praktische Gestaltungsprinzipien umfassen Vorgaben zum Verhältnis der grafischen und numerischen Datenveränderung, zur Beschriftung der Grafik, zum Einsatz grafischer Effekte, zur Darstellung von Geldwerten sowie zur Anzahl der Dimensionen in der Grafik.

- In Bezug auf den Einflussfaktor Aufgabe sind die Aufgabenart und die Aufgabenkomplexität zu analysieren.

- Das Zusammenspiel von Aufgabenart und Visualisierung kann durch das Modell des Cognitive Fit erklärt werden. Räumliche Entscheidungsaufgaben sollten demnach mit Grafiken visualisiert werden, symbolische Entscheidungsaufgaben werden von Tabellen besser unterstützt.

- In Bezug auf die Komplexität der Aufgabe ist für symbolische Aufgaben noch nicht geklärt, wann ein Strategiewechsel in der Informationsverarbeitung stattfindet, der sich auf die Vorteilhaftigkeit einer Visualisierung auswirkt.

- Bei der Empfängerorientierung sind primär zwei Aspekte zu beachten: der kognitive Stil und die Erfahrung des Visualisierungsempfängers. Beide Faktoren haben einen Einfluss auf den Erfolg der Visualisierung.

- Es kann angenommen werden, dass Empfänger mit einer Präferenz für intuitive Wahrnehmung (N) mit grafischen Darstellungen und Empfänger mit einer Präferenz für sinnliche Wahrnehmung (S) mit Rohdaten bzw. Tabellen schnellere und bessere Entscheidungen treffen.

- Erfahrung des Empfängers mit der Visualisierung von Daten beschleunigt und verbessert das Verständnis der visualisierten Daten. Fehlende Erfahrung kann durch Lernen oder Training ausgeglichen werden.

- Vor allem Empfänger ohne Fachkenntnisse profitieren von Visualisierungen. Die Wirkung von Visualisierungen auf Empfänger mit Fachkenntnissen ist unklar.

- Insgesamt liegt der Schwerpunkt der bisherigen Forschungsergebnisse zur Visualisierung von Daten auf dem Einfluss der Aufgabe. Die Ergebnisse zur Empfängerdimension sind noch relativ unstrukturiert.

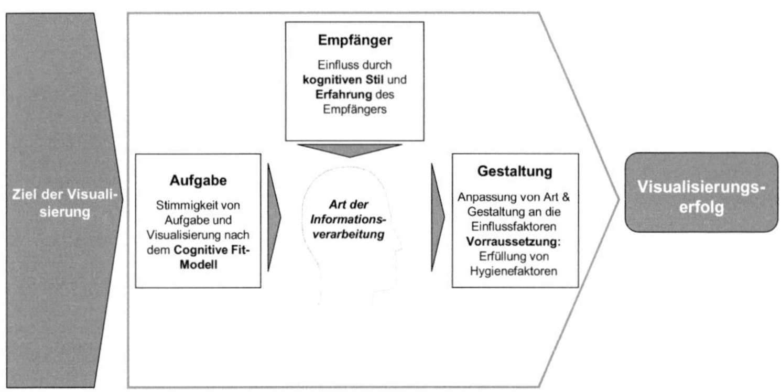

Abbildung 19: Wesentliche Ergebnisse zum Erkenntnisstand der Visualisierung von Daten[396]

Mit den gewonnen Erkenntnissen kann nun der zu Beginn des Kapitels eingeführte Bezugsrahmen wie in Abbildung 19 dargestellt vervollständigt werden.

---

[396] Quelle: Eigene Darstellung.

Allgemein fällt bei der Untersuchung der Visualisierungsforschung auf, dass Grafiken in den bisherigen Experimenten fast nie mit konkreten Zahlenwerten dargestellt werden. Dies könnte auf eine systematische Benachteiligung von Grafiken in den Experimenten hindeuten. Zudem werden Grafiken und Tabellen nur als Gegensatz untersucht, eine Kombination beider Formate wird in den seltensten Fällen in Betracht gezogen. Aus einer theoretischen Sicht aber müsste eine Kombination der Formate gute Ergebnisse aufweisen.[397]

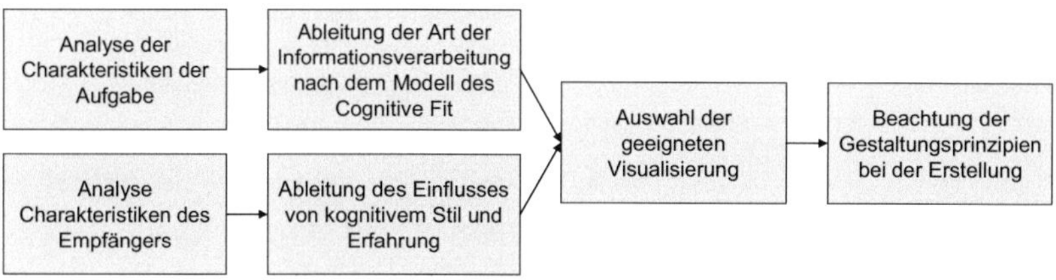

Abbildung 20: Prozess zur Gestaltung einer Visualisierung[398]

Auf Basis der bisherigen Erkenntnisse aus der Visualisierungsforschung kann zudem ein allgemeiner Prozess zur Gestaltung einer Visualisierung formuliert werden. Startpunkt ist die Analyse der beiden fundamentalen Einflussfaktoren Aufgabe und Empfänger. Auf Basis der Entscheidungsaufgabe, die mit Hilfe der visualisierten Daten gelöst werden soll, können nach dem Modell des Cognitive Fit die voraussichtlich zur Problemlösung eingesetzte Art der Informationsverarbeitung abgeleitet und daraus Rückschlüsse für die geeignete Visualisierungsform gezogen werden. Auf der anderen Seite geben der kognitive Stil und die Erfahrung des Visualisierungsempfängers Hinweise auf den Erfolg der Visualisierung. Mit Hilfe dieser Informationen kann die geeignete Visualisierung ausgewählt werden. Bei der Erstellung der ausgewählten Visualisierungsform sind die allgemeinen Gestaltungsprinzipien einzuhalten, um den Visualisierungserfolg nicht zu gefährden. Dieser Visualisierungsprozess ist in

[397] Vgl. z.B. Hard/Vanecek (1991), S. 48; Vessey (1991), S. 229.
[398] Quelle: Eigene Darstellung.

Abbildung 20 schematisch dargestellt. Erst im Anschluss an diesen Prozess findet die tatsächliche Informationsaufnahme und -verarbeitung beim Empfänger statt, die den Visualisierungserfolg im Ergebnis bestimmt.

Die allgemeine Standortbestimmung der Visualisierungsforschung kann abschließend mit den Worten von Meyer wie folgt zusammengefasst werden:

„The multitude of relevant variables and the existence of complex interactions between them [...] prohibit the empirical study of all combinations of the relevant variables. No exhaustive research-based set of guidelines can specify the optimal display for every possible condition. Design decisions must therefore be derived from models that predict the performance of a task with different displays. This implies a move from an inductive approach to displays in which recommendations are based on specific empirical studies, to a deductive approach, in which recommendations are based on validated models."[399]

In diesem Kapitel wurde dementsprechend das Ziel verfolgt, grundlegende Zusammenhänge der Erfolgsfaktoren für die erfolgreiche Visualisierung von Daten aufzudecken, dabei einschlägige Theorien zu beleuchten und nicht nur die Vielzahl an Einzelergebnissen aufzuzeigen. Dieser Ansatz soll im nächsten Kapitel für die Betrachtung der Visualisierung von Daten im Controlling spezifiziert werden, um im Sinne einer kritisch-rationalen Betrachtung auf Basis der beschriebenen Zusammenhänge Hypothesen für die Visualisierung von Daten im Controlling zu generieren.[400]

---

[399] Meyer (2000), S. 1841.
[400] Vgl. Kapitel 1.2.

4 Konzeption der Visualisierung von Daten im Controlling

Nachdem im vorherigen Kapitel der aktuelle Stand der Visualisierungsforschung dargelegt wurde, sollen nun die wesentlichen Erkenntnisse auf den Anwendungskontext des Controllings übertragen werden, um die drei in Kapitel 1.2 formulierten Forschungsfragen – zunächst konzeptionell – zu beantworten:

„Wie werden Controllinginformationen vom Manager verarbeitet?“

„Wie wirkt die Visualisierung von Berichten im Controllingkontext?“

„Gelten diese Zusammenhänge generell oder sind sie personenspezifisch?“.

Zuerst soll in Bezug auf die Ziele der Visualisierung von Daten die Schnittmenge zwischen Controlling und Visualisierung beleuchtet werden. Anschließend werden die schon aus Kapitel 3 bekannten Einflussfaktoren der Visualisierung von Daten – Aufgabe und Empfängereigenschaften – auf ihre Ausprägung im Controllingkontext untersucht. Die „Hygienefaktoren“ der Visualisierung, die in Kapitel 3.2.2 ausgeführten allgemeinen Anforderungen, können als universell gültig angesehen werden und müssen daher selbstverständlich auch bei der Visualisierung von Daten im Controlling beachtet werden.[401] Auf diese Anforderungen wird daher nicht mehr detailliert eingegangen, sondern lediglich, wo für den Untersuchungsverlauf nötig, darauf Bezug genommen.

Trotz gestiegener Relevanz durch eine zunehmende Informationsbelastung von Managern wurde die Visualisierung von Daten in der Controllingforschung bisher nur unzureichend betrachtet.[402] Die Forderung nach einer tiefer gehenden Betrachtung dieses Problemfeldes ist jedoch nicht neu, so stellt u.a. Libby schon vor knapp 30 Jahren fest: „The impact of method of displaying data on the accuracy of human judgment has received surprisingly little attenti-

[401] Vgl. hierzu die Ausführungen in Kapitel 3.2.2.
[402] Vgl. Kapitel 1.1.

on from financial accountants, *managerial accountants*, information system designers, and auditors.“[403]

Als eine der wenigen Autoren befasst sich Möslein im Rahmen ihrer Dissertation zu Organisationsfragen der Visualisierung auch mit der Visualisierung im Controlling und fordert eine „zeitgemäße Medienunterstützung innovativer Controlling-Konzepte“[404] zur Förderung der Koordinationsfunktion des Controllings. Bevor jedoch im Sinne Mösleins darüber nachgedacht wird, Visualisierungsmöglichkeiten in all ihrer Breite (im Sinne von Informationstafeln, Aushängen, Plakaten) und für eine Vielzahl an Zwecken (z.B. Motivations- und Identifikationssteigerung zur Förderung einer dezentralisierten Selbststeuerung) einzusetzen,[405] sollte das Controlling vielmehr mit einer gezielten Optimierung der Visualisierung im Kernbereich des Berichtswesen beginnen. Dieser Bereich stellt nicht nur eine fundamentale Aufgabe der Controllingfunktion dar,[406] sondern wird in Zukunft an Bedeutung auch noch zunehmen. Dies zeigt eine Umfrage von Weber und Kollegen, in der die Informationspräsentation und die bedarfsgerechte Informationsaufbereitung von Controllern aktuell als die wichtigsten Aufgaben des Controllings im Bereich Informationsversorgung angesehen werden und diesen Aufgaben auch in Zukunft eine wichtige Rolle beigemessen wird.[407] Gleichwohl klagen Manager über Informationsüberlastung und auch Controller sind mit dem Stand des Berichtswesens unzufrieden.[408]

Aus diesen Gründen wird im Einsatz der Visualisierung im Berichtswesen ein wichtiger Ansatzpunkt zur Lösung von Informationsproblemen im Unternehmen gesehen. Eine Verbesserung der Visualisierung von Daten könnte ein Schlüssel zu besseren Entscheidungen und mehr Zufriedenheit mit dem Berichtswesen darstellen. Für die Konzeption der Visualisierung von Daten im Controlling soll daher der Fokus auch auf der Gestaltung des Berichtswesens liegen.

---

[403] Libby (1981), S. 116; Hervorhebung durch die Verfasserin.
[404] Möslein (1999), S. 46.
[405] Vgl. Möslein (1999), S. 47.
[406] Vgl. Kapitel 2.1.4.
[407] Vgl. Weber et al. (2007), S. 37.
[408] Vgl. Weber et al. (2008), S. 7 f.

4.1 Ziele der Visualisierung von Daten im Controlling

Wie in Kapitel 2.2 ausgeführt, fällt die Visualisierung von Daten unter die Informationsversorgungsaufgabe des Controllings. Das Ziel des Controllers, dem Management problemadäquate Informationen bereitzustellen um rationale Entscheidungen zu fördern und Entscheidungsanomalien zu reduzieren,[409] kann durch den Einsatz von Visualisierungen unterstützt werden. Zusätzlich können Visualisierungen dazu beitragen, die Informationsbelastung im Management zu reduzieren.[410] Das zunächst in Kapitel 3.1 ganz allgemein für die Visualisierung definierte Oberziel der Erhöhung von Entscheidungseffizienz und -qualität ist somit ohne Einschränkungen auch auf den Controlling-Kontext übertragbar. Da der Controller im Zusammenspiel mit dem Manager die Rolle des „Ratgebers, Lotsen und eines ökonomischen Gewissens“[411] einnimmt, wird opportunistisches Verhalten durch eine bewusst verzerrende Visualisierung von Daten wie auch in Kapitel 3.1 für die Untersuchung ausgeschlossen.[412]

4.1.1 Ziele der Analyse im Controlling

Zur Analyse von Geschäftsdaten stehen dem Controller zahlreiche Informationssysteme zur Verfügung, die durch die stetige Verbesserung von Rechnerleistung und Speicherkapazitäten immer umfangreicher werden.[413] Viele Informationssysteme bieten auch grafische Nutzeroberflächen an, die dem Controller unterschiedliche Sichtweisen auf die Daten ermöglichen, wodurch nicht nur die Aggregation großer Datensätze und die Selektion relevanter Daten vereinfacht wird, sondern auch Unregelmäßigkeiten in den Daten leichter erkennbar sind.[414] Die Visualisierung ermöglicht somit eine Qualitätskontrolle der Daten selbst und der zugrundeliegenden Buchungs- oder Abrechnungssysteme. Ein großes Repertoire an Controlleraufgaben, wie z.B. die Erstellung von Standardberichten, Abweichungsanalysen oder Spezialauswertungen, kann durch Visualisierungen ergänzt und unter Umständen vereinfacht wer-

---

[409] Vgl. Kapitel 2.1.
[410] Vgl. Kapitel 2.3.4
[411] Deyhle (1982), S. 37.
[412] Sicherlich lässt sich die Frage stellen, wer „den Kontrolleur kontrolliert“, also ob auch Controller nicht vor Opportunismus gefeit sind. Für die entsprechende Diskussion vgl. Paefgen (2009); Weber/Schäffer (2008), S. 431 ff.
[413] Vgl. Eichholz (2008), S. 24 f.; Weber/Schäffer (2008), S. 95 f.
[414] Vgl. Weber/Schäffer (2008), S. 96; Reichmann (2006), S. 665 ff.

den. Durch die Analysetätigkeit des Controllers werden somit aus Daten des allgemeinen Geschäftsverlaufs Informationen, also potentiell relevantes Wissen für Managemententscheidungen.[415] Die in Kapitel 3.1.1. definierten Ziele der Analyse können demnach auch auf den Kontext des Controllings übertragen werden. Die Vorteile der Visualisierung kommen bei der Analyse von Daten zunächst vor allem dem Controller selbst zugute, da er im Unternehmen die Analyse der Geschäftsdaten schwerpunktmäßig übernimmt. Durch die Präsentation werden diese Analysen dem Management übermittelt.

4.1.2 Ziele der Präsentation im Controlling

Eine wesentliche Aufgabe des Controllers ist die Kommunikation der entscheidungsrelevanten Informationen an das Management.[416] In zahlreichen regelmäßigen und unregelmäßigen Berichtssituationen präsentiert ein Controller daher seine Analysen dem Management. Vom fehlerfreien Verständnis der Analysen im Management hängt nicht nur die Qualität der Entscheidungen, sondern letztlich auch die Reputation der Controllerarbeit ab.[417] Die Präsentation von Daten im Berichtswesen des Controllings muss daher so präzise sein, dass Fehlinterpretationen reduziert werden, gleichzeitig jedoch so kompakt, dass die begrenzte zeitliche und kognitive Aufnahmefähigkeit der Berichtsempfänger nicht überschritten wird. Die Erkenntnisse aus der Visualisierungsforschung lassen vermuten, dass Visualisierungen bei richtiger Gestaltung das Verständnis von Berichten im Management verbessern und beschleunigen. Zudem kann durch die Visualisierung eine bessere Akzeptanz der Berichtsinformationen im Management erreicht werden.[418] Auch die in Kapitel 3.1.2 definierten Ziele der Präsentation sind somit weitgehend auf den Controllingkontext übertragbar. Von der Erreichung dieser Ziele profitiert nun vor allem das Management und weniger an den Controller selbst. Mit Blick auf eine Optimierung des Berichtswesens soll in der folgenden Untersuchung der Fokus auf Visualisierungen zum Zweck der Präsentation von Daten liegen. Die Ziele der Visualisierung im Controlling sind in Abbildung 21 zusammengefasst.

Da mit der Gestaltung von Visualisierungen für den Controller auch Kosten (in Form von aufgewendeter Zeit und eventuell benötigter Hilfsmittel) verbunden sind, sollte die Errei-

[415] Vgl. Kapitel 2.3.1.
[416] Vgl. Kapitel 2.1.4.
[417] Vgl. Weber et al. (2008), S. 16 f.
[418] Vgl. Koch (1994), S. 168.

chung der definierten Ziele für die Visualisierung von Daten im Controlling regelmäßig geprüft und mit dem dafür nötigen Aufwand verglichen werden.[419]

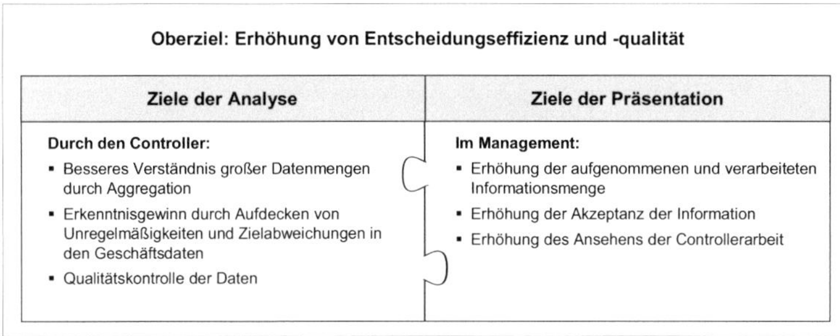

Abbildung 21: Ziele der Visualisierung im Controlling[420]

4.2 Einfluss der Entscheidungsaufgabe auf die Visualisierung im Berichtswesen

Mit einer Visualisierung lassen sich im Controlling und insbesondere im Berichtswesen, dem „Kernprodukt der Controllerarbeit“[421], womöglich Qualitäts- und Effizienzvorteile im Vergleich zum standardmäßig verwendeten Format der Tabelle erreichen. Bevor jedoch begonnen wird, die Ergebnisse der Visualisierungsforschung auf ihre Anwendbarkeit im Berichtswesen zu prüfen, soll zunächst ein Blick in die Standardliteratur des Controllings Aufschluss geben, welche Empfehlungen dort für das Berichtsmerkmal der Form gegeben werden.[422] Tabelle 2 fasst die Aussagen zur formalen Gestaltung des Berichtswesens in fünf Standardwerken des Controllings zusammen.

---

[419] Vgl. Schumann/Müller (2000), S. 12.
[420] Quelle: Eigene Darstellung.
[421] Weber/Schäffer (2008), S. 221. Vgl. auch Kapitel 2.2.2.
[422] Vgl. Kapitel 2.2.2.2.

Quelle	Aussagen zur Visualisierung von Berichten
Horvàth (2006)	„Ein **spezielles Problemfeld der Berichtsgestaltung** stellt die grafische und tabellarische Präsentation von quantitativen Informationen dar. Aussagekraft und Verständlichkeit und damit die Akzeptanz der Berichte durch den Empfänger lassen sich damit in starkem Maße positiv oder negativ beeinflussen. (S. 549) **Grafische Darstellungen übertreffen tabellarische Darstellungen an Aussagekraft**: Sofern die Möglichkeit dazu besteht, sollte man bei der Informationsdarstellung von der grafischen Darstellung Gebrauch machen, denn das Erkennen von Zusammenhängen fällt bei grafischen Darstellungen erfahrungsgemäß leichter als bei tabellarischen Auflistungen." (S. 552)
Weber/ Schäffer (2008)	„Die Darstellungsform hat einen **wesentlichen Einfluss auf die Verständlichkeit und Akzeptanz der Berichte.** [...] In diesem Kontext sind **Grafiken** gut geeignet, Zahlenkolonnen Leben einzuhauchen und die enthaltenen Aussagen auf einen Blick erfassbar zu machen. Sie **übertreffen tabellarische Darstellungen in den meisten Fällen an Aussagekraft.** Dabei muss jedoch beachtet werden, dass der gewählte Diagrammtyp (z.B. Säulen-, Linien-, Torten- oder Wasserfalldiagramme) den Sachzusammenhang auch bestmöglich reflektiert." (S. 225)
Küpper (2008)	„Als wichtigste Darstellungsformen lassen sich verbale, tabellarische und graphische Berichte unterscheiden. [...] Durch [Tabellen] kann man eine größere Menge an Daten in übersichtlicher und einen Vergleich ermöglichender Form wiedergeben. Sie sind besonders für die Angabe von Datenreihen und damit Entwicklungen geeignet. In graphischer Form können Inhalte besonders anschaulich vermittelt werden." (S. 201) „Hinsichtlich der Darstellungsform sind **graphische Berichte besonders leicht und schnell aufnehmbar**. Sie **übertreffen Tabellen oft an Aussagekraft** und bleiben besser in Erinnerung. Jedoch enthalten sie auch **Ansatzpunkte für eine irreführende oder verwirrende Berichterstattung**. Beispielsweise kann man mit Balken-, Kreis- und Kurvendiagrammen arbeiten, über deren Größe und Einteilung die Wirkung der Information auf den Empfänger beeinflussbar ist. [...] Da nicht alle Informationen graphisch weitergegeben werden können, bietet sich eine Kombination mehrerer Darstellungsformen an." (S. 208)
Hummel (2007), in: Steinle/ Daum, Hrsg.	„Im Rahmen des Controller-Berichtswesens bieten sich Schaublider besonders gut an. Die **Vielfalt von Wirtschaftsgrafiken scheint unerschöpflich** [...]. Gut konzipiert und gestaltet, sagen sie mehr als ein ausführlicher Text. Allerdings gilt auch das Umgekehrte: **Schaubilder, die nicht gut konzipiert und gestaltet sind, stiften mehr Verwirrung als Nutzen**. Weil grafische Darstellungen ein **wichtiges Kommunikationsmittel** sind, sollte der Controller in jedem Falle versuchen, Zahlen optisch aufzubereiten. Die Visualisierung spielt gerade bei Kennzahlen zum besseren Verständnis eine wichtige Rolle." (S. 519 f.)
Reichmann (2001)	„Die Darstellung der zu berichtenden Informationen wird durch ihren Inhalt und die Analyseform bestimmt. Einfache quantifizierbare Informationen lassen sich in Tabellenform darstellen, **Grafiken veranschaulichen Trends**." (S. 792)

Tabelle 2: Aussagen zur Visualisierung von Berichten in Standardwerken der Controlling-Literatur[423]

[423] Quelle: Eigene Zusammenstellung. Hervorhebungen durch die Verfasserin.

Allgemein lässt sich feststellen, dass in der Standardliteratur die Verwendung von Grafiken im Berichtswesen zumeist pauschal empfohlen wird, ohne dass jedoch konkrete Gestaltungshinweise für Visualisierungen gegeben werden. Fast alle Autoren sind sich darin einig, dass Grafiken Tabellen in ihrer Aussagekraft übertreffen.[424] Lediglich Küpper und Hummel weisen darauf hin, dass Visualisierungen bei suboptimaler Gestaltung durchaus auch ein Risiko der Fehlinterpretation mit sich bringen.[425] Diese pauschale Empfehlung für den Einsatz von Grafiken in Berichten muss vor dem Hintergrund der in Kapitel 3 aufgezeigten Erkenntnisse zur Visualisierung von Daten jedoch differenzierter betrachtet werden. In vielen Experimenten haben Grafiken nicht die prognostizierte Wirkung gezeigt und die Analyse von Einflussfaktoren der Aufgabe und des Empfängers macht deutlich, dass eine Visualisierung nur unter bestimmten Umständen sinnvoll und erfolgversprechend ist.[426] Auch unter Kostenaspekten sollte abgewogen werden, ob der Nutzen einer Grafik den höheren Aufwand des Controllers in der Erstellung rechtfertigt.[427]

Versucht ein Controller, sich weiteres Hintergrundwissen zu Fragen der Visualisierung anzueignen, findet er in den Controlling-Standardwerken, wenn überhaupt weiterführende Literatur angegeben wird, lediglich Hinweise auf Präsentationsratgeber oder andere Beiträge, die allenfalls allgemeine Gestaltungsprinzipien wiedergeben,[428] nicht jedoch wissenschaftlich fundiert den Zusammenhang zwischen Informationsverarbeitung und Visualisierung behandeln oder auf die wesentlichen Einflussfaktoren eingehen.[429] Obwohl die Visualisierung als wichtige Einflussgröße im Berichtswesen erkannt wurde, besteht in der Controllingliteratur also noch Nachholbedarf in Bezug auf fundierte verhaltenswissenschaftliche Maßgaben für die Anwendung der Visualisierung in Berichten.

In den folgenden Abschnitten werden nun die in Kapitel 3 erarbeiteten Erkenntnisse aus der Visualisierungsforschung im Kontext des Controllings, speziell des Berichtswesens, unter-

---

[424] Vgl. Horváth (2009), S. 552; Weber/Schäffer (2008), S. 225; Küpper (2008), S. 208; Hummel (2007), S. 519 f.

[425] Vgl. Küpper (2008), S. 208 und Hummel (2007), S. 519 f.

[426] Vgl. Kapitel 3.5.

[427] Vgl. Kapitel 4.1.

[428] Ähnlich der in Kapitel 3.2.2 ausgeführten allgemeinen Anforderungen an die Visualisierung.

[429] Weber/Schäffer (2008) verweisen auf Wirth (2000), vgl. S. 230. Bei Steinle et al. 2007 wird die Nutzung der Visualisierung lediglich im Rahmen von Präsentationen, im Sinne von Darbietungen, behandelt, vgl. Adam (2007), S. 628 bzw. S. 651 ff. sowie die dort aufgeführten Quellen.

sucht. Der umfassende Überblick zum aktuellen Stand der Visualisierungsforschung hat schon gezeigt, dass hierbei keine Einzelregeln im Sinne einer „Rezeptur für den optimalen Bericht“ zu erwarten sind, sondern vielmehr ein Verständnis der grundsätzlichen Zusammenhänge zwischen dem Erfolg der Visualisierung und den Einflussfaktoren Entscheidungsaufgabe und Empfängereigenschaften erzielt werden kann.[430] Dies wiederum ermächtigt den Controller, im spezifischen Berichtskontext eigenständig über das „ob“ und „wie“ der Visualisierung zu entscheiden. Um sich dennoch möglichst konkret den Aufgaben des Controllers in der Praxis zu nähern, wird der Fokus der Betrachtung auf dem Monatsbericht liegen, der „das Herzstück des Berichtswesens“[431] darstellt. Zunächst wird in Kapitel 4.2.1 ein Blick auf die aktuelle Controlling-Praxis geworfen, um zu erkunden, in wie weit Visualisierungen bei der Gestaltung des Monatsberichts gegenwärtig eine Rolle spielen. Anschließend wird in Kapitel 4.2.2 analysiert, für welche Entscheidungsaufgaben der Monatsbericht vom Manager genutzt wird. Aus diesen Erkenntnissen werden Hypothesen für die Visualisierung des Monatsberichts vor dem Hintergrund der Entscheidungsaufgabe im Controllingkontext aufgestellt.

4.2.1 Monatsberichte in der Praxis

Eine aktuelle Umfrage unter Controllern im Rahmen des WHU-Controllerpanels gibt Aufschluss über die Praxis der Gestaltung des Monatsberichts in deutschen Unternehmen.[432] Unter den Standardberichten hat der Monatsbericht nicht nur die höchste Berichtsfrequenz sondern nimmt auch die wichtigste Stellung ein. Der Fokus der Berichtsinhalte liegt dabei auf Kosten, Ergebnis, Mitarbeiterzahlen, Umsatz und Absatz, aber auch der Cashflow und sonstige (wertorientierte) Kennzahlen werden monatlich berichtet. Dies impliziert, dass der Schwerpunkt des Monatsberichts auf Finanzkennzahlen liegt, Prozess- oder Innovationskennzahlen sowie nach außen gerichtete Informationen über Märkte, Wettbewerber etc. sind

[430] Die Definition verbindlicher Einzelregeln wird zwar immer wieder gefordert, vgl. z.B. Hill/Milner (2003), S. 135 f., erscheint jedoch nach der ausführlichen der ausführlichen Analyse des Stands der Visualisierungsforschung in Kapitel 3 wenig realistisch.

[431] Weber/Schäffer (2008), S. 230.

[432] Vgl. für die folgenden Ergebnisse Weber (2008), S. 19 ff. Die Umfrage umfasste 382 Controller aus dem deutschsprachigen Raum mit einem Schwerpunkt auf den Leitern des Controllings. Der Monatsbericht kann im Unternehmen unterschiedliche Bezeichnungen, wie z.B. Kennzahlenreporting, Deckungsbeitragsbericht oder betriebswirtschaftliche Auswertung haben.

deutlich seltener im Monatsbericht zu finden.[433] Beim Zeitbezug der Informationen sind Ist-Werte, Planwerte und Vorjahreswerte am gebräuchlichsten. Prognosewerte sind seltener, obwohl sie von Controllern als wichtig eingeschätzt werden. In Bezug auf den Umfang des Monatsberichts zeigt sich ein stark differenziertes Bild. Die größte Gruppe – knapp 30% der Unternehmen – kommt mit 1-5 Seiten pro Monat aus, ganze 10% der Unternehmen benötigen jedoch mehr als 50 Seiten. Dies kann nur zum Teil auf die Unternehmensgröße zurückgeführt werden, ein wesentlicher Bestimmungsfaktor scheinen aber auch die Präferenzen von Controller und Manager zu sein.

Für die hier wesentliche Frage der Formatwahl im Monatsbericht, die sich nach Erkenntnissen der Visualisierungsforschung an der Entscheidungsaufgabe orientieren sollte, zeigen die Ergebnisse der Studie, dass Tabellen zwischen der Hälfte und mehr als zwei Drittel der im Monatsbericht verwendeten Formate ausmachen. Der verbleibende Rest besteht zu ungefähr gleichen Teilen aus Kommentaren und Grafiken. Dabei stehen in der Bewertung der Bedeutung für den Monatsbericht neben Tabellen, die verständlicherweise die Spitzenposition einnehmen, Kommentare sogar noch vor Grafiken.[434] Was den Umfang des Berichts angeht, haben Tabellen sowohl bei den sehr kurzen (bis 5 Seiten) als auch bei den sehr umfangreichen Berichten den vergleichsweise größten Anteil. Berichte mittleren Umfangs nutzen den zusätzlichen Platz im Vergleich zum Kurzbericht zur Integration umfassender Kommentaren und einer größeren Zahl an Visualisierungen.[435] Die Tabelle stellt demnach vor allem in Kurzberichten eine echte Konkurrenz zur Visualisierung dar. In umfangreicheren Berichten werden Tabellen und Visualisierungen bzw. Kommentare in Kombination genutzt.

In einer weiteren Studie wurden die Monatsberichte von sieben deutschen Großunternehmen untersucht.[436] Hier ist auffällig, dass drei Unternehmen gar keine Visualisierungen verwen-

[433] Dies bestätigen auch Schäffer und Steiners in einer Umfrage zu Angebot und Nutzung von Controllinginformationen, vgl. Schäffer/Steiners (2005), S. 212 f.

[434] Vgl. Weber (2008), S. 24 f. Auf einer 5-Punkte-Skala mit 5 als bestem Wert werden Tabellen in ihrer Bedeutung durchschnittlich mit 4,5 Punkten bewertet, Kommentare mit 3,8, Grafiken jedoch nur mit 3,3 Punkten.

[435] Vgl. Weber (2008), S. 25.

[436] Vgl. Weber et al. (2005b) und Hirsch et al. (2008). Die Unternehmen sind im DAX bzw. im MDAX gelistet, ein Unternehmen ist eine Tochter eines im DAX gelisteten Unternehmens.

den, bei den übrigen Unternehmen schwankt der Anteil zwischen 5 und 35 Prozent.[437] Unter den verwendeten Visualisierungsformen dominiert das Liniendiagramm.[438]

Bei der Interpretation dieser Fakten stellt der geringe Grafikanteil des Monatsberichts für sich genommen noch kein Problem dar. Aufgrund der besonderen Fähigkeit der Visualisierung, Daten zu verdichten und Zusammenhänge in konzentrierter Form darzustellen, können möglicherweise schon wenige Grafiken bei richtigem Einsatz einen Monatsbericht verständlicher gestalten. Interessanter ist hingegen, dass die Bedeutung von Visualisierungen so gering geschätzt wird. Diese Geringschätzung lässt sich dahingehend interpretieren, dass die vorhandenen Visualisierungen für das Management offensichtlich noch keinen Mehrwert für die von ihnen zu lösenden Entscheidungsaufgaben darstellen. Im Hinblick auf den Aufwand, den die Produktion von Visualisierungen hervorruft, kann dies als schlechtes Zeugnis für den Monatsbericht gewertet werden. Die Schlussfolgerung liegt nahe, dass Visualisierungen in der Praxis heutzutage nicht entsprechend ihren Möglichkeiten eingesetzt werden, d.h. entweder durch mangelhafte Gestaltung keinen Mehrwert liefern (Verletzung der Hygienefaktoren[439]) oder nicht entsprechend den zu lösenden Entscheidungsaufgaben bzw. an den falschen Stellen eingesetzt werden.

Der Blick in die Praxis zeigt für die Visualisierung im Berichtswesen also deutliches Verbesserungspotential auf. Die Abstimmung der Visualisierung auf die Entscheidungsaufgaben des Managements und die Eigenschaften des Berichtsempfängers kann zu einer optimierten Verwendung im Monatsbericht und damit zu größerem Nutzen für den Empfänger, also einem größeren Visualisierungserfolg, führen.

4.2.2 Informationsnutzung des Monatsberichts

Zur Analyse des Einflusses der Entscheidungsaufgabe auf den Visualisierungserfolg muss nun geklärt werden, welche Fragestellungen im Management mit Hilfe des Monatsberichts gelöst bzw. welche Entscheidungen vom Manager auf Basis des Monatsberichts getroffen werden. Davon kann abgeleitet werden, welche Arten von Entscheidungsaufgaben durch die Visualisierung von Daten potentiell unterstützt werden sollen. Trotz der unzweifelhaften

---

[437] Vgl. Hirsch et al. (2008), S. 328.
[438] Vgl. Weber et al. (2005b), S. 37.
[439] Vgl. Kapitel 3.2.2.

Bedeutung Datenbereitstellung durch das Controlling liegen jedoch nur sehr wenige empirische Erkenntnisse vor, wie Manager die Daten aus dem Berichtswesen konkret nutzen und welche Managemententscheidungen auf Basis dieser Daten getroffen werden.[440]

Als Berichtszwecke wurden in Kapitel 2.2.2.2 Dokumentation, Planung, Steuerung und Kontrolle unterschieden. In der oben bereits zitierten Umfrage unter Controllern überwiegt als Zweck des Monatsberichts die Steuerung und Kontrolle mit 95% Zustimmung vor dem recht allgemeinen Zweck der Information.[441] Wenig Zustimmung erhalten die weiteren Zwecke der Dokumentation, Kurzinformation und Planung. Diese Einschätzung stellt jedoch lediglich die Sicht der Controller dar, aber noch nicht die Erkenntnis, ob Manager Daten auch tatsächlich diesen Zwecken nach nutzen. Die Literatur hält eine Vielzahl unterschiedlicher Ansätze zur Systematisierung der Informationsnutzung im Management bereit.[442] Mit dem Ziel, diese Ansätze zu einer umfassenden Typologie der Nutzungsarten zu verbinden, differenzieren Schäffer und Steiners sechs unterschiedliche Arten der Informationsnutzung.[443] Dabei werden zunächst die beiden idealtypischen Handlungsarten des Lernens und der Durchsetzung unterschieden. Innerhalb des Lernens werden drei Nutzungsarten definiert. Die *Willensbildung* entspricht einem Lernvorgang ex ante, bei der Informationen genutzt werden, um Zweck-Mittel-Beziehungen, z.B. bei der Alternativenbewertung, zu antizipieren. Findet das Lernen erst nach Ausführung einer Handlung statt (also ex post), dient die Information der *Kontrolle*, also der Ermittlung von Abweichungen zwischen gebildeten Willen und der Ausführung. Neben diesen zwei unmittelbaren Formen des Lernens können Informationen auch ohne konkreten Zweck-Mittel-Bezug zur generellen Erweiterung der Wissensbasis genutzt werden. Schäffer und Steiners sprechen dann vom *mittelbaren Lernen*.

Bei der Informationsnutzung zur Durchsetzung von Handlungen wird wiederum zwischen der unmittelbaren Nutzung von Informationen ex ante und ex post und der mittelbaren Nutzung zur Durchsetzung unterschieden.[444] Die Nutzung der Information zur *Durchsetzung ex ante*

---

[440] Vgl. Schäffer/Steiners (2005), S. 209; Weber et al. (2005b), S. 22.

[441] Vgl. Weber (2008), S. 20 f. Daher wird die Wichtigkeit der Kontrollinformationen auch mit einem Wert von 4,6 auf einer 5er-Skala als sehr wichtig eingeschätzt.

[442] Vgl. grundlegend Simon et al. (1954), weitere Ansätze bei Menon/Varadarajan (1992), Vandenbosch (1999) und Hirst/Baxter (1993), sowie für einen Überblick Schäffer/Steiners (2004).

[443] Vgl. Schäffer/Steiners (2004), S. 385 ff.

[444] Vgl. Schäffer/Steiners (2004), S. 386 ff.

beschreibt dabei den Fall, dass im gemeinsamen Willensbildungsprozess mit anderen Akteuren direkt auf die Information verwiesen wird, z.B. indem der Akteur die von ihm selbst zur Willensbildung genutzten Informationen nun zur Überzeugung anderer Akteure einsetzt. Werden Informationen zur Begründung bereits getroffener Entscheidungen genutzt, wird von einer *Durchsetzung ex post* gesprochen. Schließlich dienen Informationen im Rahmen der *mittelbaren Durchsetzung* dazu, unabhängig von konkreten Entscheidungen eine Grundlage zum Handeln zur Verfügung zu stellen, sei es vielleicht auch nur, um den Anschein eines auf vielen Informationen basierten Handelns aufrecht zu erhalten. Tabelle 3 fasst die Arten der Informationsnutzung nach Schäffer und Steiners zusammen.

	Nutzungsart	Beschreibung
Lernen	Willensbildung	Nutzung direkt zur Unterstützung einer spezifischen Entscheidung bzw. zur Lösung eines spezifischen Problems
	Kontrolle	Ermittlung von Abweichungen zwischen gebildetem Willen und Ausführung
	Mittelbares Lernen	Nutzung zur Verbesserung der Wissensbasis ohne unmittelbaren Bezug zu konkreten Zweck-Mittel-Beziehungen
Durchsetzen	Durchsetzung ex ante	Durchsetzung im Rahmen des Willensbildungsprozesses
	Durchsetzung ex post	Durchsetzung eines bereits gebildeten Willens
	Mittelbare Durchsetzung	Nutzung von Informationen zur Steigerung der Durchsetzungsfähigkeit

Tabelle 3: Nutzungsarten der Controllinginformationen nach Schäffer/Steiners[445]

Um Gestaltungsempfehlungen für den Monatsbericht ableiten zu können, stellt sich nun die Frage, welche Art von Informationsnutzung im Management den Schwerpunkt bildet.[446] Empirische Untersuchungen von (Top-) Managern zur Intensität der Nutzung des Informationsangebots aus dem Controlling stützen sich zumeist auf Feldstudien und qualitative Beo-

[445] Quelle: Eigene Darstellung in Anlehnung an Schäffer/Steiners (2004), S. 385 ff.

[446] Mit dem in dieser Arbeit vertretenen Verständnis, dass aus Daten durch die Visualisierung Informationen für den Empfänger werden, können Erkenntnisse aus der Informationsnutzung auf die Fragestellung nach der Visualisierung von Daten angewendet werden. Vgl. hierzu auch Kapitel 2.3.1.

bachtungen.[447] Eine Ausnahme bildet eine weitere Untersuchung von Schäffer und Steiners, die die Intensität der oben definierten Nutzungsarten in einer Umfrage unter Top-Managern deutscher Industrieunternehmen auch quantitativ beschreiben.[448]

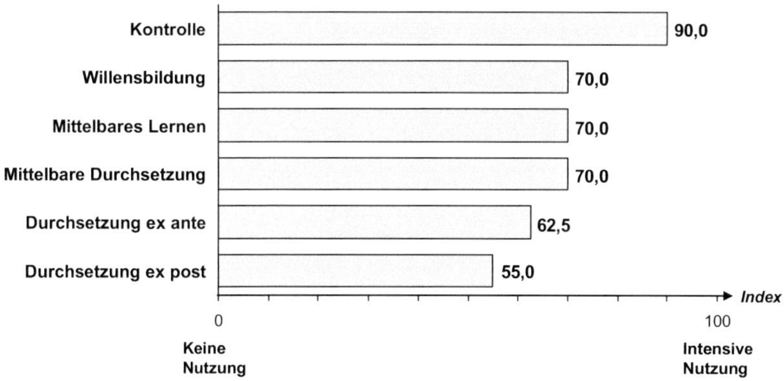

Abbildung 22: Nutzungsintensität von Controllinginformationen im Management[449]

Wie aus den Ergebnissen der Umfrage in Abbildung 22 ersichtlich wird, liegt der Schwerpunkt der Nutzung von Controllinginformationen bei der Kontrolle und weniger bei der in der Literatur am häufigsten diskutierten Willensbildung.[450] Im gleichen Maße wie zur Willensbildung werden Controllinginformationen vom Management auch mittelbar zum Lernen und zur Durchsetzung benutzt. Es erstaunt, dass die Nutzung zur Durchsetzung ex ante und ex post am wenigsten ausgeprägt ist, wobei auch hier im Durchschnitt noch hohe Werte vergeben wurden.

---

[447] Vgl. z.B. Bruns/McKinnon (1993), Mendoza/Bescos (2001).

[448] Vgl. Schäffer/Steiners (2005), S. 216 ff. Der Großteil der Manager in der Studie gab an, monatlich vom Controlling mit Informationen versorgt zu werden, vgl. auch S. 214. Daher ist anzunehmen, dass sich die Aussagen zur Nutzung der Informationen schwerpunktmäßig auf den Monatsbericht beziehen.

[449] Quelle: Schäffer/Steiners (2005), S. 217. Im Original wird der Wert der Willensbildung bei gleicher Darstellung mit 60,0 angegeben. Die Länge und die Position des in der Grafik dargestellten Balkens lassen jedoch vermuten, dass es sich hier um einen Fehler handelt und der richtige Wert 70,0 lautet.

[450] Vgl. Schäffer/Steiners (2005), S. 217.

4.2.3 Konsequenzen für die Visualisierung von Daten im Monatsbericht

Um aus der Typologisierung der Nutzungsarten Erkenntnisse für die Visualisierung von Daten im Controllingkontext ziehen zu können, muss zunächst eine Verbindung zu dem in der Visualisierungsforschung genutzten Konzept der Entscheidungsaufgabe gezogen werden.

4.2.3.1 Informationsnutzung und Cognitive Fit

In Kapitel 3.3 wurde das Modell des Cognitive Fit, in dem zwischen symbolischen und räumlichen Entscheidungsaufgaben unterschieden wird, als die zentrale Theorie zum Zusammenspiel von Visualisierung und Aufgabe identifiziert. Tatsächlich lässt sich ein theoretischer Zusammenhang zwischen den verschiedenen Nutzungsarten der Controllinginformation und den beiden Polen der symbolischen und räumlichen Entscheidungsaufgaben ableiten.

Als symbolisch werden solche Aufgaben bezeichnet, die zur Lösung eine präzise Verarbeitung und Analyse von konkreten Daten erfordern.[451] Zu dieser Aufgabenkategorie kann die Kontrolle gezählt werden, da bei dieser Art der Informationsnutzung das Ziel verfolgt wird, „Abweichungen zwischen gebildetem Willen und Ausführung zu ermitteln“[452], z.B. indem Soll- und Ist-Werte verglichen werden. Für einen solchen Vergleich ist die präzise Analyse konkreter Daten – also ein symbolisches Vorgehen mit analytischer Informationsverarbeitung – zielführend.

Auf der anderen Seite des Aufgabenspektrums befinden sich die räumlichen Entscheidungsaufgaben, bei denen der Problemraum als Ganzes betrachtet wird und das Erkennen von Zusammenhängen innerhalb der Daten im Fokus steht.[453] Dies entspricht der mittelbaren Nutzung der Information, sei es zum Lernen oder zur Durchsetzung. Bei der Informationsnutzung zum mittelbaren Lernen dienen Informationen dazu, ein grundsätzliches Verständnis der Zusammenhänge zu generieren, von der sich ein Akteur indirekt eine spätere Verbesserung

[451] Vgl. Vessey (1994), S. 106 sowie Abbildung 13 für die Klassifikation räumlicher und symbolischer Aufgaben.

[452] Schäffer/Steiners (2004), S. 385.

[453] Vgl. Vessey (1994), S. 105; Vessey/Galletta (1991), S. 68 sowie Abbildung 13 für die Klassifikation räumlicher und symbolischer Aufgaben.

der Qualität von Entscheidungen verspricht.[454] Auch bei der Nutzung von Informationen zur mittelbaren Durchsetzung geht es nicht um konkrete, messbare Auswirkungen auf spezifische Zweck-Mittel-Beziehungen, sondern vornehmlich um die allgemeine Nutzung von Informationen zur Schaffung von Vertrauen in die Handlungen des Akteurs.[455]

Die Willensbildung ist der Beschreibung von Schäffer und Steiners nach eher dem symbolischen Aufgabenbereich zuzuordnen, da es sich hier um die direkte Unterstützung von Informationen zur Lösung eines spezifischen Problems handelt.[456] Als Beispiel wird unter anderem die Nutzung des Kapitalwertverfahrens zur Beurteilung der Vorteilhaftigkeit einer Investition herangezogen, also eine eindeutig symbolische Aufgabe.[457] Da die Willensbildung sich jedoch generell auf die (ex ante) Antizipation von Zweck-Mittel-Beziehungen bezieht, ist die Zuordnung hier nicht ganz so eindeutig. Es sind auch Situationen denkbar, in denen Willensbildung eher im räumlichen Aufgabenkontext steht, Wissensdefizite des Akteurs also auch durch ganzheitliche Informationen gedeckt werden, z.B. indem durch die Entwicklung der Kostenposition ein Handlungsdruck zur Effizienzsteigerung aufgedeckt wird. Die Definition von Schäffer und Steiners reicht daher nicht aus, um die Willensbildung klar einer der beiden Aufgabenarten zuzuordnen, bzw. es wird vielmehr vermutet, dass die Willensbildung nicht generell eingeordnet werden kann, sondern je nach konkretem Kontext entweder dem räumlichen oder dem symbolischen Aufgabenbereich zuzuordnen ist.

Auch die beiden verbleibenden Nutzungsarten der Controllinginformationen, die Durchsetzung ex post und ex ante, lassen sich nicht eindeutig einer der beiden Aufgabenbereiche zuordnen. Das Ziel, den Entscheidungsprozess im Sinne des Akteurs zu beeinflussen, sei es vor der Entscheidung (ex ante) oder in Bezug auf eine bereits getroffene Entscheidung (ex post) kann im räumlichen Aufgabenkontext beinhalten, dass Informationen selektiv dargestellt werden, so dass Entwicklungen betont oder verharmlost werden, aber im symbolischen

[454] Die Informationsnutzung zum mittelbaren Lernen wird von Schäffer und Steiners auch mit dem englischen Ausdruck „to scan" gleichgesetzt, vgl. Schäffer/Steiners (2004), S. 385 f. Die Nähe zur Beschreibung räumlicher Aufgaben wird auch in der Definition des Begriffs „scanning" von Vandenbosch/Huff (1997) deutlich: „scanning is the behavior that executives perform when they are browsing through data in order to understand trends or sharpen their general understanding of the business", vgl. S. 83.

[455] Vgl. Schäffer/Steiners (2004), S. 388 f.

[456] Vgl. Schäffer/Steiners (2005), S. 216.

[457] Vgl. Schäffer/Steiners (2004), S. 385.

Aufgabenkontext eben auch, dass die Grundlagen für Berechnungen so gewählt werden, dass ein bestimmtes Ergebnis erzielt wird.[458]

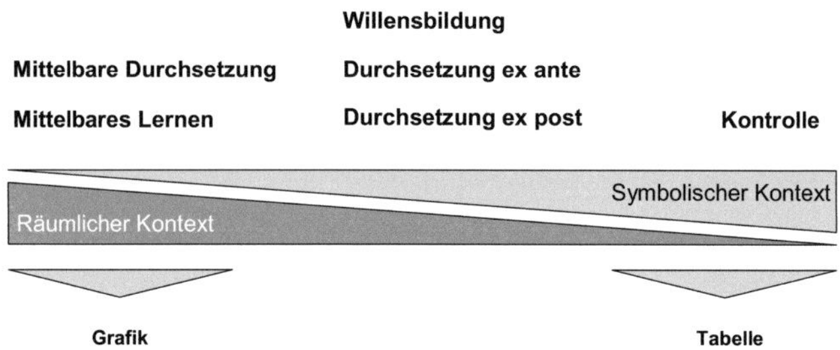

Abbildung 23: Zusammenhang von Aufgabenart und Nutzungsarten von Controllinginformationen[459]

Eine Zusammenfassung der aufgedeckten Zusammenhänge zwischen Nutzungsarten von Controllinginformationen und Aufgabenarten des Cognitive Fit-Modells wird in Abbildung 23 dargestellt. Zwar lassen sich nur drei der diskutierten Nutzungsarten eindeutig einer Aufgabenart zuordnen, für die Ableitung von Hypothesen über die Visualisierung von Daten im Controlling kann diese Zuordnung dennoch eine erste Grundlage bilden. Um den größten Visualisierungserfolg zu erreichen, sollten Daten im Sinne des Cognitive Fit so abgebildet werden, dass die zur Lösung einer Entscheidungsaufgabe benötigten Informationsverarbeitungsprozesse unterstützt werden und eine konsistente mentale Repräsentation gebildet werden kann.[460] Übertragen auf den Controllingkontext bedeutet dies, dass Daten, die vornehmlich der Kontrolle dienen, im Sinne des Cognitive Fit mit Hilfe von Tabellen dargestellt werden sollten. Dienen Daten jedoch der mittelbaren Durchsetzung oder dem mittelbaren Lernen, bietet sich eine Visualisierung der Daten an. Dieser Zusammenhang wird auch in Abbildung 23 verdeutlicht. Für die Willensbildung sowie für die Durchsetzung ex ante und ex post lassen sich keine generellen Visualisierungsempfehlungen ableiten. Der Controller sollte

[458] Vgl. Schäffer/Steiners (2004), S. 387 f.
[459] Quelle: Eigene Darstellung.
[460] Vgl. Kapitel 3.3.

hier aufgabenspezifisch prüfen, ob der Schwerpunkt der Informationsnutzung räumlich oder symbolisch ist und die Visualisierung dementsprechend anpassen.

4.2.3.2 Einfluss von Komplexität

Die Entscheidungsaufgabe wird jedoch in der Visualisierungsforschung neben dem Aspekt der Aufgabenart auch unter dem Aspekt der Komplexität untersucht.[461] Die steigende Komplexität der Entscheidungsaufgaben spielt auch im (Top-)Management eine wesentliche Rolle. So sieht Steinle z.B. die „Handhabung von Komplexität"[462] als zentrale Managementaufgabe. Den in Kapitel 3.3.2 vorgestellten Definitionsansätzen für Komplexität folgend, lässt sich wohl für die meisten Entscheidungsaufgaben im Management ein hoher Grad an Komplexität attestieren: die hohe Dynamik der Umwelt erhöht die Unsicherheit in Bezug auf die zur Verfügung stehenden Informationen und durch ständige Veränderungsimpulse werden gesetzte Ziele und eingeschlagene Wege häufig in Frage gestellt.[463] Zudem müssen für viele Entscheidungen im Management sowohl große Mengen an Daten akquiriert als auch beurteilt werden, z.B. wenn eine Entscheidung einen gesamten Geschäftsbereich betrifft und dessen Eckdaten bzw. deren Entwicklung die Basis für die Entscheidung bilden.[464] Da der Monatsbericht als Grundlage für viele wichtige Entscheidungen im Management dient, ist auch davon auszugehen, dass die Aufgaben, die durch den Monatsbericht mit Informationen unterstützt werden, einen hohen Grad an Komplexität aufweisen.

Die Auswirkungen der Komplexität auf die Informationsverarbeitung, die in Kapitel 3.3.2 allgemein erklärt wurden, gelten selbstverständlich auch für Manager, die in ihrer Informationsverarbeitung nicht anders geartet sind, als die Allgemeinheit der Menschen. Räumliche Entscheidungsaufgaben werden vornehmlich mit einer ganzheitlichen Informationsverarbeitungsstrategie gelöst, symbolische Entscheidungsaufgaben mit einer analytischen Informationsverarbeitungsstrategie.[465] Wie in Abbildung 15 dargestellt wurde, steigt die kognitive Belastung bei der analytischen Informationsverarbeitungsstrategie schneller als bei einer

[461] Vgl. Kapitel 3.3.2.
[462] Steinle (2005), S. 10; vgl. auch Steinmann/Schreyögg (2005), S. 15.
[463] Vgl. Weber et al. (2008), S. 10 f., sowie u.a. die Komplexitätsdefinition von Campbell (1988), die diese Punkte aufnimmt.
[464] Dies entspricht der Komplexitätsdefinition von Vessey (1994), vgl. Kapitel 3.3.2.
[465] Vg. Kapitel 3.3.2.3.

ganzheitlichen Informationsverarbeitungsstrategie und ab einem bestimmten Punkt besteht aufgrund der begrenzten kognitiven Fähigkeiten des Managers die Möglichkeit eines Strategiewechsels von analytischer zu ganzheitlicher Informationsverarbeitung. Da Manager in ihrem Arbeitsalltag vielfach unter Zeit- und Entscheidungsdruck stehen, kann sogar vermutet werden, dass sie den Punkt des Strategiewechsels relativ schnell erreichen, um die kognitive Belastung einzugrenzen.[466] Das bedeutet, dass auch zur Lösung analytischer Entscheidungsaufgaben auf Basis des Monatsberichts vielfach eine ganzheitliche statt einer analytischen Informationsverarbeitungsstrategie genutzt wird.

Allgemein lässt sich die folgende Hypothese für die Informationsverarbeitung im Management formulieren:

> H1: *Eine komplexe analytische Entscheidungsaufgabe wird mit* ***ganzheitlicher*** *statt analytischer* ***Informationsverarbeitung*** *gelöst.*

Für die Visualisierung von Monatsberichten lässt sich schlussfolgern, dass für Daten, die der Kontrolle dienen, zwischen einfachen und komplexen Entscheidungsaufgaben unterschieden werden muss. Für einfache Kontrollaufgaben, die weiterhin mit analytischer Informationsverarbeitung gelöst werden, wäre im Monatsbericht die Tabelle die vorteilhaftere Darstellungsform, ab einem bestimmten Komplexitätsgrad führt jedoch die Grafik zu einem größeren Visualisierungserfolg, da sie den Wechsel zur ganzheitlichen Informationsverarbeitung unterstützt. Für räumliche Aufgaben, wie die mittelbare Durchsetzung oder das mittelbare Lernen, ist die Grafik bei jedem Komplexitätsgrad der Tabelle überlegen. Eine auf diesen Überlegungen basierende Erweiterung des Cognitive Fit-Modells im Controllingkontext ist in Abbildung 24 dargestellt.

Durch Einbeziehung der Nutzungsintensität der verschiedenen Nutzungsarten von Controllinginformationen können auf dieser Basis Aussagen für die Gestaltung des Monatsberichts generiert werden. In Kapitel 4.2.2 wurde die Kontrolle als wichtigste Nutzungsart definiert, gefolgt von den Nutzungsarten der Willensbildung, des mittelbaren Lernens sowie der mittel-

---

[466] Vgl. zu den Charakteristiken des Arbeitstags eines Managers Steinmann/Schreyögg (2005), S. 15 f. Zu Einflussfaktoren auf das Komplexitätsniveau, bei dem ein Strategiewechsel vollzogen wird, vgl. Kapitel 3.3.2.3.

baren Durchsetzung. Die geringste Bedeutung haben die Nutzungsarten der Durchsetzung ex ante und ex post.[467]

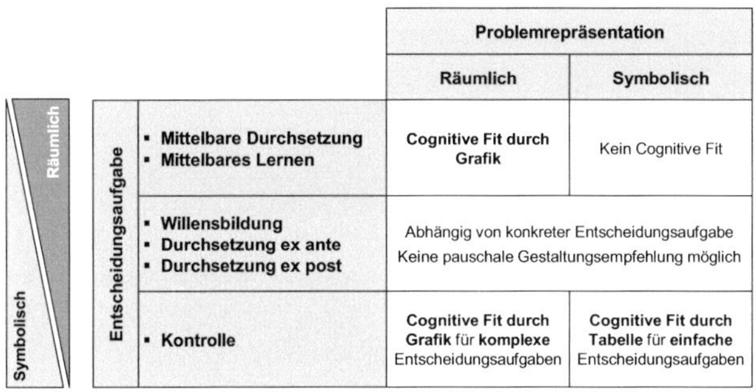

Abbildung 24: Erweiterung des Cognitive Fit-Modells im Controllingkontext[468]

Für die Visualisierung des Monatsberichts nimmt demnach mit der Kontrolle eine symbolische Entscheidungsaufgabe, die am besten von Tabellen unterstützt wird, den wichtigsten Platz in der Rangfolge der Nutzungsarten ein. Tabellen sollten daher auch einen großen Anteil des Monatsberichts ausmachen, damit einzelne Werte schnell und exakt aus dem Bericht extrahieren werden können. So kann ein Manager nach dem Empfangen des Monatsberichts z.B. schnell und einfach die Umsatzwerte einzelner Business Units überprüfen, oder schauen, ob Budgets eingehalten wurden. Bei steigender Komplexität ist allerdings nicht klar zu definieren, ab wann ein Strategiewechsel in der Informationsverarbeitung des Managers stattfindet, der dazu führt, dass nicht mehr Tabellen sondern Grafiken zu einer besseren Entscheidungsqualität führen. Diese Erkenntnis, sowie die Tatsache, dass der Monatsbericht neben der Kontrolle auch noch räumlichen Entscheidungsaufgaben wie dem mittelbaren

[467] Vgl. Abbildung 22 sowie Schäffer/Steiners (2005).
[468] Quelle: Eigene Darstellung.

Lernen oder der mittelbaren Durchsetzung dienen muss, sind starke Argumente dafür, dass auch Grafiken eine wichtige Rolle im Monatsbericht spielen sollten.

Als Standardbericht muss der Monatsbericht vielen unterschiedlichen Entscheidungsaufgaben und Berichtsempfängern gleichzeitig dienen. Um dieser vielfältigen Rolle bei der Entscheidungsunterstützung des Managements gerecht zu werden, wird also offensichtlich, dass die Frage nach der Visualisierung nicht mit einer eindeutigen Entscheidung für ein einziges Format beantwortet werden kann, sondern dass eine Kombination aus Tabelle und Grafik am sinnvollsten erscheint. Eine Kombination beider Formate würde die jeweilige Art der Informationsverarbeitung des individuellen Berichtsempfängers bei jeder spezifischen Entscheidungsaufgabe optimal unterstützen und könnte dadurch die Problemlösung im Management wesentlich vereinfachen.[469]

Um diesen theoretisch hergeleiteten Zusatznutzen von grafischen Darstellungen im Monatsbericht zu prüfen, sollte eine *komplexe analytische Aufgabe* als Indikator dienen. Diese Art der Aufgabe macht, wie oben gezeigt, einen sehr wesentlichen Teil des Spektrums der Entscheidungsaufgaben aus, für die der Monatsberichts als Basis dient, und könnte daher entscheidend dafür sein, ob die Ergänzung von Monatsberichten mit zusätzlichen Grafiken den erwarteten Effekt erzielt.

Es ist jedoch auch denkbar, dass das Vorhandensein eines Formats an sich schon einen Einfluss auf die Informationsverarbeitungsstrategie des Berichtsempfängers hat.[470] Geht auch von der Darstellungsform ein Einfluss auf die Informationsverarbeitung aus, könnte sich durch die zusätzliche Einführung von grafischen Darstellungen der Grad an ganzheitlicher Informationsverarbeitung erhöhen. Dieser Effekt könnte besonders dann verstärkt auftreten, wenn die Wahl der Informationsverarbeitungsstrategie der Berichtsempfänger uneinheitlich erfolgt, also gerade bei komplexen analytischen Aufgaben. Bei dieser Art von Entscheidungsaufgaben würden Manager dann den Strategiewechselpunkt eher erreichen, also sich bewusst oder unbewusst für die kognitiv einfachere Methode der ganzheitlichen Informationsverarbeitung entscheiden, wenn zusätzliche Grafiken zur im Monatsbericht zur Verfügung stehen. Dies widerspricht dem in Kapitel 3 aufgestellten Bezugsrahmen der Visualisierung, in dem

---

[469] Auch Küpper (2008), S. 208, empfiehlt die Kombination mehrerer Darstellungsformen im Berichtswesen.
[470] Ein solcher Zusammenhang wird bei Todd/Benbasat (1994) und Todd/Benbasat (2000) aufgezeigt.

die Informationsverarbeitung als abhängig von der Entscheidungsaufgabe und dem Visualisierungsempfänger, nicht jedoch als abhängig von der Visualisierung angesehen wird.[471] Um die im Bezugsrahmen vermuteten Zusammenhänge zu prüfen wird eine Alternativhypothese[472] formuliert:

> H2: *Zusätzliche grafische Darstellungen im Controllingbericht führen bei komplexen analytischen Entscheidungsaufgaben zu einem höheren Grad an* ***ganzheitlicher Informationsverarbeitung****.*

Zur Wirkung *zusätzlicher grafischer Darstellungen* zeigt die bisherige Forschung noch kein eindeutiges Bild. Benbasat und Dexter untersuchen mit einer Aufgabe der Ressourcenallokation die Überlegenheit eines kombinierten Formats aus Grafik und Tabelle gegenüber den beiden Einzelformaten.[473] Sie konnten einen klaren Vorteil für das Kombinationsformat sowohl in der Entscheidungsqualität als auch in der Entscheidungseffizienz feststellen. Auch bei DeSanctis und Jarvenpaa war die Entscheidungsqualität mit einem kombinierten Format am höchsten.[474] Wright untersuchte zusätzlich den Einfluss von Aufgabenkomplexität und konnte eine Überlegenheit des kombinierten Formats gegenüber Tabellen erst bei komplexen Aufgaben feststellen.[475] Bei einfachen Aufgaben traten keine Unterschiede zwischen den Formaten auf. Atkins und Kollegen untersuchen die Wirkung von unterschiedlichen Feedback-Formaten in einer dynamischen Lagerverwaltungsaufgabe.[476] Die Probanden trafen hier mit dem kombinierten Format die besten Entscheidungen, allerdings fiel der Lerneffekt für die Gruppe mit Tabellen am größten aus. Ein Unterschied in Bezug auf die benötigte Zeit wurde nicht festgestellt. Frownfelter-Lohrke kann sowohl für räumliche als auch für symbolische Aufgaben keine signifikanten Unterschiede zwischen Tabellen, Grafiken oder einer Kombination aus beiden Darstellungsformen feststellen.[477] Bei So und Smith sowie bei Nibbelin et al. schneiden Tabellen alleine sogar besser ab als in Kombination mit grafischen

[471] Vgl. Abbildung 19 sowie Kapitel 3.5.

[472] Eine Alternativhypothese beschreibt eine begründete Vermutung, die der bisher zur Erklärung herangezogenen Theorie entgegensteht, vgl. Bortz (2005), S. 108.

[473] Vgl. Benbasat/Dexter (1986).

[474] Vgl. DeSanctis/Jarvenpaa (1989).

[475] Vgl. Wright (1995).

[476] Vgl. Atkins et al. (2002).

[477] Vgl. Frownfelter-Lohrke (1998).

Darstellungen.[478] So und Smith führen dieses überraschende Ergebnis darauf zurück, dass die Probanden den Tabellen keine Beachtung mehr schenken, sobald Grafiken verfügbar sind. Der Fokus auf die Grafiken alleine verschlechtert ihrer Meinung nach die Entscheidungsqualität.[479]

Insgesamt scheinen die positiven empirischen Ergebnisse zur Wirkung zusätzlicher Grafiken, insbesondere in Bezug auf komplexe Aufgaben, zu überwiegen. Für den Einsatz in Monatsberichten wird eine Kombination aus Tabellen und zusätzlichen Grafiken daher sowohl den theoretischen Überlegungen folgend, als auch mit Blick auf die bisherigen empirischen Ergebnisse als optimal angesehen.[480] Auf die Vielzahl der Berichtsempfänger gesehen müsste ein solcher Monatsbericht die Entscheidungsqualität erhöhen, da er bei jedem Empfänger die entsprechende Art der Informationsverarbeitung für jede spezifische Entscheidungsaufgabe unterstützt und so zu einem Cognitive Fit führt. Für die Entscheidungsqualität wird daher die folgende Hypothese formuliert:

> H3: *Zusätzliche grafische Darstellungen im Controllingbericht führen bei komplexen analytischen Entscheidungsaufgaben zu* ***korrekteren Entscheidungen*** *als Tabellen alleine.*

Zugleich müssten sich zusätzliche grafische Darstellungen im Monatsbericht auch auf die Entscheidungsgeschwindigkeit auswirken, da die ganzheitliche Informationsverarbeitung weniger zeitintensiv als die analytische Informationsverarbeitung ist.[481] Durch grafische Darstellungen werden außerdem wichtige Datenpunkte deutlicher hervorgehoben, so dass sie vom Betrachter schneller identifiziert und verarbeitet werden können.[482] Daher wird auch für die Entscheidungsgeschwindigkeit eine entsprechende Hypothese aufgestellt:

---

[478] Vgl. Nibbelin et al. (1992); So/Smith (2004).
[479] Vgl. So/Smith (2004), S. 302 f.
[480] Ein zusätzlicher Effekt, der durch ein solches kombiniertes Format erreicht wird, ist die semantische Redundanz. Semantische Redundanz bezeichnet des gleichen Inhalts mit verschiedenen Worten oder Zeichen, vgl. Koch (1994), S. 124 ff. Semantische Redundanz in Berichten ist nach Koch ein wichtiges Mittel, um semantische Störungen im Informationsübermittlungsprozess zu vermeiden bzw. zu beheben, vgl. S. 133 ff.
[481] Vgl. Speier (2006), S. 1120.
[482] Vgl. Kapitel 2.4.2.

H4: *Zusätzliche grafische Darstellungen im Controllingbericht führen bei komplexen analytischen Entscheidungsaufgaben zu* ***schnelleren Entscheidungen*** *als Tabellen alleine.*

Zuletzt könnten zusätzliche grafische Darstellungen auch eine Auswirkung auf die empfundene Sicherheit der Entscheidung haben, da Entscheidungsqualität und Entscheidungssicherheit häufig in Beziehung zueinander stehen.[483] Ein Manager, der seine Entscheidung immer auf dem für seine Art der Informationsverarbeitung passenden Format basieren kann, könnte sich daher auch sicherer in seiner Entscheidung fühlen. Ein solcher, wenn auch nicht signifikanter Effekt wurde bei DeSanctis und Jarvenpaa beobachtet.[484] Die entsprechende Hypothese lautet daher:

H5: *Zusätzliche grafische Darstellungen im Controllingbericht führen bei komplexen analytischen Entscheidungsaufgaben zu* ***höherer Sicherheit*** *in Entscheidungen im Vergleich zu Tabellen alleine.*

In diesem Abschnitt wurden die Theorien und Erkenntnisse der Visualisierungsforschung bezüglich des Einflussfaktors der Entscheidungsaufgabe auf den Kontext des Berichtswesens im Controlling – und insbesondere auf den Monatsbericht – angewandt. Es wurde festgestellt, dass das optimale Format für den Monatsbericht eine Kombination aus Grafiken und Tabellen ist. In der Praxis enthält der Monatsbericht heute größtenteils bis ausschließlich Tabellen. Grafische Darstellungen sind demnach gegenwärtig unterrepräsentiert und könnten bei richtigem Einsatz im Berichtswesen zu signifikanten Verbesserungen der Entscheidungsqualität und -geschwindigkeit im Management führen. Die zum Zusammenspiel zwischen Entscheidungsaufgabe und Visualisierung im Controllingkontext aufgestellten Hypothesen werden in Abbildung 25 in den allgemeinen Bezugsrahmen der Arbeit eingeordnet.

---

483 Vgl. Fischhoff/MacGregor (1982).
484 Vgl. DeSanctis/Jarvenpaa (1989), S. 520.

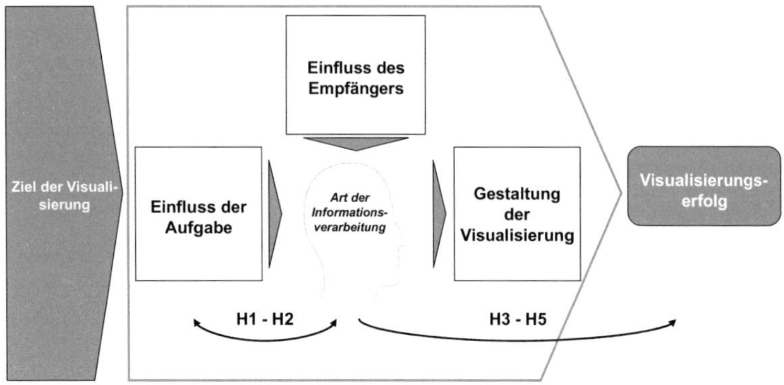

Abbildung 25: Einordnung der Hypothesen zur Aufgabe in den Bezugsrahmen [485]

4.3 Einfluss der Managereigenschaften auf die Visualisierung im Berichtswesen

In Kapitel 3.4 wurden die Eigenschaften des Empfängers als wichtiger Einflussfaktor auf den Visualisierungserfolg untersucht. Auch im Controlling kann es sinnvoll sein, das Format der Berichte an die Eigenschaften des Managers, der die Berichte empfängt, anzupassen. Dadurch soll nicht nur die Informationsversorgung grundlegend verbessert, sondern auch eine höhere Akzeptanz der Berichte und damit eine höhere Wertschätzung der Controller-Arbeit erreicht werden.[486]

In der oben schon zitierten Studie zur aktuellen Controllingpraxis geben zwar knapp 50% der Controller an, die Inhalte eines Monatsberichts an den Empfänger anzupassen, doch nur 21% beziehen bei diesen Anpassungen auch das Berichts*format* mit ein.[487] Hier scheint daher noch Optimierungspotential für eine höhere Zufriedenheit mit dem Berichtswesen zu liegen. Dabei

---

[485] Quelle: Eigene Darstellung.

[486] Vgl. Scheed (2000), S. 110, Weber et al. (2005b), S. 9 f.

[487] Vgl. Weber (2008), S. 28.

ist allerdings zu bedenken, dass der Monatsbericht ein Standardbericht ist, der einer großen Anzahl von Empfängern zugänglich gemacht wird. Selbstverständlich kann der Controller nicht jeden Bericht an jeden Empfänger anpassen, da dies einen unverhältnismäßigen Aufwand und nicht zu unterschätzende Kosten verursachen würde.[488] Da Managern und Controllern in der Literatur unterschiedliche Eigenschaften zugesprochen werden, besteht jedoch die Gefahr, dass Controller das Berichtswesen eher nach ihren eigenen Präferenzen und Eigenschaften gestalten und nicht genug auf die Eigenschaften der Berichtsempfänger eingehen bzw. diese vielleicht gar nicht gut genug kennen.[489] Steinle und Daum sprechen in diesem Zusammenhang auch von einem „absenderorientierten Berichtswesen"[490] und Mason und Mitroff fordern: „Managers need 'information' that is geared to THEIR psychology NOT to that of their designers."[491]

In diesem Sinne soll im Folgenden geprüft werden, ob von den zwei in Bezug auf die Visualisierung relevanten Aspekten der Managereigenschaften – kognitiver Stil und Erfahrung – allgemeine Tendenzen für die Visualisierung von Berichten abgeleitet werden können, die dann zwar vielleicht nicht für jede einzelne Managerpersönlichkeit gelten, aber dem Gros der Manager entsprechen und für den Monatsbericht allgemein eine Verbesserung bringen können.

4.3.1 Kognitiver Stil des Managers

Der kognitive Stil eines Menschen, operationalisiert durch den MBTI, beschreibt wie sich Individuen mit Informationen und Entscheidungen auseinandersetzen.[492] Von den vier Dimensionen, die den individuellen kognitiven Stil beschreiben, ist für den Erfolg einer Visuali-

[488] In Studien zum Verhältnis von Managern zu Informationssystemen wird gezeigt, dass Berichte, die an eine Vielzahl an Empfänger adressiert sind, als weniger nützlich eingeschätzt werden als individualisierte Bericht, vgl. Bruns/McKinnon (1993), S. 105; Shields (1997), S. 27. In der Realität (größerer) Unternehmen ist es jedoch kaum umsetzbar, Berichte auf jede Einzelperson zuzuschneiden.

[489] In der Controlling- und Accounting-Literatur werden hauptsächlich die Eigenschaften des Controllers bzw. Accountants untersucht, selten jedoch die Eigenschaften ihrer „Kunden", des (Top-)Managements, vgl. Steinle/Daum (2007b), S. 48 ff.; Bonner (2008), S. 100 ff., eine Ausnahme bildet Weber et al. (2005a), S. 109 ff. Eine stärkere Kundenorientierung des Controllings wird jedoch eingefordert, vgl. Steinle/Daum (2007b), S. 58; Weber/Schäffer (2008), S. 438 ff. sowie speziell für das Berichtswesen Weber et al. (2008).

[490] Steinle/Daum (2007b), S. 58. Vgl. auch Weber et al. (2005b), S. 60.

[491] Mason/Mitroff (1973), S. 485.

[492] Vgl. Kapitel 3.4.1 sowie Myers/McCaulley (1985), S. 3 ff.

sierung vor allem die Wahrnehmungsdimension, also die Präferenz für intuitive Wahrnehmung (N) oder sinnliche Wahrnehmung (S), relevant.[493] In der Forschung zum kognitiven Stil von Datenempfängern wird angenommen, dass grafische Darstellungen von Daten tendenziell eher dem intuitiven, also visuell ganzheitlichen Wahrnehmungstyp (N) entsprechen, während Personen mit Präferenz für eine sinnliche Wahrnehmung (S) eher Tabellen bevorzugen, da hier ihr Bedürfnis nach Details besser befriedigt wird.[494]

In der Controlling-Literatur werden die Eigenschaften und Charakteristiken von Controllern und Managern als sehr gegensätzlich dargestellt. Weber und Schäffer z.B. beschreiben Manager als intuitiv, emotional, flexibel, risikofreudig und eher oberflächlich.[495] Im Gegensatz dazu werden Controllern die Eigenschaften analytisch, nüchtern und begründend, schematisch und verwaltend zugeschrieben. Diese Beschreibung wurde in einer dyadischen Untersuchung von Controllern und Managern auch empirisch bestätigt.[496] Versucht man nun, von diesen Persönlichkeitsbeschreibungen den kognitiven Stil von Managern und Controllern abzuleiten, gehören Manager eher dem intuitiven Wahrnehmungstyp (N) an und sind vom Entscheidungsverhalten den fühlenden Entscheidern (F) zuzuordnen. Controller hingegen entsprechen eher dem sinnlichen Wahrnehmungstyp (S) und dem denkenden Entscheider (T).[497]

Verschiedene empirische Untersuchungen messen jedoch den tatsächlichen kognitiven Stil von Personen in Management-Positionen, mit Ergebnissen, die ein weniger eindeutiges Persönlichkeitsbild zeichnen als in der Controllingliteratur angenommen. Gardner und Martinko finden in einem ausführlichen Überblick amerikanischer Studien zum kognitiven Stil von Managern in Bezug auf die Dimension der Informationswahrnehmung keine klare Dominanz eines Stils.[498] Sowohl intuitive (N) als auch sinnliche (S) Wahrnehmung wird zu etwa gleichen Anteilen im Management belegt. Je höher das Management-Level, desto stärker scheint der Anteil an intuitiven Wahrnehmungstypen zu steigen, vermutlich aufgrund des

[493] Intuitive und sinnliche Wahrnehmung stellen alternative Modi der Informationsaufnahme dar. In allen Menschen sind beide Modi verankert, es werden jedoch persönliche Präferenzen für einen der Modi entwickelt, vgl. Kapitel 3.4.1.

[494] Vgl. Mason/Mitroff (1973), S. 477; Gardner/Martinko (1996), S. 59 f.

[495] Vgl. Weber/Schäffer (2006), S. 34 f.

[496] Vgl. Weber et al. (2005a), S. 109 ff.

[497] Vgl. die Beschreibung unterschiedlicher Typen in Tabelle 1.

[498] Vgl. Gardner/Martinko (1996), S. 59 ff. In den meisten Studien dominieren die Typenausprägungen ESTJ, ISTJ und ENTJ. In verschiedenen Studien wird immer wieder eine klare Mehrheit für T- und J-Typen festgestellt, F-Typen sind eher selten. Siehe auch Kirby (1997) zur statistischen Verteilung von Typenausprägungen.

stärkeren Strategiebezugs der Aufgaben, der diesem Wahrnehmungstyp eher liegt.[499] In Bezug auf die Entscheidungsdimension lässt sich eine klare Dominanz des denkenden Entscheidungsstils (T) feststellen, ganz entgegen dem Bild, das in der Controlling-Literatur vorherrscht. Auch Untersuchungen von Führungskräften im deutschsprachigen Raum bestätigen diese Ergebnisse und zeigen, dass in der Wahrnehmungsdimension der intuitive Wahrnehmungstyp (N) nur ganz leicht gegenüber dem sinnlichen Wahrnehmungstyp (S) dominiert. Auf der Entscheidungsdimension überwiegt auch hier der denkende (T) Entscheidungsstil.[500]

Das Manager-Bild des gefühlsgeleiteten Visionärs, den Details und quantitative Analysen schnell langweilen, scheint also nicht gerechtfertigt. In Bezug auf die Visualisierung finden sich im Management sowohl Berichtsempfänger, deren kognitiver Stil mit der Bevorzugung grafischer Darstellungen assoziiert wird, als auch Berichtsempfänger, die der Theorie nach mit Tabellen zu einer besseren Problemlösung kommen. Da Tabellen einen wesentlichen Bestandteil des Berichtswesens darstellen,[501] finden die S-Typen unter den Managern in einem typischen Monatsbericht also bereits das für sie vorteilhafte Datenformat vor. Da jedoch auch die Hälfte der Manager dem intuitiven N-Typ angehört, stellt sich wiederum die Frage, ob der Anteil an Grafiken in der Berichtspraxis nicht zu gering ausfällt. Für Berichte, die wie der Monatsbericht eine breite Zielgruppe bedienen sollen, wäre eine sinnvolle Lösung dieses Problems, beide Formen der Darstellung – Tabelle und Visualisierung – in den Bericht aufzunehmen. Zusätzliche grafische Darstellungen der Berichtsdaten könnten die Informationsverarbeitung von N-Typen erleichtern und die Entscheidungsqualität verbessern. Für sinnliche Wahrnehmungstypen sollten zusätzliche Grafiken hingegen keinen Unterschied für die Entscheidungsqualität ausmachen, da sie sich nach wie vor an den Tabellen orientieren können.

Folgende Hypothesen sind also für die Beurteilung eines Nutzens zusätzlicher grafischer Darstellungen zu prüfen:

---

[499] Vgl. Roach (1986); Kirby (1997), S. 26.

[500] Vgl. Wildenmann (2000), S. 215 ff. In der Wahrnehmungsdimension belief sich die Verteilung auf 56% N-Typen und 44% S-Typen, in der Entscheidungsdimension 59% T-Typen zu 41% F-Typen. Die häufigsten Typenausprägungen waren auch hier ESTJ (11,6%), ISTJ (12,9%) und ENTJ (14,5%).

[501] Vgl. Kapitel 4.2.1.

H6: *Zusätzliche grafische Darstellungen machen* ***keinen Unterschied*** *für die Qualität der Entscheidungen von Berichtsempfängern mit einer Präferenz für* ***sinnliches Wahrnehmen (S)****.*

H7: *Zusätzliche grafische Darstellungen (a)* ***verbessern*** *und (b)* ***beschleunigen*** *die Qualität der Entscheidung von Berichtsempfängern mit einer Präferenz für* ***intuitives Wahrnehmen (N)****.*

Sollten sich diese Zusammenhänge bestätigen, müssen Controller dies zum Anlass nehmen, den Anteil grafischer Darstellungen von Daten in Standardberichten wie dem Monatsbericht zu erhöhen. Dem dadurch entstehenden zusätzlichen Aufwand stünde dann eine Verbesserung der Entscheidungsqualität der Hälfte der Führungskräfte gegenüber, die bisher nicht das für sie optimale Datenformat vorgefunden haben.

Controller sollten sich bei der Berichtserstellung dennoch nicht ausschließlich auf die Statistik der Typenverteilung verlassen, sondern für ihre Führungskräfte ganz individuell herausfinden, welchen Wahrnehmungstypen sie entsprechen. Die Anfertigung von Sonderberichten, deren Anzahl stetig steigt,[502] kann dann auf den jeweiligen Empfänger angepasst werden.

4.3.2 Erfahrung des Managers

Der Einfluss der Erfahrung eines Datenempfängers wurde in Kapitel 3.4.2 unter zwei verschiedenen Gesichtspunkten untersucht: die Erfahrung mit der Visualisierung als solcher („graphical literacy") und die Erfahrung mit den visualisierten Inhalten („domain knowledge").

In Bezug auf die Erfahrung mit der Visualisierung von Daten wurde festgestellt, dass unbekannte oder neuartige Darstellungsformen für den Empfänger schwieriger zu dekodieren, also zu verstehen sind, als bekannte Formen der Visualisierung.[503] Die Argumentation bezog sich darauf, dass der Empfänger bei der Wahrnehmung auf sogenannte grafische Schemata zurückgreift, die für bekannte Visualisierungen bereits gespeichert werden.

---

[502] Vgl. Horváth (2009), S. 542.
[503] Vgl. Kapitel 3.4.2.

Beschränkt sich ein Controller in seinen Berichten auf die „gängigen" Visualisierungsformen,[504] kann heutzutage davon ausgegangen werden, dass diese den Berichtsempfängern im Management bekannt sind und verstanden werden.[505] Bei Standardberichten wie dem Monatsbericht sollte zudem die Gestaltung von Visualisierungen konstant gehalten werden, damit ein Lern- bzw. Gewohnheitseffekt einsetzt, der zu einer Verbesserung der Entscheidungseffizienz führen kann.[506] Werden Visualisierungen ständig verändert bzw. neue Visualisierungsformen in das Berichtswesen eingeführt, bedeutet dies hingegen immer wieder einen Anpassungsaufwand für den Manager.

Die Erfahrung mit Inhalten („domain knowledge") als Einflussgröße auf Informationsverarbeitung und Entscheidung wird in der Controlling- bzw. Accounting-Literatur hauptsächlich mit Blick auf den Controller selber, nicht jedoch mit Blick auf den Manager als Berichtsempfänger untersucht.[507] Studien zu den demographischen Eigenschaften von Managern zeigen, dass diese über unterschiedliche Erfahrungshintergründe und einen unterschiedlichen Grad an betriebswirtschaftlichen Kenntnissen verfügen.[508] Allgemein kann dennoch davon ausgegangen werden, dass der in der Erfahrungstheorie gezeigte positive Zusammenhang von Erfahrung und Problemlösung auch im Management gilt. Eine typische Managementaufgabe wird also voraussichtlich aufgrund der größeren Erfahrung von Managern besser und schneller gelöst werden als von Laien. Daher wird folgende Hypothese – zunächst unabhängig von der Art der Visualisierung – aufgestellt:

> H8: *Berichtsempfänger mit **größerer Erfahrung** im Management treffen (a) **bessere** und (b) **schnellere** Entscheidungen als Empfänger ohne Erfahrung.*

In Bezug auf die Visualisierung von Daten wurde in Kapitel 3.4.2 die Vermutung aufgestellt, dass Visualisierungen vor allem die Entscheidungen von Datenempfängern ohne Fachwissen verbessern können. Dies gilt allerdings nur bis zu einem bestimmten Höchstgrad an Komplexität, ab dem eine Visualisierung für unerfahrene Empfänger verzerrend wirkt. Diese Vermu-

---

[504] Vgl. Kapitel 3.2.1.
[505] Vgl. Meyer (1997b), S. 280 f.
[506] Vgl. Meyer (1996), S. 117.
[507] Vgl. Sprinkle (2003), S. 307 f.; Bonner (2008), S. 62 ff.
[508] Vgl. z.B. Hambrick/Mason (1984); Wiersema/Bantel (1992).

tung soll als Hypothese auch für den Controllingkontext übernommen werden. Bezogen auf den Monatsbericht, der – wie schon mehrfach erwähnt – einem breiten Adressatenkreis zugänglich gemacht wird, könnten zusätzliche grafische Darstellungen für weniger erfahrene Berichtsempfänger einen Vorteil bedeuten, ohne jedoch einen Nachteil für die Manager mit mehr Erfahrung darzustellen, da diese wiederum die im Bericht vorhandenen Tabellen nutzen können. Für die Visualisierung von Daten im Controllingkontext soll daher die folgende Hypothese aus der Visualisierungsforschung übernommen werden:

> H9: *Berichtsempfänger* ***ohne Erfahrung*** *treffen* ***bessere*** *Entscheidungen mit zusätzlichen* ***grafischen Darstellungen*** *als nur mit Tabellen.*

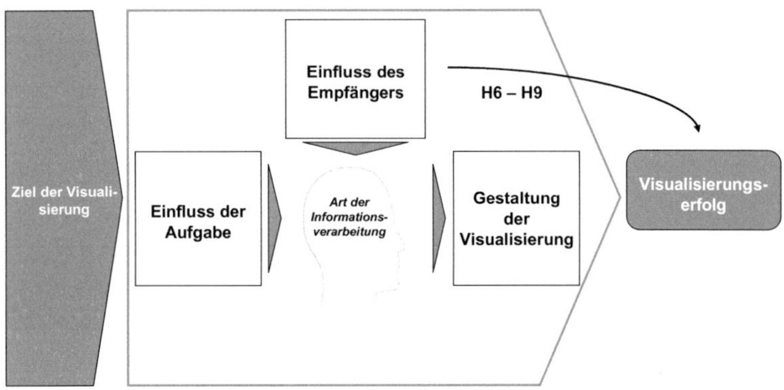

Abbildung 26: Einordnung der Hypothesen zum Empfänger in den Bezugsrahmen[509]

Cardinales vermutet zudem einen Effekt aus der Art der Ausbildung der Empfänger von Visualisierungen und regt an, dass gerade „non-accountants are better served by graphical presentations of accounting information“,[510] während die Experten des Rechnungswesens mit Tabellen besser umgehen können. Da nur ein Teil der Manager über Erfahrung im Control-

---

[509] Quelle: Eigene Darstellung.
[510] Cardinaels (2008), S. 597.

ling-Bereich verfügt, wäre dies ein weiteres Argument für den Einsatz zusätzlicher Visualisierungen im Controlling.

In Bezug auf den Einflussfaktor Erfahrung bleibt somit festzuhalten, dass Controller sich im Monatsbericht auf den Einsatz bekannter Visualisierungen beschränken sollten und diese so wenig wie möglich verändern sollten. Aufgrund der unterschiedlichen Erfahrungshintergründe im Management können aus dem Einflussfaktor der Erfahrung mit Inhalten nur wenig konkrete Gestaltungshinweise für den Monatsbericht abgeleitet werden. Die aufgestellten Hypothesen werden in Abbildung 26 in den Bezugsrahmen der Arbeit eingeordnet.

4.3.3 Präferenzen des Managers

In den vorhergehenden Kapiteln wurden normative Zusammenhänge für die Visualisierung von Daten im Controlling abgeleitet. In der praktischen Umsetzung wird der Controller jedoch häufig auf Situationen stoßen, in denen er keine völlige Freiheit bei der Gestaltung des Berichtswesens hat, sondern sich nach den Präferenzen des Managers richten muss. Grundsätzlich ist es auch richtig, dass sich der Controller nach den Informationsbedürfnissen des Managements richtet,[511] Konflikte können jedoch auftreten, wenn die Präferenzen des Managers nicht im Einklang mit der theoretisch vorteilhaftesten Darstellungsform der Berichtsdaten stehen.[512]

In verschiedenen Studien wurde der Zusammenhang zwischen der Präferenz für Visualisierungen und dem Visualisierungserfolg untersucht. Im Experiment von Wilson und Zigurs waren Personen, die das Präsentationsformat nach eigener Präferenz auswählen durften, allerdings nicht besser in der Aufgabenlösung als Personen, die ein zufälliges Datenformat vorgelegt bekamen.[513] Ein nach dem Cognitive Fit-Modell gestaltetes Präsentationsformat hingegen führte im Vergleich zu dem vom Empfänger bevorzugten Datenformat zu signifikant besseren Ergebnissen.[514] Studien zu 3D-Effekten von Grafiken zeigen außerdem, dass eine dritte Dimension bei der Visualisierung zweidimensionaler Daten sich zwar negativ auf

---

[511] Vgl. Weber et al. (2005b), S. 60 f; Weber et al. (2008), S. 63 f.

[512] Vgl. auch Kapitel 2.2.1.

[513] Vgl. Wilson/Zigurs (1999), S. 64. Lediglich für symbolische Aufgaben waren Personen, die das Format selber wählen durften besser als die Kontrollgruppe.

[514] Vgl. Wilson/Zigurs (1999), S. 64 f.

das Verständnis auswirkt, aber dennoch von Datenempfängern positiv bewertet wird.[515] Die Präferenzen einer Person müssen also nicht mit dem Visualisierungsformat übereinstimmen, das für die Problemlösung auch am effektivsten ist.[516]

Es stellt sich daher die Frage, welches Gut ein Controller höher gewichten sollte, die Präferenz seines Managers oder die aus wissenschaftlichen Erkenntnissen abgeleitete Vorteilhaftigkeit einer Visualisierungsform? Um ihrer Rolle als Rationalitätssicherer des Managements gerecht zu werden,[517] sollten Controller sich nicht wider besseren Wissens auf eine reine Dienstleister-Rolle beschränken. Stattdessen sollten sie aktiv eine Beratungsposition anstreben und dem Management mit fundiertem Wissen Vor- und Nachteile unterschiedlicher Visualisierungsformen verdeutlichen. Die Controller werden feststellen, dass Manager sich nicht nur von guten Argumenten gerne überzeugen lassen, sondern auch der eigene Status durch derartige Diskussionen gestärkt wird.[518] Der Schlüssel zu größerer Zufriedenheit mit dem Berichtsformat liegt daher auch in der Kommunikation mit dem Management. Hier müssen Controller mit Fingerspitzengefühl vorgehen und das Management mit Änderungen nicht überfordern.[519]

4.4 Zusammenfassung der Ergebnisse

In diesem Kapitel sollte beantwortet werden, welche Erkenntnisse aus der Visualisierungsforschung für den Controller zum Erreichen eines Visualisierungserfolgs von Management-Berichten relevant sind.[520] Durch die Übertragung allgemeiner Modelle und gesicherter Erkenntnisse der Visualisierungsforschung auf den Controllingkontext wurden konzeptionelle Zusammenhänge für die Visualisierung von Daten im Berichtswesen des Controllings abgeleitet. Darauf basierend wurden Hypothesen zu den drei bekannten Forschungsfragen definiert, die in einem nächsten Schritt empirisch überprüft werden müssen.

„Wie werden Controllinginformationen vom Manager verarbeitet?“

[515] Vgl. Siegrist (1996), S. 98; Shah et al. (2005), S. 445.
[516] Vgl. auch Vessey/Galletta (1991), S. 80.
[517] Vgl. Kapitel 2.1.
[518] Vgl. hierzu die Diskussion um Role-Taking und Role-Making bei Weber/Schäffer (2008), S. 400 ff.
[519] Vgl. Weber et al. (2005b), S. 64.
[520] Vgl. Kapitel 1.2.

Die Vorteilhaftigkeit der Verwendung von Visualisierungen im Berichtswesen hängt wesentlich davon ab, welche Art der Informationsverarbeitung zur Lösung einer Entscheidungsaufgabe verwendet wird. Für symbolische Aufgaben wird eine analytische Informationsverarbeitung verwendet, für räumliche Aufgaben eine Ganzheitliche. Da die Entscheidungsaufgaben im Management jedoch hinreichend komplex sind, wird die Existenz eines Strategiewechselpunktes vermutet, ab dem auch komplexe analytische Aufgaben mit ganzheitlicher statt analytischer Informationsverarbeitung gelöst werden.

Neben der Möglichkeit dieses Strategiewechsels ist zu klären, ob die Art der Informationsverarbeitung alleine von der Art der Entscheidungsaufgabe abhängt oder ob die verwendete Visualisierungsform der Entscheidungsgrundlagen hierauf einen Einfluss hat.

„Wie wirkt die Visualisierung von Berichten im Controllingkontext?“

In der Visualisierungsforschung werden durch die adäquate Verwendung von Visualisierungen positive Effekte auf Entscheidungsqualität und -geschwindigkeit beobachtet. Das in der Visualisierungsforschung etablierte Modell des Cognitive Fit wurde für die Entscheidungsaufgaben des Managements im Controllingkontext erweitert.[521] Es wurden folgende Visualisierungsempfehlungen für den Monatsbericht abgeleitet:

- Daten, die vornehmlich der mittelbaren Durchsetzung oder dem mittelbaren Lernen dienen, sollten mit Hilfe von Grafiken visualisiert werden.
- Für Daten, die vornehmlich der Willensbildung, der Durchsetzung ex ante und der Durchsetzung ex post dienen, muss aufgabenspezifisch entschieden werden, ob die analytische oder räumliche Informationsnutzung beim Berichtsempfänger überwiegt und die Darstellungsform des Berichts dementsprechend angepasst werden.
- Für Daten, die vornehmlich der Kontrolle dienen, ist die Komplexität der Entscheidungsaufgabe ausschlaggebend. Sind einfache Kontrollaufgaben zu lösen, sollten die nötigen Daten mit Hilfe von Tabellen dargestellt werden. Sind die Kontrollaufgaben

[521] Vgl. Abbildung 24.

jedoch komplexer, können ab einem bestimmten Punkt Grafiken zu einer besseren und schnelleren Problemlösung führen.

Da der Monatsbericht im Management zur Lösung ganz unterschiedlicher Entscheidungsaufgaben herangezogen wird, scheint die beste Lösung für die Berichtsgestaltung zu sein, sowohl Grafiken als auch Tabellen in den Bericht zu integrieren. Somit können die unterschiedlichen Arten der Informationsverarbeitung optimal durch die vorhandenen Darstellungsformen unterstützt werden.

„Gelten diese Zusammenhänge generell oder sind sie personenspezifisch?“

Manager weisen sowohl was den kognitiven Stil, als auch was den Grad der Erfahrung angeht, unterschiedliche Persönlichkeitsstrukturen auf. Das Wissen um die gültigen Zusammenhänge zwischen Visualisierung und Persönlichkeitsparametern erlaubt dem Controller, die Berichte soweit wie möglich an die Eigenschaften des Managers anzupassen. Die Aufgabe eines Controllers ist nicht „to get (or force) all types to conform to one but to give each type the kind of information he is psychologically attuned to and will use most effectively.“[522]

Ein Bericht, der vielen Empfängern gleichzeitig dient, sollte die unterschiedlichen Eigenschaften möglichst umfassend unterstützen. Der Einfluss der Persönlichkeitsvariable muss jedoch auch vor dem Hintergrund des Einflusses der Entscheidungsaufgabe analysiert werden. Walck stellt diesbezüglich folgende Vermutung auf: „[…] task type seems more important than psychological type in determining the kinds of information people choose and the kind of process they use to evaluate it. People of all types seemed to want similar kinds of information for solving the specific problems that faced them.“[523] Bewahrheitet sich diese Vermutung, stellt die Empfängerorientierung des Berichtswesens eine wesentlich weniger bedeutende Rolle dar, als vielfach angenommen. Lediglich die Präferenz des Empfängers bzw. Managers muss vom Controller unter Umständen in die Berichtsgestaltung einbezogen werden, wobei hier die Empfehlung an den Controller gerichtet wird, das erworbene Wissen um die Zusammenhänge der Visualisierung aktiv zur Beratung des Managers einzusetzen. Tabelle 4 fasst die zu den drei zentralen Fragen aufgestellten Hypothesen zusammen.

---

[522] Mason/Mitroff (1973), S. 478. Hervorhebung im Original getilgt.
[523] Walck (1996), S. 62.

Neben Standardberichten wie dem Monatsbericht müssen Controller auch immer häufiger Sonderberichte für spezifische Themen erstellen. Die aufgezeigten Zusammenhänge zwischen der Visualisierung von Daten und der Informationsverarbeitung können nun den Controller befähigen, für diese Situation die jeweils optimale Form der Visualisierung zu wählen. Der Controller sollte sich dazu an dem in Kapitel 3.5 vorgestellten Gestaltungsprozess für Visualisierungen orientieren.[524]

Wie werden Controlling-informationen vom Manager verarbeitet?	**H1**	Eine komplexe analytische Entscheidungsaufgabe wird mit **ganzheitlicher** statt analytischer **Informationsverarbeitung** gelöst.
	H2	Zusätzliche grafische Darstellungen im Controllingbericht führen bei komplexen analytischen Entscheidungsaufgaben zu einem höheren Grad an **ganzheitlicher Informationsverarbeitung**.
Wie wirkt die Visualisierung von Berichten im Controllingkontext?	**H3**	Zusätzliche grafische Darstellungen im Controllingbericht führen bei komplexen analytischen Entscheidungsaufgaben zu **korrekteren Entscheidungen** als Tabellen alleine.
	H4	Zusätzliche grafische Darstellungen im Controllingbericht führen bei komplexen analytischen Entscheidungsaufgaben zu **schnelleren Entscheidungen** als Tabellen alleine.
	H5	Zusätzliche grafische Darstellungen im Controllingbericht führen bei komplexen analytischen Entscheidungsaufgaben zu **höherer Sicherheit** in Entscheidungen im Vergleich zu Tabellen alleine.
Gelten diese Zusammenhänge generell oder sind sie personenspezifisch?	**H6**	Zusätzliche grafische Darstellungen machen **keinen Unterschied** für die Qualität der Entscheidungen von Berichtsempfängern mit einer Präferenz für **sinnliches Wahrnehmen (S)**.
	H7	Zusätzliche grafische Darstellungen (a) **verbessern** und (b) **beschleunigen** die Qualität der Entscheidung von Berichtsempfängern mit einer Präferenz für **intuitives Wahrnehmen (N)**.
	H8	Berichtsempfänger mit **größerer Erfahrung** im Management treffen (a) **bessere** und (b) **schnellere** Entscheidungen als Empfänger ohne Erfahrung.
	H9	Berichtsempfänger **ohne Erfahrung** treffen **bessere** Entscheidungen mit zusätzlichen **grafischen Darstellungen** als nur mit Tabellen.

Tabelle 4: Übersicht der Hypothesen[525]

[524] Vgl. Abbildung 20.
[525] Quelle: Eigene Darstellung.

In Kapitel 3.5 wurde bereits darauf hingewiesen, dass in der Visualisierungsforschung Grafiken zumeist ohne Zahlenwerte dargestellt werden, obwohl dies aus einer theoretischen Perspektive nicht nachvollziehbar ist. Für den Einsatz von Visualisierungen im Controlling ist daher die Darstellung von Grafiken mit Zahlenwerten zu empfehlen, um die Informationsaufnahme des Managers zu erleichtern. Dies entspricht auch der typischen Verwendung von Visualisierungen in Unternehmen. Auch für die folgende empirische Untersuchung werden Visualisierungen mit Zahlenwerten dargestellt, um eine systematische Benachteiligung grafischer Darstellungen auszuschließen.

5 Experimentelle Untersuchung der Visualisierung von Daten im Controlling

Für die empirische Untersuchung der Visualisierung von Daten im Controlling wurde ein experimenteller Forschungsansatz gewählt. In der Visualisierungsforschung ist diese Methode schon bewährt und auch im Controlling hat die experimentelle Forschung Anhänger gefunden. In beiden Forschungsbereichen wurde in letzter Zeit verstärkt experimentelle Forschung eingefordert.[526]

Bevor auf den konkreten Untersuchungsaufbau des im Rahmen dieser Arbeit durchgeführten Experiments eingegangen wird, soll eine allgemeine Einführung in die Methodik vorangestellt werden. Daraus wird auch ersichtlich, warum sich das Experiment zur Überprüfung der in Kapitel 4.2 und 4.3 aufgestellten Hypothesen zur Visualisierung im Controlling besonders eignet.

5.1 Die Methodik der experimentellen Forschung

Im wissenschaftlichen Forschungsprozess stellen experimentelle Untersuchungen eine Möglichkeit zur Überprüfung von Theorien und Hypothesen dar.[527] Da Experimente jedoch in den Wirtschaftswissenschaften – und insbesondere im Controlling – noch eine relativ junge Methodik darstellen,[528] soll in den folgenden Ausführungen das Wesen der experimentellen Forschung mit ihren Vor- und Nachteilen kurz charakterisiert und Anwendungsgebiete vorgestellt werden.

---

[526] Vgl. Lurie/Mason (2007), die in Bezug auf die Visualisierung fordern: „conduct empirical studies – in particular controlled experiments – to explore effects or test specific hypothesis", S. 173; sowie im Bereich des Controlling Sprinkle (2003), S. 288; Hirsch (2007), S. 272.

[527] Vgl. allgemein Langer (2007). Chalmers beurteilt Experimente als „sinnvolles Unterfangen" zur Überprüfung der Angemessenheit wissenschaftlicher Theorien, vgl. Chalmers (2007), S. 34.

[528] Vgl. Friedman/Cassar (2004b), S. 13 ff.; Rack/Christophersen (2007), S. 17; Gächter/Königstein (2002), Sp. 504 f. sowie speziell für das Controlling Obermaier/Müller (2008).

5.1.1 Wesen der experimentellen Forschung

Das Experiment unterscheidet sich von der nicht-experimentellen Forschung zunächst vor allem dadurch, dass der Versuchsleiter „aktiv und gezielt in das Geschehen eingreift".[529] Durch die Ausübung von Kontrolle über Situation und Variablen können Kausalzusammenhänge besonders effektiv gemessen werden. Ein Experiment enthält daher immer mindestens eine unabhängige Variable, welche in ihren Ausprägungen vom Versuchsleiter systematisch variiert wird. Durch Messung einer oder mehrer abhängiger Variablen kann der Effekt der Manipulation isoliert und sichtbar gemacht werden. Wichtige Vorraussetzung für die Gültigkeit der gemessenen Ursache-Wirkungs-Relationen ist, dass alle weiteren Faktoren, die diesen Zusammenhang beeinflussen könnten, die sogenannten Störfaktoren, im Experiment entweder ausgeschaltet oder kontrolliert werden.[530]

Sarris definiert das Experiment daher als „einen systematischen Beobachtungsvorgang, aufgrund dessen der Untersucher das jeweils interessierende Phänomen *erzeugt* sowie *variiert* (‚Manipulation') und dabei gleichzeitig systematische und/oder unsystematische Störfaktoren durch hierfür geeignete Techniken ausschaltet bzw. kontrolliert (‚Kontrolle')."[531]

Anzahl und Beschaffenheit der unabhängigen und abhängigen Variablen determinieren den Versuchsaufbau eines Experiments. Neben unabhängigen und abhängigen Variablen können zusätzlich sogenannte Moderatorvariablen definiert werden. Von einem Moderator wird gesprochen, „wenn die Wirkungsintensität einer unabhängigen Variablen (X_1) auf eine abhängige Variable (Y) von der Ausprägung einer zweiten unabhängigen Variablen (X_2) [...] abhängt."[532]

Die Güte der Ergebnisse eines Experiments wird im Allgemeinen anhand von drei Kriterien gemessen: Objektivität, Reliabilität (Zuverlässigkeit) und Validität (Gültigkeit).[533] Das Kriterium der Objektivität ist erfüllt, wenn die erzielten Ergebnisse vom Versuchsleiter unabhängig sind, d.h. verschiedene Versuchsleiter unter gleichen Bedingungen dieselben

---

[529] Huber (2002), S. 62.
[530] Vgl. Huber (2002), S. 62 f.; Rack/Christophersen (2007), S. 18 ff.
[531] Sarris (1990), S. 129, Hervorhebung im Original. Ähnlich auch bei Zimmermann (1972), S. 37.
[532] Müller (2007), S. 245. Auch eine Mediatorvariable kann die Wirkung der unabhängigen auf die abhängige Variable beeinflussen. Im Gegensatz zum Moderator wirkt hier zunächst die unabhängige Variable auf die Mediatorvariable, diese wirkt dann auf die abhängige Variable, sie nimmt also eine Art Mittlerposition ein.
[533] Vgl. Himme (2007).

Ergebnisse erzielen können. Die Reliabilität wird erreicht, wenn Versuchswiederholungen unter gleichen Bedingungen zu denselben Ergebnissen führen. Die Validität eines Experiments wird von den drei Kriterien in der Literatur am intensivsten diskutiert und unter zwei Gesichtspunkten betrachtet, der internen und externen Validität.[534] Ein Experiment weist eine hohe interne Validität auf, wenn sich die Veränderung der abhängigen Variable rein auf die Veränderung der unabhängigen Variable zurückführen lässt, also keine systematischen Fehler die Messung verfälschen. Die externe Validität beschreibt den Umstand, dass der gemessene Zusammenhang nicht nur in der Experimentumgebung auftritt, sondern sich auch auf natürliche Situationen übertragen lässt. Interne und externe Validität sind stark voneinander abhängig. Eine Erhöhung der internen Validität, beispielsweise durch eine bessere Kontrolle der Störeffekte, führt zwangsläufig zu einer stärkeren Abstraktion von der Wirklichkeit und damit zu einer Einschränkung der externen Validität.[535] Da die interne Validität jedoch die entscheidende Größe zur Überprüfung der Kausalzusammenhänge darstellt, wird sie zumeist stärker gewichtet.[536]

In der experimentellen Forschung wird zwischen Labor- und Feldexperimenten unterschieden.[537] Feldexperimente finden in der natürlichen Umwelt der Versuchspersonen statt. Dadurch sind die Ergebnisse besonders repräsentativ und direkt auf die Realität übertragbar, allerdings fällt die Kontrolle möglicher Störfaktoren in natürlicher Umgebung sehr schwer. Im Labor hingegen können Störfaktoren gezielt ausgeschaltet werden, die Ergebnisse sind auf Grund der relativ unnatürlichen Umgebung aber schwerer generalisierbar und auf natürliche Situationen übertragbar. Der Versuchsleiter wägt also schon bei der Wahl der Art des Experiments interne und externe Validität gegeneinander ab.[538]

Im Vergleich mit anderen Forschungsmethoden stellen Experimente einen wirkungsvollen Weg dar, die Gültigkeit von theoretisch abgeleiteten Kausalbeziehungen systematisch zu prüfen und Theorien insbesondere in Bezug auf Verhaltensaussagen zu erweitern.[539] Durch

---

[534] Vgl. Himme (2007), S. 381; Friedman/Cassar (2004a), S. 29 f.; Bortz/Döring (2006), S. 502 ff.
[535] Vgl. Rack/Christophersen (2007), S. 27 f. Sprinkle (2003) bezeichnet die externe Validität daher auch als „Achilles heel of experimentation“, S. 289.
[536] Vgl. Obermaier/Müller (2008), S. 336.
[537] Vgl. Huber (2002), S. 69 f.
[538] Vgl. Rack/Christophersen (2007), S. 31.
[539] Vgl. Sprinkle (2003), S. 289, sowie Hirsch (2007), S. 117 ff.

die Möglichkeit der Kontrolle einzelner Variablen sind Experimente zudem sehr flexibel einsetzbar. Das Ausschalten von Störfaktoren ermöglicht die Schaffung von „unverschmutzten“ Versuchsbedingungen, die eine hohe (interne) Validität der Ergebnisse garantieren. Huber beurteilt das Experiment daher auch „für die Erforschung von Ursache-Wirkungs-Beziehungen [als] die effektivste Methode“.[540]

Diesen Vorteilen der experimentellen Forschung steht jedoch auch Kritik gegenüber. So werden immer wieder Zweifel an der Übertragbarkeit (externe Validität) experimenteller Ergebnisse geäußert. Fehlt die Repräsentativität der Ergebnisse, stellen Experimente aber nur Einzelbeobachtungen unter ganz spezifischen Umständen dar und können nicht zur Weiterentwicklung einer Theorie beitragen.[541] Dem kann entgegengehalten werden, dass auch die empirische Feldforschung von der Komplexität der Umwelt abstrahiert, um Hypothesen testen zu können.[542] Swieringa und Weik argumentieren, dass entscheidend ist, wie realistisch sich die Situation für die Probanden darstellt.[543] Speziell an psychologischen Experimenten wird kritisiert, dass den Versuchspersonen häufig keine mit der Leistung verknüpften Anreize geboten werden, während bei ökonomischen Experimenten diese Art der Motivation üblich ist.[544] Schließlich wird auch die Repräsentativität der Versuchspersonen kritisiert, da die meisten Experimente aufgrund der guten Verfügbarkeit Studenten als Versuchspersonen nutzen.[545] Zwar kann die Übertragbarkeit der Ergebnisse auf das Verhalten von Personen mit größerer Berufs- oder Praxiserfahrung (z.B. Manager) in vielen Fällen bestätigt werden, es wird dennoch empfohlen, Experimente mit „professionellen Akteuren“ zu replizieren, wenn Erfahrung oder Fachkenntnisse für die Problemstellung eine große Rolle spielen.[546] Trotz einzelner kritischer Stimmen stellt sich das Experiment also als geeignete Methode zur empirischen Hypothesenüberprüfung dar.

---

[540] Huber (2002), S. 63.
[541] Vgl. Becker (2003), S. 58; Staehle et al. (1999), S. 128 ff.
[542] Vgl. Dipboye/Flanagan (1979) S. 146 ff.
[543] Vgl. Swieringa/Weick (1982), S. 79 ff.
[544] Vgl. Friedman/Cassar (2004a), S. 28; Gillenkirch/Arnold (2008), S. 130; Gächter/Königstein (2002); Sp. 509 f.
[545] Vgl. Gächter/Königstein (2002), Sp. 509.
[546] Vgl. Ashton/Kramer (1980); Langer (2007), Sp. 424 f.

5.1.2 Experimentelle Forschung im Controlling

In der anglo-amerikanischen Accounting-Forschung haben sich Experimente, getrieben durch die zunehmende Integration verhaltenswissenschaftlicher Erkenntnisse, in den vergangenen Jahren und Jahrzehnten als wichtige Forschungsmethode etabliert.[547] Auch in der deutschsprachigen Controllingliteratur mehren sich die Stimmen für eine stärkere Verhaltensorientierung der Forschung, allerdings hat sich dieser Trend noch nicht in einer empirisch-experimentellen Ausrichtung der Forschung niedergeschlagen.[548]

Obermaier und Müller zeigen in einer umfassenden Metaanalyse der Literatur zum management accounting[549], dass der Anteil der Forschungsbeiträge, die einen experimentellen Forschungsansatz verfolgen, nur zwischen 0% und 14% liegt.[550] Gerade in der deutschsprachigen Controlling-Literatur liegt der Schwerpunkt auf formal-konzeptionellen Beiträgen mit geringem empirischem Anteil. Die weitere Untersuchung der in den experimentellen Studien verwendeten unabhängigen Variablen zeigt, dass zum Großteil die Informationsmenge sowie die Interaktion mit den Teilnehmern, z.B. die organisatorische Stellung oder die Wirkung von Anreizsystemen, im Fokus steht. Nur in sehr wenigen Fällen wird auch die Informationsbereitstellung, also z.B. das verwendete Format, als unabhängige Variable variiert.[551] Die Qualität des Aufgabenergebnisses stellt die am häufigsten untersuchte abhängige Variable dar.[552] Wie genau die Qualität in den einzelnen Experimenten operationalisiert wird, ist allerdings nicht näher aufgeschlüsselt. Als Versuchspersonen werden in der management accounting-Forschung zum großen Teil Studenten rekrutiert.[553] In Bezug auf die Verwendung von Anreizsystemen im Experimentkontext scheint sich noch keine herrschende Meinung durchgesetzt zu haben, da nur in der Hälfte der Experimente den Versuchspersonen eine von

[547] Vgl. Moser (1998); Haynes/Kachelmeier (1998); Hirsch (2007), S. 119.
[548] Vgl. Kapitel 2.1.3, sowie Hirsch (2007); Schulz (1999).
[549] Das management accounting kann als anglo-amerikanisches Äquivalent zum Controlling angesehen werden, vgl. Obermaier/Müller (2008), S. 327 f.
[550] Vgl. Obermaier/Müller (2008), S. 330 ff. Es wurden sechs Artikel mit Literaturüberblicken untersucht.
[551] Vgl. Obermaier/Müller (2008), S. 342 f.
[552] Vgl. Obermaier/Müller (2008), S. 343.
[553] Vgl. Obermaier/Müller (2008), S. 346.

der Leistung abhängige Belohnung ausgezahlt wurde, um „realistisches“ Verhalten zu fördern. [554]

Die Controlling-Forschung bietet also noch viel Potential für Forschungsbeiträge empirisch-experimenteller Art, insbesondere in Bezug auf die Auswirkung von Controllinginformationen auf das Verhalten von Akteuren.[555] Gleichwohl bietet sich gerade hier das Experiment als Forschungsmethode an, da in der Feldforschung viele Herausforderungen, wie die Schwierigkeit der Erhebung oder der Verwicklung mit anderen unabhängigen Variabeln, zu überwinden sind.[556] Dies gilt insbesondere auch für Berichtsdaten, die aufgrund der Vertraulichkeit der Berichtsinhalte nur sehr schwer zu erheben sind, und deren Nutzung sich kaum im Feld untersuchen lässt, ohne in den „natürlichen“ Arbeitsauflauf eines Managers fühlbar einzugreifen. Da jede Umstellung eines Berichts mit großem Aufwand und Kosten verbunden ist, kann das Berichtsformat als unabhängige Variable im Feld zudem nur schwer variiert werden. Die Experimentumgebung stellt folglich für empirische Untersuchungen des Berichtswesens eine effektive und kostengünstige Möglichkeit dar, von Störfaktoren abstrahieren und verschiedene Berichtsformate vergleichen zu können.

Es lässt sich also festhalten, dass die experimentelle Methode nicht nur allgemein für Fragen zur Verhaltenswirkung von Controllinginformationen empfohlen wird, sondern auch für das in dieser Arbeit untersuchte Forschungsthema sehr gut geeignet ist.

5.2 Experimentdesign und Durchführung

Die für die Visualisierung von Daten im Controlling relevanten Aspekte wurden in der bisherigen experimentellen Forschung noch nicht ausreichend untersucht. So wurden Tabellen und Grafiken bisher vor allem einzeln betrachtet, der Fokus lag auf relativ einfachen Aufgaben und in den Untersuchungsdesigns wurde die Informationsverarbeitung der Visualisierungsempfänger nicht ausdrücklich untersucht bzw. Einflussfaktoren meist nur singulär mit einbezogen.[557] Zur Prüfung der in Kapitel 4 abgeleiteten Hypothesen wurde daher ein eigenes Experiment entwickelt und durchgeführt. In dem gestalteten Experiment sollte der *Zusatznut-*

---

[554] Vgl. Obermaier/Müller (2008), S. 346.
[555] Vgl. Sprinkle (2003), S. 288 f.
[556] Vgl. Sprinkle (2003), S. 288.
[557] Vgl. auch die Übersicht der Experimente zur Visualisierung in Anhang 8.

zen einer grafischen Darstellung im Kontext einer möglichst realistischen und komplexen Managementaufgabe im Fokus stehen. Das Untersuchungsdesign sollte zudem die Informationsverarbeitung sowie alle weiteren relevanten Einflussfaktoren explizit einbeziehen.

Die folgenden Abschnitte beschreiben den Inhalt und die Variablen des Experiments, sowie die Durchführung im Herbst 2008. Das Ergebnis des Experiments darf dabei nicht als Überprüfung einer bestimmten Darstellungsform in einem ganz spezifischen Bericht verstanden werden, sondern soll die zugrundeliegenden Theorien und allgemeinen Abläufe der Informationsverarbeitung validieren. Werden diese im Controllingkontext bestätigt, können sie auf unterschiedlichste Entscheidungsaufgaben und Aspekte der Berichtsgestaltung anwendet werden.

5.2.1 Experimentaufgabe

Die Entwicklung einer geeigneten Entscheidungsaufgabe stellt eine wesentliche Herausforderung der experimentellen Forschung dar.[558] Die gewählte Aufgabe muss nicht nur inhaltlich zur Prüfung der formulierten Hypothesen geeignet sein, auch der Schwierigkeitsgrad der Aufgabe muss mit besonderer Sorgfalt modelliert werden.[559] Ist die Entscheidungsaufgabe zu einfach, kann sie von allen Probanden ohne Probleme gelöst werden und ein Effekt der Manipulation (bzw. unterschiedlicher Experimentgruppen) ist nicht erkennbar. Ist die Aufgabe dagegen zu schwer, wird sie nur von einzelnen Probanden oder gar per Zufall richtig gelöst und der Effekt der Manipulation wird von der Komplexität der Aufgabe überdeckt. Zudem sollten die Probanden aus der Formulierung der Aufgabe nicht direkt den Forschungshintergrund erahnen können, damit sie die Entscheidungsaufgabe unbeeinflusst von möglichen Überlegungen zu den getesteten Forschungsfragen lösen. In den folgenden Absätzen wird die spezifische Experimentaufgabe, die zur Überprüfung der formulierten Hypothesen entwickelt wurde, detailliert beschrieben.

Ansatzpunkt des Aufgabendesigns war es, eine möglichst komplexe – aber noch lösbare – symbolische Aufgabe zu entwickeln, die typisches Entscheidungsproblem im Management

558 Vgl. Schulz (1999), S. 33.
559 Vgl. Lucas/Nielsen (1980), S. 983.

behandelt. Um bei der Beurteilung der Ergebnisse einen Indikator für die Richtigkeit der Entscheidung zu haben, musste die Aufgabe überdies eine eindeutige Lösung haben, durfte also nicht allein eine Frage unterschiedlicher Meinungen oder Abwägungen sein. Diese Kriterien werden durch die Aufgabe der Leistungsbeurteilung erfüllt. Leistungsbeurteilungen gehören zu den Routineaufgaben auf verschiedenen Managementebenen und sind aufgrund der Konsequenzen für die Beurteilten von großer Wichtigkeit.[560] Aus den in Kapitel 4.2.2 definierten Nutzungsarten von Controllinginformation entspricht diese Aufgabe der Nutzung zur Kontrolle, die auch empirisch als wichtigste Nutzungsart des Monatsberichts erkannt wurde.[561]

Die Experimentaufgabe wurde inhaltlich in eine Fallstudie über ein fiktives Unternehmen in der Motorrad-Branche eingebettet und die Probanden wurden aufgefordert, sich in die Rolle des CEO dieses Unternehmens zu versetzen. Das Unternehmen war in acht Business Units (BU) gegliedert, die eigenständig je einen Motorrad-Typ produzierten. In den Experimentunterlagen wurde ausgeführt, dass die Business Units vom CEO anhand von vier gleichwertigen Zielen (Kennzahlen) gesteuert werden, namentlich Umsatz, EBIT-Marge, First Pass Yield und Liefertreue. Der First Pass Yield wurde als Prozentsatz der produzierten Motorräder, die ohne Fehler oder Nacharbeit vom Band gehen, definiert und die Liefertreue als Prozentsatz termingetreu ausgelieferter Motorräder. Der Kern der Aufgabe bestand darin, anhand der zur Verfügung gestellten Berichtsunterlagen, dem sogenannten „Zielabweichungsbericht", aus den acht Business Units die beiden zu identifizieren, die gemessen an den vorab definierten Zielen die beste bzw. schlechteste Zielerreichung aufwiesen. Um die Situation möglichst realistisch zu gestalten, wurde den Probanden erklärt, dass die Zielerreichung in der nächsten Leitungssitzung besprochen werden sollte, und der Manager, der die beste Business Unit verantwortet, in dieser Sitzung sein Erfolgskonzept vorstellen darf bzw. der Manager, der bisher die schlechtesten Zahlen abgeliefert hat, mögliche Gründe und Maßnahmen zur Sicherung der Zielerreichung präsentieren muss.

Das allgemeine Arbeitsumfeld eines Top-Managers ist in der Realität geprägt von ständigem Zeitdruck durch eine Vielzahl an Terminen und Meetings.[562] Um dieses Arbeitsumfeld auch

[560] Vgl. Tuttle/Kershaw (1998), S. 6.
[561] Vgl. auch Abbildung 22.
[562] Vgl. Steinmann/Schreyögg (2005), S. 15 f.

im Experiment zu simulieren, wurde den Probenden mitgeteilt, dass sie in 15 Minuten an einer wichtigen Telefonkonferenz teilnehmen müssten und bis dahin eine Entscheidung getroffen haben sollen. Die Zeitspanne von 15 Minuten war mehr als ausreichend für die Lösung der Aufgabe, so dass diese Zeitbeschränkung nicht als übermäßiger Zeitdruck zu bewerten ist, sondern zur Vermittlung eines realistischen Arbeitsumfelds geeignet erscheint.[563]

Zur Lösung der Entscheidungsaufgabe mussten die Probanden die jeweilige Zielerreichung aller vier Ziele von acht Business Units vergleichen. Dies ist eine symbolische Aufgabe, weil zur Ermittlung der besten bzw. schlechtesten Business Unit konkrete Datenwerte extrahiert, berechnet und verglichen werden müssen.[564] Insgesamt mussten 32 Datenpunkte akquiriert werden, eine Menge, die vor dem Hintergrund einer begrenzten kognitiven Aufnahmenfähigkeit als sehr umfangreich bezeichnet werden kann.[565] In den Instruktionen wurde an zwei Stellen darauf hingewiesen, dass die Ziele vom CEO als gleichwertig angesehen werden, womit den Probanden eine klare Bewertungslogik für die Business Units vorgegeben war. Bei gleichwertigen Zielen kann die durchschnittliche Zielabweichung errechnet und zwischen den Business Units verglichen werden. Nach der Informationsaufnahme mussten die Daten also zu einem Zielerreichungswert pro Business Unit verdichtet werden, um die Ergebnisse jeder Business Unit zu beurteilen. Die Aufgabe umfasste somit die kognitiven Prozesse der Informationsaufnahme und der Beurteilung und kann der Komplexitätsdefinition von Vessey folgend zu den komplexen Aufgaben gezählt werden.[566]

Die vier Zielkennzahlen wurden so gewählt, dass ihre Erreichung sich nicht gegenseitig ausschließt. Umsatz und Ergebnis sind zwar rechnerisch verknüpft, ein gleichzeitiges Erreichen von vorgegebenen Umsatz- und Ergebniszielen in einer Geschäftseinheit ist aber möglich. Die Kennzahlen Liefertreue und First Pass Yield sind unabhängig voneinander sowie unabhängig von Umsatz und Ergebnis einer Geschäftseinheit. In Unternehmen werden Mana-

[563] Die von den Probanden benötigte Zeit wurde in einem Pre-Test vorab getestet. Alle Probanden des Pre-Tests kamen innerhalb von 15 Minuten zu einer Lösung der Aufgabe.

[564] Vgl. auch die Klassifikation symbolischer Aufgaben in Abbildung 13.

[565] Vgl. Kapitel 2.3.3 sowie Miller (1956).

[566] Vgl. Vessey (1994), S. 105 ff. sowie Kapitel 3.3.2.

ger häufig an einem Zielsystem aus mehreren Kennzahlen gemessen.[567] Das Zielsystem ist zumeist auch mit dem monetären Anreizsystem des Managers verknüpft, so dass sich die Zielerreichung einzelner Ziele auf die Höhe der ausgezahlten Belohnung auswirken kann.[568] Damit kann die im Experiment dargestellte Aufgabe der Leistungsbeurteilung als durchaus realistisch angesehen werden.

Bei der Gestaltung der Berichtsdaten wurde darauf geachtet, dass nur die vorgeschriebene Bewertungslogik zu einem eindeutig richtigen Ergebnis führen konnte und sich aus der Beurteilung der Business Units eine klare Rangfolge ergibt. Die vollständige Fallstudie ist in Anhang 2 abgebildet.

5.2.2 Definition der Variablen

Um zuverlässige Aussagen über die formulierten Hypothesen generieren zu können, müssen die nötigen Variablen sorgfältig definiert und operationalisiert werden. Im Folgenden werden daher die unterschiedlichen Variablen des Experiments näher betrachtet.

5.2.2.1 Unabhängige Variable

Als Forschungsobjekt wurde in Kapitel 4 die mögliche Vorteilhaftigkeit *zusätzlicher* Visualisierungen in Monatsberichten des Controllings herausgearbeitet. Das **Berichtsformat** wird daher im Experiment als unabhängige Variable definiert. Es wurden zwei Ausprägungen des Berichtsformats variiert: die Tabelle alleine als Standardformat im Berichtswesen und ein Kombinationsformat bestehend aus der Tabelle ergänzt durch die Visualisierung der Berichtsdaten. Die zusätzliche Grafik umfasste dabei exakt die gleichen Daten wie die Tabelle, d.h. die Variation in den Daten lag rein in der visuellen Darstellung und nicht in der Auswahl. Die Versuchspersonen wurden in eine Experimentalgruppe und eine Kontrollgruppe aufgeteilt, mit der Variation der unabhängigen Variablen zwischen den beiden Versuchsgruppen.[569] Die Experimentalgruppe erhielt das Kombinationsformat und die Kontrollgruppe das Standardformat.

---

[567] Vgl. Gladen (2008), S. 215 f.; Weber et al. (2004), S. 209 ff.

[568] Vgl. Gladen (2008), S. 211 ff.; Bauer (2003), S. 1075 ff.; Weber et al. (2004), S. 199 ff.

[569] Es handelt sich bei der Art des Experiments also um ein sogenanntes „between-subject design“. Zu Vor- und Nachteilen unterschiedlicher Experiment-Designs vgl. Sarris (1992), S. 55 ff.; Rack/Christophersen (2007), S. 20 ff.

Die Kontrollgruppe musste sich zur Lösung der Aufgabe also allein auf die numerischen Datenwerte in der Tabelle stützen. Die Experimentgruppe hingegen hatte mit den grafischen Darstellungen noch eine wichtige zusätzliche Informationskomponente, nämlich die räumliche Darstellung der Zielerreichung. Diese Gruppe konnte zur Problemlösung entweder die numerischen Datenwerte, die räumlichen Differenzen oder eine Mischung aus beiden Informationsarten heranziehen. Beide Versionen des Zielabweichungsberichts sind in Anhang 3 bzw. Anhang 4 abgebildet.

Bei der genauen Ausgestaltung des verwendeten Zielabweichungsberichts entsprechend der oben definierten Experimentaufgabe musste ein Mittelweg zwischen interner und externer Validität gefunden werden.[570] Um die interne Validität durch Ausschluss möglicher Störfaktoren sicherzustellen, wurde der Zielabweichungsbericht auf die zur Lösung der Experimentaufgabe nötigen Daten reduziert, d.h. es wurden für jede Business Unit lediglich die vier Zielkennzahlen dargestellt, keine zusätzlichen oder absoluten Werte. Damit entspricht der Zielabweichungsbericht in Inhalt und Umfang nicht genau dem typischen Monatsbericht in der Praxis, der sich durch eine größere Anzahl und Vielfalt an Kennzahlen auszeichnet.[571] Wie eingangs betont, dient jedoch das Experiment zur Validierung allgemeiner Abläufe der Informationsverarbeitung und der zugrundeliegenden Visualisierungstheorien. Es ist daher davon auszugehen, dass Ergebnisse, die in einem derart reduzierten Umfeld festgestellt werden, umso mehr in einer an Komplexität reicheren Realität gelten.

Bei der Erstellung der in den Berichten enthaltenen Tabellen und grafischen Darstellungen wurde darauf geachtet, den allgemeinen Anforderungen an die Visualisierung zu entsprechen.[572] Als Visualisierungsform wurde das Säulendiagramm gewählt, das nicht nur einen sehr großen Bekanntheitsgrad hat, sondern in Studien auch besonders gute Ergebnisse im Vergleich zu anderen Darstellungsformen gezeigt hat.[573] Die Säulendiagramme enthielten

[570] Vgl. zum Gütekriterium der Validität auch Kapitel 5.1.1.
[571] Vgl. Kapitel 4.2.1.
[572] Vgl. Kapitel 3.2.2.
[573] Vgl. Wilson/Addo (1994) sowie Kapitel 3.2.1.

zudem die exakten numerischen Werte der Zielabweichung, wie in der Berichtspraxis üblich.[574]

5.2.2.2 Die Informationsverarbeitung als Variable

Da die Frage nach dem möglichen Erfolg zusätzlicher grafischer Darstellungen eng mit Frage nach der Informationsverarbeitung verknüpft ist, wurde die Informationsverarbeitung im Experiment auch als Variable berücksichtigt. Zwei Aspekte wurden untersucht: welche Art der Informationsverarbeitung für die Bearbeitung der Experimentaufgabe verwendet wird, sowie, ob die Wahl der Informationsverarbeitung einer Versuchsperson durch die unabhängige Variable, also das Berichtsformat, signifikant beeinflusst wird.[575]

Die Art der Informationsverarbeitung kann nicht direkt gemessen werden, da diese kognitiven Prozesse dem Menschen nicht bewusst sind und weder die Versuchspersonen eine klare Aussage darüber treffen können, noch der Versuchsleiter sichtbar machen kann, welche Art der Informationsverarbeitung verwandt wurde. In der experimentellen Forschung wurden daher verschiedene Methoden entwickelt um mittelbar eine Aussage über die Informationsverarbeitung treffen zu können, z.B. Blickbewegungsaufzeichnungen oder verbale Protokolle.[576] Diese Methoden stellen jedoch zum Teil einen Eingriff in den „natürlichen" Problemlösungsprozess der Probanden dar. Eine Möglichkeit, Aussagen über die Informationsverarbeitung zu generieren, ohne direkt in den Problemlösungsprozess einzugreifen, ist die Befragung der Probanden nach ihrem Vorgehen bei der Problemlösung. Dabei wird nicht direkt nach der Art der Informationsverarbeitung gefragt, sondern die Zustimmung zu bestimmten Aussagen gemessen, von denen dann Rückschlüsse auf die Informationsverarbeitung einer Versuchsperson getroffen werden können. Diese Methode wird auch von Tuttle und Kershaw verwendet, die in ihrem Experiment die Informationsverarbeitungsstrategie anhand von Vorgaben in der Experimentaufgabe manipulieren und später den Erfolg der Manipulation durch einen Fragebogen messbar machen.[577] In Anlehnung an die dort verwendeten Fragen wurde zwei Aussagen formuliert, die als Grundlage für eine Tendenzaussage zur Informationsverarbeitung der

[574] Dies widerspricht der in anderen Visualisierungsexperimenten gebräuchlichen Darstellungsweise, vgl. die entsprechende Kritik in Kapitel 4.4.

[575] Vgl. Hypothesen 1 und 2 in Kapitel 4.2.3.

[576] Vgl. Sponholz (1997), S. 137 ff., für einen Überblick verschiedener Messmethoden des individuellen Informationsverhaltens. Vgl. auch Kroeber-Riel et al. (2009), S. 313 ff.

[577] Vgl. Tuttle/Kershaw (1998), S. 7 ff.

Versuchspersonen im Experiment dienen.[578] Beide Aussagen waren Teil des Post-Tests, der von den Probanden im Anschluss an die eigentliche Experimentaufgabe bearbeitet wurde.

Die erste Aussage diente zur Charakterisierung einer eher analytischen Informationsverarbeitungsstrategie, die durch eine genaue Analyse konkreter Zahlenwerte gekennzeichnet ist, und lautet:

„Bei der Beurteilung der Business Units habe ich die Kennzahlen genau analysiert, um exakte Abweichungen zu errechnen."

Die zweite Aussage beschreibt eine eher ganzheitliche Informationsverarbeitungstrategie und stellt die Erfassung der Gesamtheit der Informationen in den Vordergrund:

„Bei der Beurteilung der Business Units habe ich versucht, die Leistung einer Business Unit als Ganzes zu erfassen, um einen allgemeinen Eindruck der Zielerreichung zu gewinnen."

Die Zustimmung zu den Aussagen wurde auf einer 5-stufigen Likert-Skala mit den beiden Extremen „Stimme absolut zu" und „Stimme gar nicht zu" gemessen.[579] Zwar kann mit der gewählten Art der Messung keine sichere Aussage über die Informationsverarbeitung der Versuchspersonen getroffen, sondern lediglich eine vermutete Tendenz festgestellt werden. Für die Überprüfung der Hypothesen wird diese Methode jedoch im Experimentkontext als hinreichend genau beurteilt.[580]

5.2.2.3 Abhängige Variablen

In der Visualisierungsforschung wird eine Vielzahl an Variablen für die Messung des Visualisierungserfolgs herangezogen. Als wichtigste Indikatoren gelten zumeist die Entscheidungs-

---

[578] Die Aussagen wurden im Pre-Test getestet und basierend auf dem Feedback der Teilnehmer angepasst, um eine größtmögliche Verständlichkeit der Aussagen und Präzision der Messung zu erreichen.

[579] Zur Verwendung von Likert-Skalen siehe Bortz/Döring (2006), S. 224.

[580] Vgl. auch das ähnliche Vorgehen bei Tuttle/Kershaw (1998), S. 6 ff.

qualität, im Sinne der Richtigkeit des Ergebnisses, und die Geschwindigkeit einer Entscheidung.[581]

Um die Richtigkeit einer Entscheidung zu messen gibt es unterschiedliche Ansätze, die wesentlich von der untersuchten Aufgabe abhängen. Für die definierte Experimentaufgabe existiert mit der korrekten Identifikation der Business Units mit der besten bzw. schlechtesten Zielerreichung eine eindeutig richtige, analytisch herzuleitende Lösung. Diese Lösung ergab sich aus der in der in der Experimentaufgabe vorgegebenen Bewertungslogik der Business Units.[582] Es sollten für acht Business Units jeweils vier gleichwertige Ziele verdichtet und die Gesamtzielerreichung der Business Units verglichen werden. Die Berichtszahlen waren so konstruiert, dass diese Leistungsbeurteilung zu einer klaren Rangfolge der Business Units führte.

Die Beurteilung der Richtigkeit der Entscheidung basierte damit auf der Beantwortung folgender zwei Fragen:

*„Welche **Business Unit** hat zum Halbjahr die **beste Zielerreichung**?"*

sowie

*„Welche **Business Unit** hat zum Halbjahr die **schlechteste Zielerreichung**?"*.

Bei der Gestaltung der Experimentaufgabe wurde darauf geachtet, dass nur die vorgegebene Entscheidungslogik zu einer richtigen Entscheidung führen konnte und mögliche alternative Entscheidungslogiken zu falschen Entscheidungen führen. Die Richtigkeit der Entscheidung wurde nach einem Punkteschema bewertet. Für die korrekte Identifikation der besten bzw. schlechtesten Business Unit erhielten die Versuchspersonen jeweils 5 Punkte, es waren also maximal 10 Punkte erreichbar. Für die Wahl der jeweils zweitbesten bzw. -schlechtesten Business Unit wurden 3 Punkte verteilt, die nächstbeste bzw. -schlechteste Business Unit lieferte noch einen Punkt. Für die Wahl einer der anderen Business Units wurden keine Punkte vergeben. Durch das beschriebene Punkteschema wurde der Tatsache Rechnung getragen, dass eine falsche Entscheidung, die nur knapp an der optimalen Alternative vorbei

---

[581] Vgl. DeSanctis (1984), S. 468 für einen Überblick abhängiger Variablen sowie die Auflistung aktueller Visualisierungsexperimente in Anhang 8.

[582] Vgl. Kapitel 5.2.1.

geht, auch in der Realität weniger negative Auswirkungen hat, als eine Entscheidung, die von der richtigen Alternative weit entfernt ist.

Als zweite abhängige Variable wurde die Geschwindigkeit der Entscheidung, also die zur Lösung der Aufgabe benötigte Zeit gemessen. Die Versuchspersonen wurden dazu an zwei Stellen im Experiment gebeten, die aktuelle Zeit zu notieren, zuerst direkt nach dem individuellen Durchlesen der Fallstudie und anschließend nach der Beantwortung der Aufgabe, also nach dem Notieren der zwei ausgewählten Business Units. Durch dieses Verfahren konnte die Zeit für das Lesen der Fallstudie sowie die Zeit für die Beantwortung des Post-Tests ausgeschlossen und somit die reine Entscheidungszeit isoliert werden. Die Versuchspersonen orientierten sich dabei an einer im Experimentraum an die Wand projizierten Stoppuhr.

Als zusätzliche abhängige Variable wurde die Sicherheit bei der Entscheidung abgefragt, für die eine Korrelation mit der Richtigkeit der Entscheidung angenommen wurde.[583] Die Versuchspersonen sollten dazu im Post-Test die Aussage *„Bei der Richtigkeit meiner Beurteilung bin ich mir...“* mit einer Antwort auf einer 5-stufige Likert-Skala mit den beiden Extremen „Sehr sicher“ und „Gar nicht sicher“ vervollständigen.

5.2.2.4 Moderatorvariablen

Um den Einfluss des Empfängers auf den Visualisierungserfolg beurteilen zu können, wurden die beiden untersuchten Empfängereigenschaften kognitiver Stil und Erfahrung als zusätzliche Variablen definiert. Da die Ausprägung dieser Variablen bei den einzelnen Versuchspersonen nicht von vornherein bekannt war, sind kognitiver Stil und Erfahrung im Experiment als Moderatorvariablen zu verstehen.[584] Die Messung der Moderatorvariablen ermöglicht die Beantwortung der Frage, ob die in Bezug auf die abhängige Variable gemessenen Ergebnisse generell gelten oder als personenspezifisch anzusehen sind.[585]

[583] Vgl. Kapitel 4.2.3.
[584] Vgl. zur Definition von Moderatorvariablen auch Kapitel 5.1.1.
[585] Vgl. Hypothesen H6 bis H9 in Kapitel 4.3.1. und 4.3.2.

Der kognitive Stil wurde mit dem Myers-Briggs Type-Indicator (MBTI) operationalisiert, der sich aufgrund seiner hohen Validität und Reliabilität als Messinstrument bewährt hat.[586] Ein entsprechender Test wurde in den Post-Test integriert.[587]

Hypothese	Variable	Operationalisierung
H1 H2	Art der Informationsverarbeitung	Befragung im Post-Test
H3	Richtigkeit der Entscheidung	Richtigkeit der Antwort entsprechend der im Experiment vorgegebenen Bewertungslogik. Punkteschema abhängig von der Richtigkeit der Entscheidung: Maximal 10 Punkte, minimal 0 Punkte mit Zwischenstufen je nach Richtigkeit.
H4	Entscheidungsgeschwindigkeit	Messung der Zeit zur Problemlösung
H5	Entscheidungssicherheit	Befragung im Post-Test
H6 H7	Kognitiver Stil	Messung des MBTI im Post-Test
H8 H9	Erfahrung	Abfrage der Arbeitserfahrung im Post-Test

Tabelle 5: Übersicht der Variablen und ihrer Operationalisierung[588]

Die Erfahrung wurde auf Basis der relevanten Arbeitserfahrung in Jahren gemessen und ebenfalls im Post-Test abgefragt. Erfahrung mit der Visualisierung als solcher wurde im Experiment nicht explizit getestet.[589] Es wurde angenommen, dass die verwendete Visualisie-

[586] Vgl. Kapitel 3.4.1. Zur Validität und Reliabilität des MBTI gibt es durchaus strittige Meinungen in der Literatur. Wie jedoch in Kapitel 3.4.1 dargelegt, stand die Beurteilung unterschiedlicher Messverfahren des kognitiven Stils nicht im Fokus dieser Arbeit. Mit dem MBTI wurde ein Verfahren gewählt, welches in der Literatur inhaltlich mit dem Aspekt der Visualisierung von Daten verknüpft wird und insbesondere in der betriebswirtschaftlichen Literatur als probates Verfahren zur Beurteilung des kognitiven Stils anerkannt wird, vgl. Bonner (2008), S. 101; Ho/Rodgers (1993), S. 108.

[587] Es wurde der Test nach Keirsey/Bates (1990) verwandt, vgl. S. 6-14. Versuchspersonen, die den MBTI-Test schon vorher absolviert hatten, konnten ihre Typenausprägung direkt vermerken ohne den Test erneut ausfüllen zu müssen.

[588] Quelle: Eigene Darstellung.

[589] Vgl. Kapitel 4.3.2. zum Einfluss der sogenannten „graphical literacy“.

rungsform, das Säulendiagramm, für alle Teilnehmer des Experiments bekannt ist, da es sowohl im Unternehmen als auch in der universitären Lehre häufig Anwendung findet. Der konkrete Einsatz des Säulendiagramms in der spezifischen Aufgabe bzw. im Zielabweichungsbericht ist hingegen für alle Versuchspersonen gleich „neu". Daher sind aus der Erfahrung mit der Visualisierung als solcher keine Unterschiede in Bezug auf die Experimentergebnisse zu erwarten. Erfahrungseffekte im Experiment können demnach nur aus der jeweiligen Berufserfahrung der Versuchspersonen kommen.

Zusätzlich wurden, wie in der experimentellen Forschung allgemein üblich, die Daten Art der Ausbildung, Alter und Geschlecht jeder Versuchsperson abgefragt, um einen möglichen Einfluss bzw. die gelungene Randomisierung der Versuchsgruppen in Bezug auf diese Variablen prüfen zu können.[590]

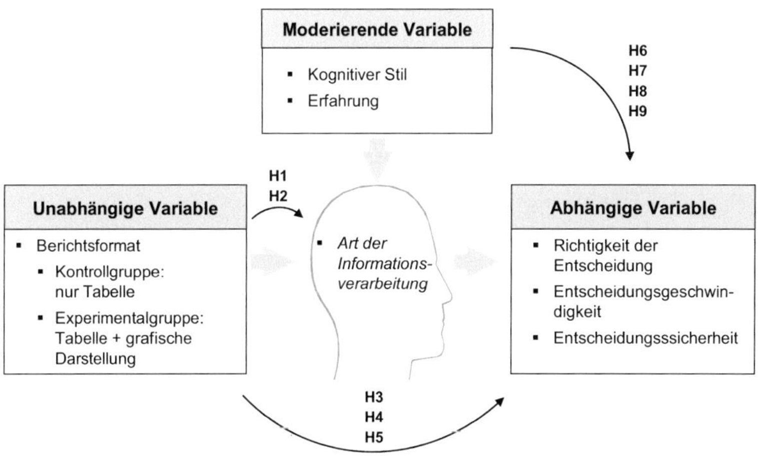

Abbildung 27: Experimentdesign[591]

[590] Vgl. Schulz (1999), S. 44.
[591] Quelle: Eigene Darstellung.

Tabelle 5 fasst die im Experiment verwendeten Variablen und ihre Operationalisierung zusammen. Die vorgestellten Variablen werden in einem komplexen Experimentdesign zur Überprüfung der Hypothesen verbunden. Dieser multivariable Ansatz wird in der Visualisierungsforschung vielfach gefordert und verspricht eine hohe Validität der Ergebnisse.[592] Das Experimentdesign sowie die zu prüfenden Hypothesen werden in Abbildung 27 schematisch dargestellt. Nach der Vorstellung von Experimentaufgabe und Variablen wird nun die Durchführung des Experiments beschrieben.

5.2.3 Experimentdurchführung

Vor der eigentlichen Experimentdurchführung wird in der experimentellen Forschung die Durchführung eines sogenannten Pre-Tests empfohlen, mit dem sowohl die Verständlichkeit der Instruktionen und Unterlagen als auch der allgemeine Ablauf überprüft werden kann.[593] Dementsprechend wurde das Experiment in mehreren Sitzungen mit insgesamt 22 Versuchspersonen vorab getestet. Basierend auf dem Feedback der Teilnehmer des Pre-Tests wurden einige Passagen der Fallstudie und einzelne Fragen im Post-Test präziser formuliert. Zusätzlich wurde die Beschriftung des Zielabweichungsberichts verbessert. Ein weiterer Klärungspunkt im Pre-Test betraf die von den Versuchspersonen benötigte Zeit. Die anvisierte Zeitbeschränkung von 15 Minuten erwies sich als ausreichend zur Lösung der Aufgabe.

Für die Durchführung des Experiments konnten zwei Gruppen von Probanden mit unterschiedlicher Berufserfahrung gewonnen werden. Eine Gruppe bestand aus Studenten der Universität der Bundeswehr München, die andere Gruppe aus Mitgliedern einer Zentralabteilung eines deutschen Industriekonzerns, die Managementaufgaben wie Personalführung und Planung von Zielen und Programmen wahrnehmen[594] bzw. Erfahrung in diesen Tätigkeiten haben, und damit zu der Gruppe "Manager" zusammengefasst werden können. Damit wurde der Forderung entsprochen, dass für Experimente, in denen die Erfahrung einen wichtigen Einflussfaktor darstellt, in jedem Fall neben Studenten auch erfahrene Versuchspersonen einbezogen werden sollten.[595] Das Experiment wurde in mehreren Sitzungen im Herbst 2008

[592] Vgl. u.a. Meyer et al. (1997), S. 283 ff.; Jarvenpaa et al. (1985), S. 152 f.
[593] Vgl. Huber (2002), S. 129.
[594] Vgl. zu Managementaufgaben Staehle et al. (1999), S. 82.
[595] Vgl. Kapitel 5.1.1.

durchgeführt.[596] Insgesamt nahmen 120 Versuchspersonen am Experiment teil, davon 60 Versuchspersonen ohne Erfahrung (Studenten) und 60 Versuchspersonen mit Erfahrung (Manager).[597] Der Ablauf der Sitzungen war jedes Mal gleich, deshalb wird im Folgenden eine Sitzung stellvertretend für alle beschrieben.

Die Probanden wurden zufallsbasiert auf die zwei Experimentgruppen aufgeteilt. Die zufallsbasierte Zuteilung ist eine wesentliche Vorraussetzung für das Ausschalten systematischer Störeffekte und fördert somit die interne Validität des Experiments.[598] Anschließend erhielten die Probanden die Instruktionen sowie einen Umschlag mit den Experimentunterlagen. Die Instruktionen dienten dazu, den allgemeinen Zweck des Experiments zu erklären,[599] genaue Anweisungen über den Ablauf des Experiments zu geben und über die mögliche Belohnung zu informieren.[600] Zu Anfang der Sitzung wurden die Instruktionen vom Versuchsleiter laut vorgelesen, im Anschluss daran wurden die Experimentunterlagen von den Probanden eigenständig bearbeitet. Die Probanden wurden gebeten, nach Beendigung des Experiments ruhig sitzen zu bleiben bis alle Teilnehmer fertig sind. Nachdem alle Teilnehmer das Experiment sichtbar beendet hatten, wurden die kompletten Experimentunterlagen eingesammelt. Die Experimentunterlagen umfassten die Fallstudie, den Zielabweichungsbericht entsprechend der jeweiligen Experimentgruppe sowie den Post-Test.[601]

Als Anreiz für gute Leistungen im Experiment wurde den Studenten 10 Euro für die richtige Antwort in Aussicht gestellt.[602] Da für Manager ein monetärer Anreiz in dieser Höhe als zu gering eingeschätzt wurde, um eine echte Motivationswirkung auszulösen, wurde den Managern für die richtige Antwort eine Spende in Höhe von 10 Euro an eine soziale Einrichtung

---

[596] Mit der Gruppe der Studenten wurden zwei Sitzungen durchgeführt, mit den Managern fünf Sitzungen.

[597] Es wurden insgesamt 62 Personen mit Erfahrung getestet. Zwei Versuchspersonen konnten das Experiment jedoch nicht beenden und wurden daher aus der Stichprobe entfernt.

[598] Vgl. Obermaier/Müller (2008), S. 334 f.; Schulz (1999), S. 39.

[599] Der Zweck wurde dabei sehr allgemein gehalten und folgendermaßen beschrieben: „Sie nehmen heute an einem Experiment zum Thema ‚Informationsverarbeitung in Entscheidungssituationen' teil.", vgl. Anhang 1.

[600] Vgl. Huber (2002), S. 124 ff.

[601] Vgl. Anhang 1bis Anhang 4.

[602] Zur Diskussion um monetäre Anreize für Probanden in der experimentellen Forschung vgl. Hertwig/Ortmann (2001), S. 390 ff.; Friedman/Cassar (2004a), S. 28; Gächter/Königstein (2002); Sp. 509 f. sowie ausführlich Guala (2005), S. 231 ff.

versprochen, um neben dem monetären auch einen sozialen Anreiz zu bieten. Dieses Verfahren wurde vorab mit einigen Managern diskutiert und bekam breite Zustimmung.

5.3 Ergebnisse des Experiments

Wie oben beschrieben, wurden die Versuchspersonen im Experiment zufallsbasiert auf die Kontrollgruppe und die Experimentalgruppe aufgeteilt. Zur Vereinfachung der Bezeichnungen wird die Kontrollgruppe, also die Gruppe, die im Zielabweichungsbericht nur Tabellen erhielt, als Gruppe 1 bezeichnet. Die Experimentalgruppe, die zusätzlich zu den Tabellen grafische Darstellungen bekam, wird Gruppe 2 genannt.

	Versuchspersonen ohne Erfahrung	**Versuchspersonen mit Erfahrung**	
Gruppe 1 (nur Tabelle)	28	32	**60**
Gruppe 2 (Tabelle + Grafik)	32	28	**60**
Gesamt	**60**	**60**	**120**
Durchschnitts-alter	24,5	30,0	**27,2**
Anteil Männer / Frauen	78% / 22%	72% / 28%	**75% / 25%**

Tabelle 6: Aufteilung der Versuchspersonen[603]

Von den 60 Versuchspersonen ohne Erfahrung wurden 28 Personen der Gruppe 1 zugeteilt und 32 der Gruppe 2. Die 60 Versuchspersonen mit Erfahrung teilen sich in 32 Personen in der Gruppe 1 und 28 Personen in Gruppe 2 auf. Um differenziertere Ergebnisse zu erhalten, wurde die Gruppe der erfahrenen Versuchspersonen zusätzlich in eine Gruppe mit größerer

[603] Quelle: Eigene Erhebung.

Berufserfahrung und eine Gruppe mit geringerer Berufserfahrung unterteilt. Die Versuchspersonen werden für die Auswertung der Ergebnisse jedoch zunächst zusammengeführt, da die Erfahrung als Einflussvariable später separat untersucht wird.[604] Die Aufteilung der Versuchspersonen auf die Gruppen sowie das Alter und Geschlecht[605] der Teilnehmer ist Tabelle 6 zu entnehmen. Insgesamt war der Anteil männlicher Versuchspersonen mit 75 Prozent wesentlich größer als der Anteil weiblicher Versuchspersonen, dies entspricht jedoch in etwa der in europäischen Unternehmen realistischen Geschlechterverteilung.[606]

Die Analyse der Ergebnisse des Experiments erfolgt entlang der drei in Kapitel 1.2 formulierten Forschungsfragen. Die statistischen Analysen wurden mit dem Programm SPSS (Version 17) durchgeführt, für die Berechnung der Teststärke wurde das Programm G*Power 3 verwendet.[607] Als Signifikanzniveau zur Prüfung der Hypothesen wurde ein Niveau von 5% festgelegt. Dieses Niveau gilt in der betriebswirtschaftlichen Forschung als angemessen.[608]

5.3.1 Art der Informationsverarbeitung

Die erste Forschungsfrage, die mit den Ergebnissen des Experiments beantwortet werden soll, betrifft die Art der Informationsverarbeitung bei komplexen analytischen Aufgaben.

Der theoretischen Komplexitätsdefinition folgend kann die Experimentaufgabe zur Kategorie komplexer Aufgaben gezählt werden.[609] Um jedoch zu prüfen, ob die Versuchspersonen die Aufgabe auch als komplex empfunden haben, wurde im Post-Test die Zustimmung zur Aussage *„Ich habe die Lösung der Aufgabe als schwierig empfunden"* abgefragt. Da komplexe Aufgaben einen größeren Aufwand zur Lösung erfordern und dieser Aufwand in der Literatur wie auch in der Umgangssprache häufig mit dem Schwierigkeitsgrad einer Aufgabe

---

[604] Vgl. dazu Kapitel 5.3.3.

[605] Es wurde in der Untersuchung davon ausgegangen, dass das Geschlecht keinen Einfluss auf die abhängigen Variablen hat. Mit einem T-Test mit einer Signifikanz von 20% wurde untersucht, ob die Mittelwerte der Geschlechter sich unterscheiden. Zum Signifikanzniveau beim Test auf Gleichheit der Mittelwerte vgl. Bühner/Ziegler (2009), S. 197 ff. Der T-Test lieferte nur für die Variable „Sicherheit bei der Entscheidung" ein signifikantes Ergebnis (p=,001). Damit kann das Geschlecht der Versuchspersonen für alle anderen Auswertungen vernachlässigt werden.

[606] Vgl. Statistisches Bundesamt Deutschland 22.03.2005; Holst (2005).

[607] Zum Programm G*Power 3 vgl. Faul et al. (2007).

[608] Vgl. z.B. Hair et al. (2007), S. 330 f. Zur Prüfung der Gleichheit von Stichproben wurden jedoch ein höheres Signifikanzniveau von 20% verwendet, vgl. zur Argumentation Bühner/Ziegler (2009), S. 197 ff.

[609] Vgl. Kapitel 5.2.1.

gleichgesetzt wird, soll die Frage nach der Schwierigkeit hier als Indikator für die empfundene Komplexität dienen.[610]

Die Zustimmung erfolgte wie bei den anderen Aussagen des Post-Tests auf einer 5-stufige Likert-Skala mit den beiden Extremen „Stimme absolut zu“ und „Stimme gar nicht zu“. Der Mittelwert der Antworten lag bei einem Wert von 3,18 mit einer Standardabweichung von 1,06.[611] Weder die Erfahrung der Versuchspersonen noch die Zuteilung zu den unterschiedlichen Experimentgruppen hatte einen signifikanten Einfluss auf die Bewertung der Schwierigkeit der Aufgabe. Die Aufgabe hatte der Beurteilung der Versuchspersonen nach folglich einen mittleren Schwierigkeitsgrad.

Als nächstes ist die Frage zu beantworten, welche Art der Informationsverarbeitung von den Versuchspersonen zur Lösung der Aufgabe verwandt wurde. Die Hypothese diesbezüglich lautet:[612]

> H1: *Eine komplexe analytische Entscheidungsaufgabe wird mit* ***ganzheitlicher*** *statt analytischer* ***Informationsverarbeitung*** *gelöst.*

Zur Prüfung der Hypothese wird die Zustimmung zu den beiden Aussagen zur Informationsverarbeitung verglichen[613] und ein T-Test für gepaarte Stichproben durchgeführt. Die Zustimmung wird auf einer 5-stufigen Likert-Skala gemessen, niedrigere Werte stehen dabei für eine größere Zustimmung.[614] Die Mittelwerte von 1,88 für die ganzheitliche und 2,85 für die analytische Informationsverarbeitung zeigen insgesamt eine größere Zustimmung zur Be-

---

[610] In der Literatur werden die Begriffe häufig gleichgesetzt oder zumindest in enge Beziehung gebracht, vgl. Bonner (2008), S. 159: "*task complexity* typically is thought to be synonymous with […] *task difficulty*". Vgl. auch Campbell (1988), S. 45.

[611] Für die verwendete Skala wird in dieser wie in allen folgenden Auswertungen Äquidistanz unterstellt, die Werte können daher wie metrische Werte behandelt werden. Opp/Schmidt (1976) setzen für die Verwendung metrischer Verfahren eine Stichprobe von mehr als 100 Beobachtungen und die Existenz von mehr als vier Rangstufen bei der ordinalskalierten Variablen auf, vgl. ebd., S. 35. Beide Voraussetzungen werden hier erfüllt.

[612] Vgl. Kapitel 4.2.3.

[613] Vgl. Kapitel 5.2.2.2.

[614] Zur Verwendung metrischer Verfahren für die Skalenwerte vgl. die Bemerkungen unter Fußnote 611.

schreibung der ganzheitlichen Informationsverarbeitung. Der T-Test für gepaarte Stichproben ist auf einem Niveau von 5% signifikant.[615] Die Ergebnisse des T-Tests lauten wie folgt:

t (119) = 6,399; p < ,001; d = ,59; 1-ß > ,99.

	Aussage	Zustimmung	
		Mittelwert	Standard-abweichung
Analytische Informations-verarbeitung	Bei der Beurteilung der Business Units habe ich die Kennzahlen genau analysiert, um exakte Abweichungen zu errechnen.	2,85	1,275
Ganzheitliche Informations-verarbeitung	Bei der Beurteilung der Business Units habe ich versucht, die Leistung einer Business Unit als Ganzes zu erfassen, um einen allgemeinen Eindruck der Zielerreichung zu gewinnen.	1,88	0,980

T-Test für gepaarte Stichproben					
Mittlere Differenz	t	df	Signifikanz	Effektstärke	Teststärke
0,967	6,399	119	**,000**	,59	> ,99

Tabelle 7: Analyse der Art der Informationsverarbeitung[616]

Bei der Effektstärke von ,59 handelt es sich um einen mittleren Effekt, die Teststärke kann mit einem Wert von fast 1,0 als sehr hoch bezeichnet werden.[617] Die Zustimmung zur ganzheitlichen Informationsverarbeitung ist damit signifikant höher als die Zustimmung zur analytischen Informationsverarbeitung. Es lässt sich daher schlussfolgern, dass die Aufgabe

[615] Die Verwendung des T-Tests setzt Varianzgleichheit und Normalverteilung voraus, vgl. Bortz (2005), S. 141. Der Kolmogorov-Smirnoff-Test auf Normalverteilung liefert einen Signifikanzwert von p=,001 für die analytische Informationsverarbeitung sowie p<,001 für die ganzheitliche Informationsverarbeitung und muss damit abgelehnt werden. Da die Vorraussetzungen für den T-Test von den vorliegenden Daten strenggenommen nicht erfüllt werden, wurde zusätzlich ein Wilcoxon-Rangtest durchgeführt, der mit einem Z-Wert von -5,566 zu einem Signifikanzwert von p<,001 führt. Damit kann das Ergebnis auch mit nichtparametrischen Testverfahren bestätigt werden.

[616] Quelle: Eigene Erhebung.

[617] Vgl. Bühner/Ziegler (2009), S. 177, für die Beurteilung der Effektstärke sowie ebd., S. 184 ff., für die Beurteilung der Teststärke. Als Maß für die Effektstärke wurde Cohen's d berechnet, vgl. Bühner 2009 #458}, S. 241.

eher mit ganzheitlicher als mit analytischer Informationsverarbeitung gelöst wurde. Hypothese 1 kann bestätigt werden. Die Ergebnisse der Untersuchung der Art der Informationsverarbeitung sind in Tabelle 7 abgebildet.

Der zweite für die Informationsverarbeitung untersuchte Aspekt bezog sich auf die Frage, ob das Berichtsformat einen Einfluss auf die Art der Informationsverarbeitung hat. Hier wurde folgende Alternativhypothese formuliert:[618]

> H2: *Zusätzliche grafische Darstellungen im Controllingbericht führen bei komplexen analytischen Entscheidungsaufgaben zu einem höheren Grad an* ***ganzheitlicher Informationsverarbeitung****.*

Zur Prüfung dieser Alternativhypothese wurden die Mittelwerte beider Gruppen für die zwei Aussagen zur Informationsverarbeitung verglichen. Die Mittelwerte zeigen sowohl für die analytische als auch für die ganzheitliche Informationsverarbeitung nur sehr geringe Unterschiede. Bei der analytischen Informationsverarbeitung liegt der Zustimmungswert in Gruppe 1 bei 2,87 sowie in Gruppe 2 bei 2,83, bei der ganzheitlichen Informationsverarbeitung liegt die Zustimmung bei 1,87 respektive 1,90. Es wurde ein T-Test für unabhängige Stichproben durchgeführt. Da der T-Test hier die Gleichheit der Gruppen als „Wunschhypothese“ prüft,[619] wird statt dem üblichen Signifikanznivau von 5% ein strengeres Niveau von 20% angewandt.[620] Dies reduziert den α-Fehler.

Die Ergebnisse des T-Tests für die analytische Informationsverarbeitung lauten:

t (118) = 0,143; p = ,887; g = ,17; 1-ß = ,38.

Die Ergebnisse des T-Tests für die ganzheitliche Informationsverarbeitung lauten:

t (118) = -0,185; p = ,853; g = -,17; 1-ß = ,38.

---

618 Vgl. auch Kapitel 4.2.3.

619 H2 beschreibt in diesem Fall die getestete Nullhypothese (H_0). H_1 geht von der Gleichheit der Mittelwerte der Experimentgruppen aus.

620 Vgl. Bühner/Ziegler (2009), S. 197 ff.

Damit kann kein signifikanter Unterschied in der Informationsverarbeitung zwischen den Experimentgruppen festgestellt werden.[621] Die Effektstärke ist beiden Fällen eher niedrig.[622] Auch die Teststärke ist als eher gering einzuschätzen und gibt an, dass nur mit einer Wahrscheinlichkeit von 38% damit gerechnet werden kann, dass ein extremerer als der gemessene t-Wert in der Verteilung vorliegt. Die Ergebnisse der statistischen Untersuchung sind in Tabelle 8 abgebildet.

	Gruppe	Zustimmung		T-Test für unabhängige Stichproben					
		Mittelwert	Standard-abweichung	Mittlere Differenz	t	df	Signi-fikanz	Effekt-stärke	Test-stärke
Analytische Informations-verarbeitung	**Gruppe 1**	2,87	1,295	0,033	0,143	118	**,887**	,17	,38
	Gruppe 2	2,83	1,264						
Ganzheitliche Informations-verarbeitung	**Gruppe 1**	1,87	0,965	-0,033	-0,185	118	**,853**	-,17	,38
	Gruppe 2	1,90	1,003						

Tabelle 8: Vergleich der Informationsverarbeitung zwischen den Experimentgruppen[623]

Ausschlaggebend für die Prüfung der Hypothese ist nur die Beurteilung der ganzheitlichen Informationsverarbeitung. Da zusätzliche grafische Darstellungen nicht zu einem höheren Grad an ganzheitlicher Informationsverarbeitung führen, muss Hypothese 2 abgelehnt werden. Dieses Ergebnis ist positiv zu bewerten, da es sich hier um den Test einer Alternativhypothese handelt.

621 Da keine Normalverteilung der Variablen vorliegt, wurde zusätzlich ein Mann-Whitney-Test durchgeführt, der mit Signifikanzwerten von ,927 für analytische bzw. ,906 für ganzheitliche Informationsverarbeitung wie der T-Test zu einem nicht signifikanten Ergebnis kommt.

622 Als Maß zur Effektstärke wurde hier Hedges g berechnet, vgl. Bühner/Ziegler (2009), S. 254 f.

623 Quelle: Eigene Erhebung.

5.3.2 Wirkung der Visualisierung im Controllingbericht

Nachdem festgestellt wurde, mit welcher Art der Informationsverarbeitung die untersuchte Aufgabe gelöst wird, kann nun die Wirkung der Visualisierung auf die abhängigen Variablen Richtigkeit der Entscheidung, Entscheidungsgeschwindigkeit und Entscheidungssicherheit untersucht werden. Dem erweiterten Cognitive Fit-Modell folgend, wurden zwei Hypothesen zur Vorteilhaftigkeit zusätzlicher grafischer Darstellungen formuliert:[624]

> H3: *Zusätzliche grafische Darstellungen im Controllingbericht führen bei komplexen analytischen Entscheidungsaufgaben zu* ***korrekteren Entscheidungen*** *als Tabellen alleine.*

> H4: *Zusätzliche grafische Darstellungen im Controllingbericht führen bei komplexen analytischen Entscheidungsaufgaben zu* ***schnelleren Entscheidungen*** *als Tabellen alleine.*

Für die Bewertung der Richtigkeit der Entscheidung wurde ein Punkteschema entwickelt, in dem jede Versuchsperson maximal 10 und minimal 0 Punkte für die Nennung der besten und schlechtesten Business Unit erreichen konnte.[625] Die Punkte für die Richtigkeit der Entscheidung werden dabei als intervallskalierte Variable verstanden.[626]

Die Analyse der Ergebnisse zeigt einen recht deutlichen Unterschied zwischen den Experimentgruppen, nämlich durchschnittlich 5,87 Punkte für Gruppe 1 und 7,15 Punkte für Gruppe 2. Zur Hypothesenprüfung wurde eine Varianzanalyse (ANOVA) mit den drei Faktoren Gruppe, kognitiver Stil und Erfahrung durchgeführt. Die Empfängervariablen wurden als Faktoren in die Varianzanalyse einbezogen, um einen größeren Erklärungswert der Varianzen zu erreichen. Zunächst wird jedoch nur auf die Ergebnisse der Varianzanalyse bezüglich des Faktors Gruppe eingegangen, weitere Ergebnisse in Bezug auf die Empfängervariablen

[624] Vgl. Kapitel 4.2.3.

[625] Vgl. Kapitel 5.2.2.3.

[626] Da für die Intervallskalierung des Punkteschemas kein Beweis erbracht werden kann, müssten strenggenommen Verfahren für ordinalskalierte Daten zur Anwendung kommen. Allerdings kann hier, wie bei Ratingskalen, für die Auswertung eine Intervallskalierung angenommen werden. Bortz/Döring (2006) argumentiert sogar, dass „die Behauptung, parametrische Verfahren wie z.B. der t-Test oder die Varianzanalyse setzten intervallskalierte Daten voraus, […] in dieser Formulierung nicht richtig [ist]. Die mathematischen Vorraussetzungen dieser Verfahren sagen nichts über die Skaleneigenschaften der zu verrechnenden Daten voraus“, S. 181. Bei der Interpretation der Ergebnisse muss dieser Aspekt jedoch aufgegriffen werden, vgl. Bortz/Döring (2006), S. 181 f. sowie Kapitel 5.4.

werden im folgenden Kapitel dargestellt. Die Interaktionsterme der Varianzanalyse lieferten keine signifikanten Ergebnisse, so dass die Haupteffekte einzeln analysiert werden können.

Die Ergebnisse der Varianzanalyse zur Richtigkeit der Entscheidung lauten für den Faktor Gruppe:

$F(11/108) = 5{,}706$; $p = {,}019$; $\eta^2 = {,}05$; $1 - ß = {,}66$.

	Erreichte Punkte		Ergebnisse der Varianzanalyse				
	Mittelwert	Standard-abweichung	Mittel der Quadrate	F	Signifikanz	Effekt-stärke	Test-stärke
Gruppe 1 (nur Tabelle)	5,87	4,094	91,346	5,706	**,019**	,05	,66
Gruppe 2 (Tabelle + Grafik)	7,15	3,944					

Tabelle 9: Varianzanalyse der Richtigkeit der Entscheidung: Ergebnisse für den Faktor Gruppe[627]

Der Faktor Gruppe war damit auf einem Niveau von 5% mit dem Wert von ,019 signifikant.[628] Die Effektstärke ist mit ,050 von mittlerem Ausmaß während die Teststärke als relativ hoch gewertet werden kann.[629] Zusätzliche grafische Darstellungen im Bericht führen demnach zu signifikant besseren Entscheidungen, Hypothese 3 kann bestätigt werden. Die Ergebnisse der Varianzanalyse zur Richtigkeit der Entscheidung für den Faktor Gruppe sind in Tabelle 9 zusammengefasst.

---

[627] Quelle: Eigene Erhebung. Die vollständigen Ergebnisse der Varianzanalyse sind in Anhang 5 aufgeführt.

[628] Auch für die Varianzanalyse sind die Vorraussetzungen eine Normalverteilung der Werte und Varianzgleichheit, vgl. Bortz (2005), S. 328 bzw. S. 284 ff. Da nicht für alle Zellen eine Normalverteilung der Daten gegeben ist, wurden die Gruppenunterschiede in Bezug auf die Richtigkeit der Entscheidung zusätzlich mit einem Mann-Whitney-Test überprüft. Dieser liefert einen Signifikanzwert von $p = {,}083$.

[629] Als Maß zur Effektstärke wurde für alle Auswertungen der Varianzanalyse das partial η^2 berechnet, vgl. Bühner/Ziegler (2009), S. 362 f. Zur Beurteilung der Effektstärke anhand des η^2 vgl. Bühner/Ziegler (2009), S. 364.

Die Analyse der Entscheidungsgeschwindigkeit erfolgte durch die Messung der Entscheidungszeit der Probanden.[630] In Gruppe 1 benötigten die Versuchspersonen im Durchschnitt 3:40 Minuten, die Spanne der Antworten betrug dabei 6:45 Minuten von einem Minimum von 1:04 Minuten bis zum Maximum von 7:49. Gruppe 2 benötigte im Durchschnitt 3:37 Minuten, die Spanne lag hier bei nur 5:56 Minuten mit 1:20 im Minimum und 7:16 im Maximum. Es wurde auch hier eine Varianzanalyse (ANOVA) mit den drei Faktoren Gruppe, kognitiver Stil und Erfahrung durchgeführt. Wie bei der Richtigkeit der Entscheidung wird zunächst nur auf die Ergebnisse zum Faktor Gruppe eingegangen, die Ergebnisse zu den beiden weiteren Faktoren werden im nächsten Kapitel erläutert. Die Interaktionsterme der Varianzanalyse waren wiederum nicht signifikant.

Die Ergebnisse der Varianzanalyse zur Entscheidungsgeschwindigkeit lauten für den Faktor Gruppe:

$F(11/108) = 0{,}089; p = {,}766; \eta^2 = {,}001; 1\text{-} ß = {,}06.$

Der Faktor Gruppe hat demnach keinen signifikanten Einfluss auf die Entscheidungsgeschwindigkeit.[631] Daher sind auch die Werte für die Effektstärke und die Teststärke sehr gering. Zusätzliche Visualisierungen führen folglich nicht zu schnelleren Entscheidungen, Hypothese 4 muss abgelehnt werden. Die Ergebnisse der Varianzanalyse zur Entscheidungsgeschwindigkeit für den Faktor Gruppe sind in Tabelle 10 zusammengefasst.

In der Literatur zur Informationsverarbeitung wird die analytische Informationsverarbeitungsstrategie unter anderem als zeitaufwändiger als die ganzheitliche Informationsverarbeitungsstrategie beschrieben.[632] Dieser Zusammenhang kann auch für die Experimentdaten bestätigt werden. Der Zeitbedarf und die Zustimmung zur Aussage der analytischen Informationsverarbeitung sind mit einer Signifikanz von ,012 korreliert, der Korrelationskoeffizient lautet r =

---

[630] Vgl. Kapitel 5.2.2.3.

[631] Die Werte wurden mit dem Kolmogorov-Smirnoff-Test positiv auf Normaverteilung getestet. Der Levene-Test muss mit einem Signifikanzwert von ,576 abgelehnt werden, es liegt also Varianzgleichheit vor. Damit werden die Vorraussetzungen für die Varianzanalyse erfüllt.

[632] Vgl. Kapitel 3.3.2.

-0,228.[633] Der Determinationskoeffizient liegt für diese Korrelation demnach bei $R^2 = 0{,}05$. Versuchspersonen, die eher eine analytische Informationsverarbeitungsstrategie zur Lösung der Experimentaufgabe angewandt haben, haben somit tendenziell mehr Zeit für die Entscheidung benötigt. Es kann jedoch bei der vorliegenden Korrelation lediglich von einem kleinen Effekt gesprochen werden.[634]

	Benötigte Zeit			Ergebnisse der Varianzanalyse				
	Mittelwert	Standard-abweichung	Spanne	Mittel der Quadrate	F	Signifikanz	Effekt-stärke	Test-stärke
Gruppe 1 (nur Tabelle)	3:40	1:21	6:45	661,150	0,089	**,766**	,001	,06
Gruppe 2 (Tabelle + Grafik)	3:37	1:29	5:56					

Tabelle 10: Varianzanalyse der Entscheidungsgeschwindigkeit: Ergebnisse für den Faktor Gruppe[635]

Als letzte abhängige Variable wurde die empfundene Sicherheit der Entscheidung untersucht, für die folgende Annahme formuliert wurde:[636]

> H5: *Zusätzliche grafische Darstellungen im Controllingbericht führen bei komplexen analytischen Entscheidungsaufgaben zu* ***höherer Sicherheit*** *in Entscheidungen im Vergleich zu Tabellen alleine.*

Die Sicherheit wurde auf einer 5-stufigen Likert-Skala gemessen, der Wert 1 war mit „Sehr sicher" belegt und der Wert 5 mit „Gar nicht sicher". Niedrigere Werte bedeuten daher größere Sicherheit bei der Entscheidung. Insgesamt zeigten die Versuchspersonen mit einem

---

[633] Der negative Korrelationskoeffizient erklärt sich aus der Kodierung der Likert-Skala, bei der höhere Werte einer geringeren Zustimmung zur Aussage entsprechen. Da die Likert-Skala auch als Ordinalskala verstanden werden kann (vgl. hierzu jedoch die Bemerkung in Fußnote 611), wurde die Korrelation auch mit dem Spearman-Rangkorrelationstest überprüft, der einen Korrelationskoeffizienten von -0,161 mit einer Signifikanz von ,018 erzielt.

[634] Zur Bewertung der Höhe von Korrelationskoeffizienten vgl.Bühner/Ziegler (2009), S. 603.

[635] Quelle: Eigene Erhebung. Die vollständigen Ergebnisse der Varianzanalyse sind in Anhang 6 aufgeführt.

[636] Vgl. Kapitel 4.2.3.

Durchschnittswert von 2,42 eine mittlere bis hohe Sicherheit bei der Entscheidung. Die Sicherheit und die erreichte Punktzahl sind signifikant korreliert (p = ,012), der Korrelationskoeffizient lautet r = -0,229.[637] Für den Determinationskoeffizienten R^2 ergibt sich damit ein Wert von 0,05. Die zur Formulierung der Hypothese aufgestellte Vermutung einer Korrelation zwischen Sicherheit und Richtigkeit der Entscheidung kann damit bestätigt werden, der Effekt aus der Korrelation ist allerdings wiederum als sehr gering zu bewerten.

<table>
<tr><th rowspan="2"></th><th colspan="2">Sicherheit</th><th colspan="5">Ergebnisse der Varianzanalyse</th></tr>
<tr><th>Mittelwert</th><th>Standard-abweichung</th><th>Mittel der Quadrate</th><th>F</th><th>Signifikanz</th><th>Effekt-stärke</th><th>Test-stärke</th></tr>
<tr><td>Gruppe 1 (nur Tabelle)</td><td>2,53</td><td>0,999</td><td rowspan="2">1,215</td><td rowspan="2">1,115</td><td rowspan="2">,293</td><td rowspan="2">,01</td><td rowspan="2">,18</td></tr>
<tr><td>Gruppe 2 (Tabelle + Grafik)</td><td>2,30</td><td>1,062</td></tr>
</table>

Tabelle 11: Varianzanalyse der Entscheidungssicherheit: Ergebnisse für den Faktor Gruppe[638]

Der Vergleich der Experimentgruppen zeigt, dass Versuchspersonen in Gruppe 2 mit einem Durchschnittswert von 2,30 sicherer sind als die Versuchspersonen in Gruppe 1 mit dem Wert von 2,53. Es wurde wie auch bei den beiden anderen abhängigen Variablen eine Varianzanalyse (ANOVA) mit den Faktoren Gruppe, kognitiver Stil und Erfahrung durchgeführt.[639] Die Ergebnisse der Varianzanalyse zur Entscheidungssicherheit lauten für den Faktor Gruppe:

[637] Der negative Korrelationskoeffizient erklärt sich aus der Kodierung der Likert-Skala, bei der höhere Werte einer geringeren Sicherheit entsprechen. Erneut wurde die Korrelation auch mit dem Spearman-Rangkorrelationstest überprüft, der einen Korrelationskoeffizienten von -0,256 mit einer Signifikanz von ,005 erzielt.

[638] Quelle: Eigene Erhebung. Die vollständigen Ergebnisse der Varianzanalyse sind in Anhang 7 aufgeführt. Keiner der anderen Faktoren hatte einen signifikanten Einfluss auf die Entscheidungssicherheit. Auch die Interaktionsterme waren nicht signifikant.

[639] Obwohl das Geschlecht der Probanden einen signifikanten Einfluss auf die Sicherheit bei der Entscheidung aufweist, wurde dieser Faktor nicht in die Varianzanalyse integriert, da dies eine weitere Reduzierung der Stichprobengröße pro Zelle bedeutet hätte und vom Geschlecht kein erheblicher Effekt auf die Visualisierung erwartet wird. Zudem entsprach die Geschlechterverteilung in den Zellen im Wesentlichen der Verteilung in der Gesamtstichprobe.

$F(11/108) = 1{,}115; p = {,}293; \eta^2 = {,}01; 1- ß = {,}18$.

Der Unterschied in den Gruppenmittelwerten ist demnach nicht signifikant. Die Effektstärke zeigt, dass dieser Effekt sehr gering ist und die Teststärke deutet darauf hin, dass dieses Ergebnis nur mit einer Wahrscheinlichkeit von 18% so wieder auftreten würde. Hypothese 5 muss demnach abgelehnt werden. Die Ergebnisse sind in Tabelle 11 zusammengefasst.

In Bezug auf die abhängigen Variablen kann somit lediglich ein signifikanter Zusammenhang zwischen zusätzlichen grafischen Darstellungen und der Richtigkeit der Entscheidung festgestellt werden. Um die Kausalität dieses Zusammenhangs zu prüfen, wurde zwei Kontrollfragen in den Post-Test integriert.

Die erste Frage bezog sich auf die Entscheidungslogik, die in der Experimentaufgabe mit der Gleichgewichtung der Ziele explizit vorgegeben war.[640] Im Post-Test wurde die Einhaltung dieser Entscheidungslogik abgefragt, indem die Zustimmung zur Aussage *„Bei der Beurteilung der Business Units habe ich alle Ziele gleich gewichtet."* auf einer 5-stufigen Likert-Skala mit den beiden Extremen „Stimme absolut zu" und „Stimme gar nicht zu" abgefragt wurde. Der Großteil der Versuchspersonen (73%) hat dieser Aussage zugestimmt.[641] Die Aufgabenstellung und die darin vorgegebene Bewertungslogik wurden demnach von den Versuchspersonen richtig verstanden und der korrekte Lösungsansatz wurde in der Mehrzahl gewählt.

Eine weitere Kontrollfrage im Post-Test betraf die tatsächliche Nutzung der zusätzlichen grafischen Darstellungen in Gruppe 2. Hierzu sollten die Versuchspersonen dieser Gruppe angegeben, ob bei der Analyse der Daten mehr auf die Grafiken oder mehr auf die Tabelle geachtet wurde. Die Verteilung der Versuchspersonen auf die verschiedenen Antwortkategorien ist in Abbildung 28 dargestellt. Knapp die Hälfte der Versuchspersonen gab an, einen stärkeren Fokus auf die grafischen Darstellungen zu legen, 40% nutzten die Tabellen stärker. Die zusätzlich vorhandenen Visualisierungen wurden demnach vom Großteil der Probanden zur Lösung der Entscheidungsaufgabe genutzt.

---

[640] Vgl. Kapitel 5.2.1.

[641] Als Zustimmung wurden die Werte 1 und 2 gewertet. Der Wert 1 war mit der Aussage „Stimme absolut zu" und der Wert 5 mit „Stimme gar nicht zu" kodiert.

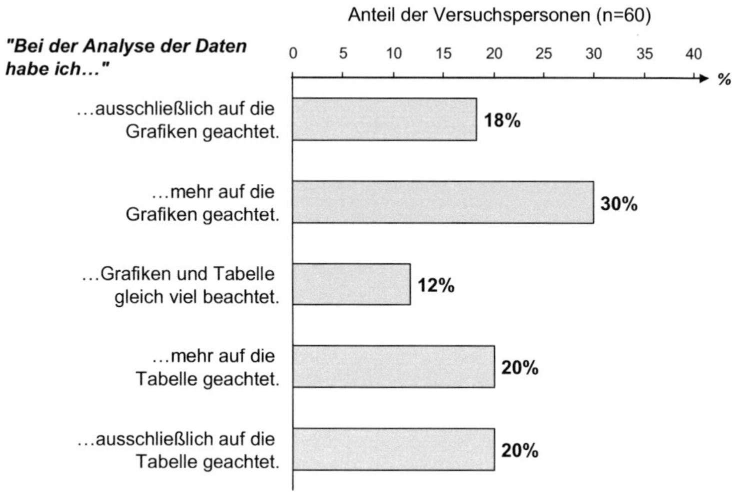

Abbildung 28: Nutzung von Tabellen und Grafiken durch die Versuchspersonen[642]

5.3.3 Einfluss des Berichtsempfängers

Um die letzte Forschungsfrage nach der Generalisierbarkeit der Ergebnisse zu beantworten, wird nun der Einfluss des Berichtsempfängers in Bezug auf die Merkmale kognitiver Stil und Erfahrung untersucht. Für die Untersuchung des kognitiven Stils wurden die Versuchspersonen auf Basis des MBTI-Tests, der in den Post-Test integriert war, in intuitive Wahrnehmungstypen (N) oder sinnliche Wahrnehmungstypen (S) eingeteilt.[643] Tabelle 12 zeigt die Aufteilung der Versuchspersonen nach kognitivem Stil.

Etwas mehr als die Hälfte (57%) der Versuchspersonen wurden dem sinnlichen Wahrnehmungstyp (S) zugeordnet. Für diese Personen wurde die folgende Hypothese geprüft:[644]

---

[642] Quelle: Eigene Erhebung.
[643] Vgl. Kapitel 5.2.2.4.
[644] Vgl. Kapitel 4.3.1.

H6: *Zusätzliche grafische Darstellungen machen* ***keinen Unterschied*** *für die Qualität der Entscheidungen von Berichtsempfängern mit einer Präferenz für* ***sinnliches Wahrnehmen (S)***.

Die Korrektheit der Entscheidung war für die S-Probanden in Gruppe 2 mit 6,89 Punkten im Durchschnitt um etwa 0,5 Punkte besser als in Gruppe 1 mit 6,38 Punkten. Der Zeitbedarf war bei den S-Probanden mit durchschnittlich 3:30 benötigten Minuten in Gruppe 1 fast gleich hoch wie in Gruppe 2, die 3:28 Minuten benötigte.

	Kognitiver Stil		
	"N"	**"S"**	
Gruppe 1 (nur Tabelle)	28	32	**60**
Gruppe 2 (Tabelle + Grafik)	24	36	**60**
Gesamt	**52**	**68**	**120**

Tabelle 12: Aufteilung der Versuchspersonen nach kognitivem Stil[645]

Für Berichtsempfänger des intuitiven Wahrnehmungstyps (N), dem 43% der Probanden zugeordnet werden konnten, wurde vermutet, dass sie von zusätzlichen grafischen Darstellungen profitieren würden:[646]

H7: *Zusätzliche grafische Darstellungen (a)* ***verbessern*** *und (b)* ***beschleunigen*** *die Qualität der Entscheidung von Berichtsempfängern mit einer Präferenz für* ***intuitives Wahrnehmen (N)***.

Der Unterschied zwischen den Gruppen war bezüglich der Korrektheit der Entscheidung für N-Probanden wesentlich größer als für S-Probanden. Während die Gruppe mit zusätzlichen grafischen Darstellungen im Durchschnitt 7,54 Punkte erreichte, erzielten die Probanden in

---

645 Quelle: Eigene Erhebung.
646 Vgl. Kapitel 4.3.1.

Gruppe 1 lediglich 5,29 Punkte. In Bezug auf die Entscheidungsgeschwindigkeit konnte jedoch auch für N-Probanden kaum ein Unterschied zwischen den beiden Gruppen festgestellt werden. Die deskriptiven Experimentergebnisse der S- und der N-Probanden sind Tabelle 13 zu entnehmen.

		S-Probanden			N-Probanden		
		N	Mittelwert	Standard-abweichung	N	Mittelwert	Standard-abweichung
Erreichte Punkte	Gruppe 1 (nur Tabelle)	32	6,38	4,102	28	5,29	4,081
	Gruppe 2 (Tabelle + Grafik)	36	6,89	3,904	24	7,54	4,054
Benötigte Zeit	Gruppe 1 (nur Tabelle)	32	3:30	1:15	28	3:52	1:22
	Gruppe 2 (Tabelle + Grafik)	36	3:28	1:26	24	3:51	1:34

Tabelle 13: Vergleich der Experimentergebnisse von S- und N-Probanden[647]

Entscheidend für die Hypothesenprüfung, also für die Beurteilung des Einflusses des kognitiven Stil eines Berichtsempfängers auf die Richtigkeit der Entscheidung und die Entscheidungsgeschwindigkeit, ist das Ergebnis der schon in Kapitel 5.3.2 angeführten Varianzanalyse (ANOVA) mit den drei Faktoren Gruppe, kognitiver Stil und Erfahrung. Die Ergebnisse der Varianzanalyse für die Richtigkeit der Entscheidung in Bezug auf den Faktor kognitiver Stil lauten:

$F(11/108) = 0{,}051$; $p = {,}821$; $\eta^2 = {,}00$; $1 - ß = {,}06$.

Die Ergebnisse für die Entscheidungsgeschwindigkeit in Bezug auf den Faktor kognitiver Stil lauten:

[647] Quelle: Eigene Erhebung.

$F(11/108) = 0,368$; $p = ,545$; $\eta^2 = ,00$; $1- ß = ,09$.

Weder für die Richtigkeit der Entscheidung noch für die Entscheidungsgeschwindigkeit ist somit ein signifikanter Moderatoreffekt des kognitiven Stils zu verzeichnen. Die Werte für die Effektstärke sind daher auch äußerst gering. Der signifikante Haupteffekt des Faktors Gruppe hat jedoch gezeigt, dass zusätzliche grafische Darstellungen zu einer korrekteren Entscheidung führen.[648] Aufgrund des fehlenden Moderatoreffektes durch den kognitiven Stil gilt dieses Ergebnis sowohl für S- als auch für N-Probanden. Auf dieser Basis muss zunächst Hypothese 6 abgelehnt werden: Für S-Probanden führen grafische Darstellungen zu besseren Entscheidungen, womit ein Unterschied in der Entscheidung festgestellt werden kann. Auch für N-Probanden führen grafische Darstellungen zu besseren Entscheidungen, Hypothese 7 (a) kann daher bestätigt werden.

	Varianzanalyse für den Faktor Kognitiver Stil				
	Mittel der Quadrate	F	Signifikanz	Effekt-stärke	Test-stärke
Erreichte Punkte	,823	,051	,821	,00	,06
Benötigte Zeit	2730,742	,368	,545	,00	,09

Tabelle 14: Varianzanalysen Richtigkeit der Entscheidung und Entscheidungsgeschwindigkeit: Ergebnisse für den Faktor Kognitiver Stil[649]

Für die Entscheidungsgeschwindigkeit wurde in Kapitel 5.3.2. kein signifikanter Haupteffekt durch zusätzliche grafische Darstellungen festgestellt. Zusätzliche grafische Darstellungen

[648] Vgl. Kapitel 5.2.3.

[649] Quelle: Eigene Erhebung. Die vollständigen Ergebnisse der Varianzanalyse sind in Anhang 5 bzw. Anhang 6 aufgeführt.

können die Entscheidungen von N-Probanden nicht beschleunigen. Hypothese 7 (b) muss abgelehnt werden. Die Ergebnisse der beiden Varianzanalysen für den Faktor kognitiver Stil sind in Tabelle 14 zusammengefasst.

Als zweiter Aspekt der Empfängereigenschaften wurde die Erfahrung der Versuchspersonen untersucht. Die durchschnittliche Berufserfahrung in der Gruppe der Manager betrug 4,0 Jahre, während die Gruppe der Studenten über keine relevante Berufserfahrung verfügte. Um präzisere Ergebnisse zu erreichen, wurde die Gruppe der Manager in zwei Erfahrungsgruppen unterteilt, eine mit geringer Erfahrung (1 bis 3 Jahre) und eine mit großer Erfahrung (4 Jahre und mehr). Die Gruppe mit geringer Erfahrung bestand aus 32 Personen mit einer durchschnittlichen Erfahrung von 1,8 Jahren und die Gruppe mit großer Erfahrung aus 28 Personen mit einer durchschnittlichen Erfahrung von 6,5 Jahren. Das Maximum an Erfahrung lag bei 15 Jahren.

Zunächst wurde untersucht, ob größere Erfahrung unabhängig von der Art der Visualisierung eine positive Wirkung auf die Entscheidung hat:[650]

> H8: *Berichtsempfänger mit* ***größerer Erfahrung*** *im Management treffen (a)* ***bessere*** *und (b)* ***schnellere*** *Entscheidungen als Empfänger ohne Erfahrung.*

Die Ergebnisse des Experiments zeigen ein überraschendes Bild. Die Gruppe der Studenten, die über keine Berufserfahrung verfügte, erreichte mit durchschnittlich 7,05 Punkten die höchste Punktzahl. Die geringste Punktzahl wurde mit 5,59 Punkten in der Gruppe mit geringer Erfahrung verzeichnet. Die Gruppenunterschiede wurden für die abhängigen Variablen Richtigkeit der Entscheidung und Entscheidungsgeschwindigkeit mit einer einfachen Varianzanalyse (ANOVA) mit dem Faktor Erfahrung auf Signifikanz getestet. Die Ergebnisse der Varianzanalyse für die Richtigkeit der Entscheidung lauten wie folgt:

$F(2/117) = 1{,}370$; $p = {,}258$; $\eta^2 = {,}02$; $1- ß = {,}30$.

Demnach kann auf einem Niveau von 5% kein signifikanter Effekt der Erfahrung auf die Richtigkeit der Entscheidung festgestellt werden.[651] Auch die Effektstärke und die Teststärke fallen daher eher gering aus.

---

[650] Vgl. Kapitel 4.3.2.

In Bezug auf die Entscheidungsgeschwindigkeit wirkte sich höhere Erfahrung sogar negativ auf den Zeitbedarf aus. Die benötigte Zeit war in der Gruppe ohne Erfahrung mit durchschnittlich 3:23 Minuten am geringsten und stieg bei zunehmender Erfahrung auf einen Mittelwert von 3:40 bzw. 4:10 in der Gruppe mit großer Erfahrung. Auch hier wurde eine einfache Varianzanalyse (ANOVA) mit dem Faktor Erfahrung durchgeführt. Die Ergebnisse lauten wie folgt:

F(2/117) = 3,070; p = ,050; η^2 = ,05; 1- ß = ,60.

		N	Mittelwert	Standard-abweichung	Varianzanalyse			
					F	Signifikanz	Effekt-stärke	Test-stärke
Erreichte Punkte	Keine Erfahrung	60	7,05	3,789	1,370	,258	,02	,30
	Geringe Erfahrung	32	5,59	4,287				
	Große Erfahrung	28	6,39	4,280				
Benötigte Zeit	Keine Erfahrung	60	3:23	1:18	3,070	,050	,05	,60
	Geringe Erfahrung	32	3:40	1:22				
	Große Erfahrung	28	4:10	1:38				

Tabelle 15: Einfluss der Erfahrung auf Richtigkeit der Entscheidung und die Entscheidungsgeschwindigkeit[652]

Die Varianzanalyse führt auf einem Signifikanzniveau von 5% zu einem knapp nicht signifikanten Ergebnis für den Faktor Erfahrung.[653] Die Ergebnisse zeigen weiterhin eine mittlere Effektstärke und Teststärke. Ein Tukey-Test für den Vergleich der Gruppenmittelwerte

[651] Da die Werte für die Richtigkeit der Entscheidung keine Normalverteilung aufweisen, wird zur Überprüfung der Ergebnisse zusätzlich der Kruskal-Wallis-Test durchgeführt. Dieser führt mit einem Signifikanzwert von p = ,374 zum gleichen Ergebnis wie die Varianzanalyse.

[652] Quelle: Eigene Erhebung.

[653] Für die Entscheidungsgeschwindigkeit lag sowohl Normalverteilung als auch Varianzhomogenität vor (Levene-Testergebnis: ,264). Die Vorraussetzungen für die Varianzanalyse wurden demnach erfüllt.

konnte post hoc belegen, dass sich die Entscheidungsgeschwindigkeit der Gruppen ohne Erfahrung von der Gruppe mit großer Erfahrung mit einer Signifikanz von p = ,039 unterscheidet. Sehr erfahrene Versuchspersonen brauchten zur Lösung der Experimentaufgabe also länger als Versuchspersonen ohne Erfahrung, ohne dass diese zusätzliche Zeit zu einem Vorteil in der Richtigkeit der Entscheidung führte. Insgesamt konnte im Experiment daher kein positiver Effekt von Erfahrung auf die Entscheidung festgestellt werden, Hypothese 8 (a) und (b) müssen abgelehnt werden. Die Ergebnisse der Varianzanalysen des Faktors Erfahrung für die Richtigkeit der Entscheidung und die Entscheidungsgeschwindigkeit sind in Tabelle 15 dargestellt.

Abschließend wurde der Zusammenhang von der Visualisierung und der Erfahrung des Berichtsempfängers untersucht. Es wurde angenommen, dass zusätzliche grafische Darstellungen vor allem für Berichtsempfänger ohne Erfahrung von Vorteil sind:[654]

> H9: *Berichtsempfänger* ***ohne Erfahrung*** *treffen* ***bessere*** *Entscheidungen mit zusätzlichen* ***grafischen Darstellungen*** *als nur mit Tabellen.*

	N	Erreichte Punkte	
		Mittelwert	Standard-abweichung
Gruppe 1 (nur Tabelle)	28	6,79	3,919
Gruppe 2 (Tabelle + Grafik)	32	7,28	3,718

Tabelle 16: Vergleich Richtigkeit der Entscheidung von Probanden ohne Erfahrung[655]

Diese Hypothese wird durch die Ergebnisse des Experiments augenscheinlich bestätigt, Gruppe 2 erreicht mit durchschnittlich 7,28 Punkten eine höhere Punktzahl als Gruppe 1, wie in Tabelle 16 ersichtlich wird.

[654] Vgl. Kapitel 4.3.2.
[655] Quelle: Eigene Erhebung.

Ob dieser Effekte auf einen Moderationseffekt des Faktors Erfahrung oder einzig auf den Einfluss der Visualisierung zurückzuführen sind, zeigen wiederum die Ergebnisse der Varianzanalyse mit allen drei Faktoren (Gruppe, kognitiver Stil und Erfahrung). Die Ergebnisse der Varianzanalyse für die Richtigkeit der Entscheidung in Bezug auf den Faktor kognitiver Stil lauten:

$F(11/108) = 0{,}408$; $p = {,}666$; $\eta^2 = {,}01$; $1- \beta = {,}12$.

Die Ergebnisse für die Entscheidungsgeschwindigkeit in Bezug auf den Faktor kognitiver Stil lauten:

$F(11/108) = 2{,}051$; $p = {,}134$; $\eta^2 = {,}04$; $1- \beta = {,}42$.

	Varianzanalyse für den Faktor "Erfahrung"				
	Mittel der Quadrate	F	Signifikanz	Effekt-stärke	Test-stärke
Erreichte Punkte	6,529	,408	,666	,01	,12
Benötigte Zeit	15228,294	2,051	,134	,04	,42

Tabelle 17: Varianzanalysen Richtigkeit der Entscheidung und Entscheidungsgeschwindigkeit: Ergebnisse für den Faktor Erfahrung[656]

Für beide abhängigen Variablen kann demnach kein signifikanter Einfluss der Erfahrung festgestellt werden. Für die Probanden ohne Erfahrung gilt somit genau wie für den Rest der Probanden der in Kapitel 5.3.2 festgestellte Haupteffekt des Berichtsformats. Zusätzliche

[656] Quelle: Eigene Erhebung. Die vollständigen Ergebnisse der Varianzanalyse sind in Anhang 5 bzw. Anhang 6 aufgeführt.

grafische Darstellungen führen demnach für unerfahrene Probanden zu besseren Entscheidungen. Hypothese 9 kann damit bestätigt werden. Die Ergebnisse der Varianzanalyse für den Faktor Erfahrung sind auch in Tabelle 17 zusammengefasst.

Insgesamt kann aus den Experimentergebnissen kein Einfluss der Moderatorvariablen kognitiver Stil und Erfahrung festgestellt werden. Lediglich der Haupteffekt des Berichtsformats zeigte einen signifikanten Effekt auf die Entscheidungsqualität.

5.3.4 Zusammenfassung und Interpretation der Ergebnisse

Die Experimentergebnisse liefern wichtige und teils überraschende Erkenntnisse für die drei Forschungsfragen zur Visualisierung von Daten im Controlling. Die zur Beantwortung der Forschungsfragen formulierten Hypothesen mit den jeweiligen Ergebnissen sind in Tabelle 18 zusammengefasst.

Zunächst wurde die empfundene Komplexität der Experimentaufgabe untersucht. Die Aufgabe hatte der Beurteilung der Versuchspersonen nach einen mittleren Schwierigkeitsgrad. Psychologische Studien belegen jedoch, dass Menschen dazu neigen, die eigenen Problemlösungsfähigkeiten zu überschätzen.[657] Es ist daher davon auszugehen, dass die Schwierigkeit durch die Versuchspersonen tendenziell eher zu niedrig bewertet wurde, die Komplexität der Aufgabe also unterschätzt wurde. Insgesamt kann die Experimentaufgabe daher als hinreichend komplex beurteilt werden.

In Bezug auf die Informationsverarbeitung konnte festgestellt werden, dass komplexe symbolische Aufgaben vorwiegend mit ganzheitlicher Informationsverarbeitung gelöst werden. Bei geringer Komplexität werden symbolische Aufgaben im Allgemeinen mit analytischer Informationsverarbeitung gelöst.[658] Im Fall der untersuchten komplexen Kontroll-Aufgabe haben die Versuchspersonen jedoch anscheinend nach einer Abwägung zwischen kognitivem Aufwand und Nutzen der Problemlösung mehrheitlich den Wechsel zur weniger aufwändigen ganzheitlichen Informationsverarbeitung beschritten.

---

[657] Vgl. grundlegend Oskamp (1965); Lichtenstein et al. (1982); sowie den Literaturüberblick bei Bonner (2008), S. 93 ff.

[658] Vgl. Kapitel 3.3.1.

H1	Eine komplexe analytische Entscheidungsaufgabe wird mit **ganzheitlicher** statt analytischer **Informationsverarbeitung** gelöst.	✓
H2	Zusätzliche grafische Darstellungen im Controllingbericht führen bei komplexen analytischen Entscheidungsaufgaben zu einem höheren Grad an **ganzheitlicher Informationsverarbeitung**.	✗
H3	Zusätzliche grafische Darstellungen im Controllingbericht führen bei komplexen analytischen Entscheidungsaufgaben zu **korrekteren Entscheidungen** als Tabellen alleine.	✓
H4	Zusätzliche grafische Darstellungen im Controllingbericht führen bei komplexen analytischen Entscheidungsaufgaben zu **schnelleren Entscheidungen** als Tabellen alleine.	✗
H5	Zusätzliche grafische Darstellungen im Controllingbericht führen bei komplexen analytischen Entscheidungsaufgaben zu **höherer Sicherheit** in Entscheidungen im Vergleich zu Tabellen alleine.	✗
H6	Zusätzliche grafische Darstellungen machen **keinen Unterschied** für die Qualität der Entscheidungen von Berichtsempfängern mit einer Präferenz für **sinnliches Wahrnehmen (S)**.	✗
H7	Zusätzliche grafische Darstellungen (a) **verbessern** und (b) **beschleunigen** die Qualität der Entscheidung von Berichtsempfängern mit einer Präferenz für **intuitives Wahrnehmen (N)**.	(a) ✓ (b) ✗
H8	Berichtsempfänger mit **größerer Erfahrung** im Management treffen (a) **bessere** und (b) **schnellere** Entscheidungen als Empfänger ohne Erfahrung.	(a) ✗ (b) ✗
H9	Berichtsempfänger **ohne Erfahrung** treffen **bessere** Entscheidungen mit zusätzlichen **grafischen Darstellungen** als nur mit Tabellen.	✓

Tabelle 18: Ergebnisse der Hypothesenprüfung[659]

Der in der Theorie beschriebene Strategiewechsel bei komplexen symbolischen Aufgaben ist also im Experiment erfolgt.[660] Ein direkter Einfluss des Berichtsformats auf die Informationsverarbeitung kann durch die Ergebnisse ausgeschlossen werden. Damit wird bestätigt, dass die die Art und Komplexität der Aufgabe, wie im Bezugsrahmen der Arbeit definiert,[661] entscheidend für die Wahl der Informationsverarbeitungsstrategie sind.Zusätzliche Visualisie-

[659] Quelle: Eigene Erhebung.
[660] Vgl. Kapitel 3.3.2. sowie Abbildung 15.
[661] Vgl. Kapitel 3.5. bzw. Abbildung 19.

rungen haben im Experiment eine positive Wirkung auf die Entscheidungsqualität der Berichtsempfänger gezeigt. Die Anwendung des Cognitive Fit-Modells auf das Controlling bzw. die vorgeschlagene Erweiterung für komplexe symbolische Aufgaben kann damit belegt werden.[662] Es wurde gezeigt, dass der Wechsel zu ganzheitlicher Informationsverarbeitung nicht auf Kosten der Richtigkeit der Entscheidung geht, wenn zusätzliche Visualisierungen im Controllingbericht vorhanden sind. Die Entscheidungszeit blieb von der Art der Visualisierung augenscheinlich unbeeinflusst, es ist jedoch auch hier ein versteckter Effekt höherer Entscheidungseffizienz durch zusätzliche Visualisierungen denkbar. Die Gruppe mit zusätzlichen grafischen Darstellungen hatte im Vergleich zur Kontrollgruppe mehr Datenpunkte zu verarbeiten, auch wenn die Menge der Informationen im Controllingbericht die gleiche war. Dass dieser zusätzliche Verarbeitungsaufwand nicht zu einem Zeitnachteil geführt hat, könnte auf einen effizienzsteigernden Effekt der Visualisierung hindeuten.

Mit einer Kontrollfrage im Post-Test konnte gezeigt werden, dass die Versuchspersonen sich bei der Beurteilung der Business Units mehrheitlich an die in der Experimentaufgabe vorgegebene Bewertungslogik gehalten haben. Dies kann als Argument dafür gewertet werden, dass die unterschiedlichen Ergebnisse in Bezug auf die Richtigkeit der Entscheidung kausal auf das bereitgestellte Berichtsformat zurückgeführt werden können und nicht aus Fehlinterpretationen der Experimentaufgabe hervorgehen.

Zudem gab von den Versuchspersonen, die zusätzliche grafische Darstellungen in den Experimentunterlagen zur Verfügung hatten, knapp die Hälfte an, zur Lösung der Aufgabe einen stärkeren Fokus auf diese Darstellungsform zu legen. 40% der Versuchspersonen nutzten hingegen die Tabellen stärker. Die These von So und Smith, dass Empfänger von Berichten Tabellen keine Beachtung mehr schenken, sobald zusätzlich Grafiken verfügbar sind, kann somit nicht bestätigt werden.[663] Zudem kann die Bewertung der Tabellen unter Umständen auch durch eine höhere „soziale Erwünschtheit" der Nutzung von Tabellen beeinflusst sein.[664] Die insgesamt hohe Nutzung der zusätzlichen Grafiken kann daher als weiteres Indiz für den kausalen Zusammenhang zwischen Berichtsformat und Entscheidungsqualität angeführt werden.

---

[662] Vgl. Kapitel 4.2.3. sowie Abbildung 24.
[663] Vgl. So/Smith (2004), S. 302 f. sowie Kapitel 4.2.3.
[664] Vgl. Tractinsky/Meyer (1999); Kadous et al. (2005).

Überraschend war der äußert geringe Einfluss der Moderatorvariable. Die Empfängerorientierung der Visualisierung wird nach den vorliegenden Ergebnissen in der Theorie überschätzt, hat sie tatsächlich doch im Vergleich zu Art und Komplexität der Aufgabe nur wenig Einfluss auf die Entscheidungsqualität. Dieses Ergebnis stützt die Vermutung, dass der Einfluss von Aspekten der Aufgabe den Moderatoreffekt der Empfängercharakteristiken überdeckt.[665] Sowohl Probanden mit sinnlicher, als auch mit intuitiver Wahrnehmung trafen bessere Entscheidungen, wenn grafische Darstellung im Bericht vorhanden waren, wobei der Effekt für die Probanden mit intuitiver Wahrnehmung wesentlich höher ausfiel. Erfahrung alleine zeigte keinen positiven Effekt auf die Entscheidung. Für die Entscheidungsgeschwindigkeit konnte sogar ein negativer Effekt höherer Berufserfahrung beobachtet werden. In Bezug auf die Visualisierung von Daten war kein Moderatoreffekt der Erfahrung festzustellen.

Nachdem die Zusammenhänge der Visualisierungsforschung im Controlling-Kontext geprüft und validiert wurden, können nun konkrete Gestaltungsempfehlungen für das Berichtswesen abgeleitet werden. Zuvor sollen die Ergebnisse jedoch noch einer kritischen Beurteilung unterzogen werden.

5.4 Kritische Beurteilung der Ergebnisse

Die kritische Beurteilung der Ergebnisse orientiert sich an den für die experimentelle Forschung definierten Gütekriterien: Reliabilität, Validität und Objektivität.[666]

Als erstes Gütekriterium soll die Reliabilität des Experiments betrachtet werden, also die Wahrscheinlichkeit, dass eine Versuchswiederholung unter gleichen Bedingungen zu denselben Ergebnissen kommt. Diesbezüglich muss die Methode der Zeitmessung kritisch hinterfragt werden. Im Experiment mussten die Versuchspersonen eigenständig ihre jeweilige Anfangs- und Endzeit der Entscheidung in den Experimentunterlagen notieren. Diese Methode wird auch von Tuttle und Kershaw in einem ähnlichen Kontext verwendet.[667] Eine bewusste Beeinflussung der Zeitmessung durch die Versuchspersonen, z.B. durch Angabe einer

[665] Vgl. Kapitel 4.4.
[666] Vgl. Kapitel 5.1.1.
[667] Vgl. Tuttle/Kershaw (1998), S. 7 f. Dort wird die Zeit allerdings nur in Minutenschritten gemessen, nicht sekundengenau wie in der vorliegenden Untersuchung.

früheren Endzeit, kann bei dieser Methode nicht ausgeschlossen werden. Eine solche Manipulation hätte jedoch für die einzelne Versuchsperson keinerlei positive Konsequenzen, da die monetären Anreize lediglich an die richtige, nicht an eine schnelle Lösung der Experimentaufgabe geknüpft waren. Daher wird ein möglicher verzerrender Effekt dieser subjektiven Methode der Zeitmessung wenn überhaupt als sehr gering angesehen.

Als weiterer Kritikpunkt kann die Reliabilität der Messwerte angeführt werden. Die wichtigen Konstrukte wurden in dieser Studie nicht mit mehreren, redundanten Fragen abgetestet sondern lediglich mit Einzelmessungen. Daher können Messfehler nicht ausgeschlossen werden. Durch einen umfangreichen Pre-Test wurde jedoch die Formulierung der einzelnen Items des Experiments auf ihre Wirksamkeit geprüft.

Als zweites Gütemerkmal wird die Validität des Experiments betrachtet, die nach interner und externer Validität unterschieden werden kann. Zunächst wird die externe Validität, also die Übertragbarkeit der Ergebnisse in die Unternehmensrealität, diskutiert. Obwohl fast die Hälfte der Manager ihre Berichte in elektronischer Form empfängt,[668] wurde im Experiment ein Bericht in Papierform genutzt. Diese Form der Bereitstellung scheint jedoch gerechtfertigt, da sie weiterhin das im Management bevorzugte Medium zur eingehenden Analyse von Berichtsdaten darstellt.[669] Zudem kann angenommen werden, dass sich Entscheidungen, die auf Papierunterlagen basieren, nicht wesentlich von den auf Computerbasis getroffenen Entscheidungen unterscheiden.[670]

Mit der Experimentaufgabe wurde versucht, eine die Situation einer Leistungsbeurteilung möglichst realitätsnah zu simulieren. Das Feedback des Pre-Tests zeigte, dass die Beschreibung der Aufgabenstellung als realistisch empfunden wurde. Dennoch kann es sein, dass nicht alle Versuchspersonen im Experiment so gehandelt haben, wie es in einer tatsächlichen Leistungsbeurteilung der Fall wäre. Ergebnisse, die in Experimentsituationen gewonnen werden, müssen daher immer mit Bedacht auf die Realität übertragen werden.

Eine weitere Einschränkung der externen Validität kann in der Auswahl der Versuchspersonen liegen. Die teilnehmenden Studenten waren an der Universität der Bundeswehr einge-

---

[668] Vgl. Weber (2008), S. 25.
[669] Vgl. Weber et al. (2005b), S. 19 f.
[670] Vgl. Dilla/Steinbart (2005), S. 175.

schrieben. Da diese Universität eine mehrjährige Verpflichtung zum Dienst in der Bundeswehr voraussetzt, ist es möglich, dass diese Gruppe von Versuchspersonen sich in bestimmten Eigenschaften von der Allgemeinheit unterscheidet. Zudem waren die Manager, die am Experiment teilnahmen, alle Teil desselben Konzerns bzw. Mitglieder derselben Abteilung. Auch hier ist es also möglich, dass Manager einer anderen Branche oder Führungskräfte in anderen Funktionen in bestimmten Eigenschaften verschieden von der hier untersuchten Stichprobe agieren. Da jedoch die für die Visualisierung als wesentlich erachteten Persönlichkeitsvariablen im Experiment bereits kontrolliert wurden, ist die Möglichkeit für eine Übertragbarkeit der Ergebnisse auf andere Empfänger unter Berücksichtigung von deren Persönlichkeitseigenschaften gegeben.

Beide Gruppen von Versuchspersonen wurden mit einem spezifischen Anreizsystem motiviert, die Experimentaufgabe mit ihrer bestmöglichen Leistung zu lösen. Die Höhe der Anreize orientierte sich dabei an den üblicherweise in der experimentellen Forschung gezahlten Belohnungen.[671] Dennoch kann nicht ausgeschlossen werden, dass der Anreiz im spezifischen Kontext als zu gering angesehen wurde und die Versuchspersonen daher nicht motiviert waren, einen hohen kognitiven Aufwand zur Problemlösung einzugehen. Dies hätte zur Folge, dass der beobachtete Strategiewechsel früher stattgefunden hat als in der Realität üblich, wenn unter Umständen mehr Geld oder wichtigere Güter für den Entscheider auf dem Spiel stehen. Des Weiteren ist zu diskutieren, ob von der tatsächlichen Auszahlung an die Studenten und der wohltätigen Spende bei den Managern die gleiche Motivationswirkung ausgeht. Die jeweiligen Versuchsgruppen kannten nur die Höhe bzw. die Ausgestaltung ihres spezifischen Anreizsystems, nicht aber das Anreizsystem der anderen Gruppe. Wesentlich für die Anreizwirkung ist jedoch, dass überhaupt ein leistungsorientiertes Belohnungssystem vorhanden war, nicht unbedingt die tatsächliche Höhe.[672] Daher können Unterschiede in der Anreizwirkung, wenn überhaupt vorhanden, vernachlässigt werden.

Weiterhin könnte das Ausbleiben eines Erfahrungseffekts auf die Gestaltung der Experimentaufgabe zurückzuführen sein. Libby und Luft bemerken, dass ein Erfahrungseffekt in vielen

[671] Vgl. z.B. Cardinaels (2008), S. 587; Speier (2006), S. 1123; Kumar/Benbasat (2004), S. 269; Speier et al. (2003), S. 781.
[672] Vgl. Guala (2005), S. 243 ff.

Studien pauschal erwartet wird, obwohl „[n]ot all experiences are alike, and not all knowledge is equally relevant to each task.“[673] Die Konstruktion einer Aufgabe, die bestimmtes, spezifisches Wissen erfahrener Versuchspersonen zur Lösung voraussetzt, hätte eventuell zu anderen Ergebnissen führen können.[674]

Schließlich kann in Bezug auf die externe Validität von Ergebnissen experimenteller Visualisierungsforschung allgemein kritisiert werden, dass die Problemstellung die Bearbeitung von ganz spezifischen Aufgaben mit vorab definiertem Informationsbedarf vorsieht. In der Realität werden Visualisierungen jedoch häufig ohne explizite bzw. exogen definierte Ziele betrachtet.[675] Dieser Unterschied der Aufgabenspezifität im Experiment und in der Realität könnte sich auch auf die Beurteilung der Visualisierung auswirken, z.B. wenn die Informationsverarbeitung bei spezifischen Aufgaben anders abläuft als beim weniger zielgerichteten Betrachten einer Visualisierung.

Für die interne Validität des Experiments kann die Verfügbarkeit von redundanten Informationen von Bedeutung sein. Da grafische Darstellungen und Tabellen dieselben Daten enthielten, wurde die Experimentgruppe mit redundanten Informationen konfrontiert, während die Kontrollgruppe nur originäre Informationen erhielt. Aufgrund der Schwierigkeit, die Effekte von Informationsredundanz, -menge und -format genau zu trennen, sind Forschungsbeiträge zur Wirkung von redundanten Informationen zur Zeit noch sehr widersprüchlich und bedürfen weiterer Prüfung.[676] Im Berichtswesen kann Redundanz jedoch vor allem Kommunikationsstörungen verhindern und ist damit positiv zu bewerten.[677]

Zudem ist für die interne Validität des Experiments von Bedeutung, dass die Aussagen, mit denen die Informationsverarbeitung abgefragt wurden, von den Versuchspersonen richtig verstanden wurden. Um dies sicherzustellen, wurde in den Pre-Tests insbesondere auch auf die Formulierungen zur Informationsverarbeitung eingegangen. Trotz aller aufgewendeten Sorgfalt bei der Formulierung kann dennoch nicht ausgeschlossen werden, dass einzelne Versuchspersonen die Formulierungen falsch interpretiert haben und ihr „echtes“ Informationsverhalten daher nicht durch die Beantwortung der Fragen wiedergegeben wurde.

---

673 Libby/Luft (1993), S. 429.
674 Vgl. Libby/Luft (1993), S. 430.
675 Vgl. Shah et al. (2005), S. 450.
676 Vgl. Bonner (2008), S. 175 ff., für einen Überblick.
677 Vgl. Koch (1994), S. 124 ff.

Schließlich ist zu diskutieren, dass für die Richtigkeit der Entscheidung eine Intervallskalierung der Daten angenommen wurde. Da ein mathematischer Beweis der Intervallskalierung des Punktesystems nicht erbracht werden kann, müssten strenggenommen Verfahren für ordinalskalierte Daten Verwendung finden, die jedoch nur eingeschränkte Auswertungsmöglichkeiten eröffnen. Verschiedene Studien zeigen, dass parametrische Auswertungsverfahren auch mit nicht-intervallskalierten Daten zu korrekten Ergebnissen führen.[678] Da die Ergebnisse der Richtigkeit der Entscheidung relativ eindeutig als signifikant (in Bezug auf den Faktor Gruppe) bzw. nicht signifikant (in Bezug auf die Faktoren kognitiver Stil und Erfahrung) beurteilt werden konnten, ist davon auszugehen, dass die identifizierten Zusammenhänge auch unabhängig vom Auswertungsverfahren gültig sind. Von der argumentativen Nutzung der exakten Werte aus der Varianzanalyse sollte jedoch abgesehen werden, da Ziel der Untersuchung nicht die Quantifizierung von Effekten, sondern vielmehr die Beurteilung von inhaltlichen Hypothesen war.

Abschließend kann nicht ausgeschlossen werden, dass die Wirkung der Visualisierung von Daten noch von weiteren, nicht in der Untersuchung betrachteten Störfaktoren beeinflusst wird. Alle wesentlichen, in der Visualisierungsforschung untersuchten Störfaktoren wurden aber in die Untersuchung integriert, so dass es zumindest vor dem aktuellen Stand der Forschung kein Hinweis darauf gibt, dass Störfaktoren vernachlässigt wurden.

In Bezug auf die Objektivität des Experiments können aufgrund vollständiger Standardisierung des Experimentablaufs sowie aller Instruktionen und Informationen, Einflüsse durch den Experimentleiter weitgehend ausgeschlossen werden. Einschränkungen der Objektivität können daher nicht identifiziert werden.

Trotz einiger selbstkritischer Einschränkungen wird das Experiment insgesamt als sehr geeignet erachtet, um Licht auf die Wirkung der Visualisierung von Daten im Controlling zu werfen. Durch die Vielzahl der einbezogenen Faktoren und Variablen ist ein umfassendes Forschungsmodell entstanden, das wesentlich besser für die Untersuchung der Visualisierung geeignet erscheint, als bisherige, vornehmlich eindimensionale Betrachtungen. Die Ergebnis-

---

[678] Vgl. Bortz/Döring (2006), S. 182 sowie die dort aufgeführten Studien.

se und Implikationen für das Controlling werden im nächsten Kapitel abschließend zusammengefasst.

5.5 Gestaltungsempfehlungen für das Berichtswesen im Controlling

Das Berichtswesen unterliegt gegenwärtig in vielen Unternehmen einem Wandel. Dies wird durch den großen Änderungswillen der Controller belegt: Einer Umfrage zufolge wollen 70% von ihnen das Berichtswesen in naher Zukunft überarbeiten.[679] Nur in 11% der Fälle betrifft dieser Änderungswunsch jedoch auch das Berichtsformat.[680] Die in der vorliegenden Untersuchung gewonnenen Erkenntnisse können für die anstehenden Änderungen wichtige Anregungen geben und vielleicht Einfluss darauf nehmen, dass noch mehr Controller das Berichtsformat in den Fokus der Berichtsoptimierung stellen.

Ein Blick in die aktuelle Praxis der Gestaltung des Monatsberichts in Deutschland hat gezeigt, dass grafische Darstellungen bisher nur eine geringe Bedeutung haben.[681] Durch die aufgezeigte positive Wirkung zusätzlicher grafischer Darstellungen auf die Entscheidungsqualität sollte ihr Stellenwert im Berichtswesen grundlegend überdacht werden. Gleichwohl wurde durch die Betrachtung der Erkenntnisse aus der Visualisierungsforschung deutlich, dass es nur wenige allgemeingültige Regeln für die korrekte Berichtsgestaltung geben kann. Es stand daher das Verständnis der Informationsverarbeitung von visualisierten und nicht-visualisierten Daten im Vordergrund, welches den Controller ermächtigt, die richtige Visualisierungsentscheidung für spezifische Berichte bzw. bestimmte Manager zu treffen.

5.5.1.1 Aufgabenorientierung

Die Gestaltungsempfehlungen für das Berichtswesen bauen auf dem in Kapitel 3.5 definierten Visualisierungsprozess auf, wobei hier zunächst nur auf den Einfluss der Entscheidungsaufgabe eingegangen wird.

[679] Vgl. Weber (2008), S. 28.
[680] Vgl. Weber (2008), S. 30.
[681] Vgl. Kapitel 4.2.1.

Startpunkt der Berichtsgestaltung ist die Analyse der Entscheidungsaufgabe, die mit dem Bericht gelöst werden soll. Je nach Art des Berichts muss nur eine spezifische Aufgabe (z.B. für einen Bedarfsbericht) oder eine Reihe an Aufgaben (z.B. für den Monatsbericht) analysiert werden. Aus dieser Aufgabenart kann der Controller ableiten, welche Art der Informationsverarbeitung der Berichtsempfänger zur Beantwortung der Problemstellung verwenden wird. Aufgaben der mittelbaren Durchsetzung oder des mittelbaren Lernens sowie komplexe Kontrollaufgaben werden mit ganzheitlicher Informationsverarbeitung gelöst, einfache Kontrollaufgaben jedoch mit analytischer Informationsverarbeitung. Für Aufgaben der Willensbildung sowie der Durchsetzung ex ante und ex post kann die Art der Informationsverarbeitung nicht pauschal festgelegt werden. In einigen Fällen kann sie durch die Analyse der konkreten Aufgabenstellung bestimmt werden, eventuell ist aber auch keine eindeutige Aussage über die Informationsverarbeitung ableitbar.

Die Art der Informationsverarbeitung bestimmt nach dem erweiterten Modell des Cognitive Fit die Form der Visualisierung, von der die höchste Entscheidungsqualität zu erwarten ist.[682] Ist aus der Art der Entscheidungsaufgabe die Art der Informationsverarbeitung nicht genau zu bestimmen, sollte eine Kombination aus Grafik und Tabelle gewählt werden. Bei der Gestaltung der Visualisierung sind dann selbstverständlich die allgemeinen Anforderungen zu beachten. Die allgemeinen Gestaltungsempfehlungen umfassen allgemeingültige Regeln zur Visualisierung von Daten, die aus der Gestaltpsychologie und aus praktischer Erfahrung mit Visualisierungen abgeleitet wurden.[683] Dazu zählt auch, Grafiken im Bericht immer mit konkreten Zahlenwerten darzustellen. Dies wird zwar in der Visualisierungsforschung nicht eingehalten, stellt aber aus Controllingsicht eine sinnvolle Erleichterung der Informationsaufnahme des Berichtsempfängers dar. Abbildung 29 fasst diesen allgemeinen Prozess zur Gestaltung von Visualisierungen im Berichtswesen zusammen.

Speziell für den Monatsbericht lässt sich feststellen, dass er im Unternehmen der Unterstützung eines breiten Spektrums von Entscheidungsaufgaben, von der am stärksten ausgeprägten Kontrolle bis hin zum mittelbaren Lernen und Durchsetzen, dient. Somit muss ein Monatsbe-

[682] Vgl. Kapitel 4.2.3.
[683] Vgl. Kapitel 3.2.2.

richt jede Art der Informationsverarbeitung optimal bedienen können und neben Tabellen, die zurzeit als Standard im Monatsbericht gelten, zusätzlich grafische Darstellungen beinhalten.

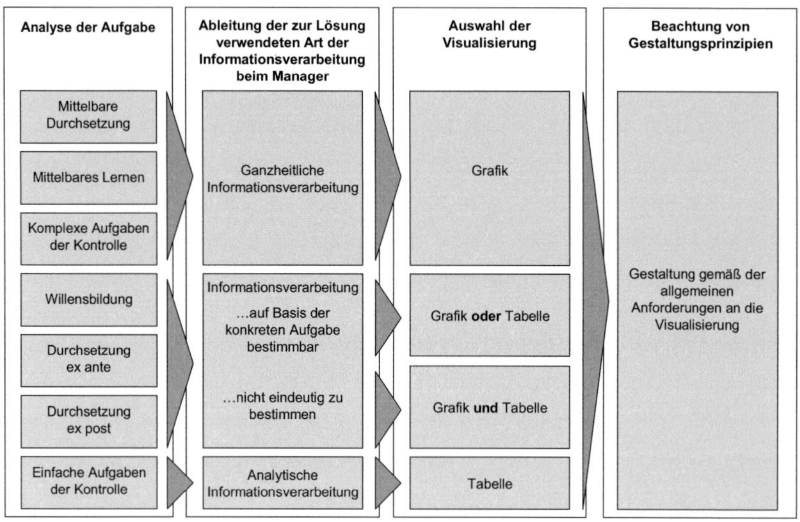

Abbildung 29: Allgemeiner Prozess zur Gestaltung von Visualisierungen im Berichtswesen[684]

Redundanz, im Sinne mehrer Formate zur Kommunikation derselben Daten, ist im Monatsbericht also zu empfehlen, um diesen „Alleskönner" unter den Berichten für alle Anforderungen auszustatten.[685] Allerdings sind nur solche Arten grafischer Darstellung wirklich gewinnbringend für den Monatsbericht, die auch die ganzheitliche Informationsverarbeitung beim Berichtsempfänger fördern. Nur dann erfüllt die Grafik ihren Zweck und stellt im Monatsbericht eine Ergänzung zu Tabellen dar, die lediglich die analytische Informationsverarbeitung unterstützen. Zu häufig werden im Berichtswesen jedoch grafische Darstellungen nur „um des Visualisierens Willen" gestaltet. Ein Beispiel dafür ist die von Hoffjan propagierte „Wetter-

[684] Quelle: Eigene Darstellung.
[685] Ähnlich argumentieren auch Koch (1994), S. 124 ff. und Shah/Hoeffner (2002), S. 62.

karte des Controllers".[686] Dieses Visualisierungssystem, in dem Kennzahlen unterschiedlichen Wetterphänomenen zugeordnet werden, generiert aufgrund des fehlenden Bezugs zur Informationsverarbeitung bestenfalls einen schön anzuschauenden „Wetterbericht", wird sich jedoch kaum positiv auf die Entscheidungsqualität auswirken.[687] Ein Controller, der auf die Standardformen der Visualisierung wie Säulendiagramm oder Liniendiagramm zurückgreift, ist hingegen auf der sicheren Seite, da diese Formen allgemein bekannt sind und ihre positive Wirkung auf die Entscheidungsqualität empirisch belegt ist.

5.5.1.2 Empfängerorientierung

Eine Empfängerorientierung der Visualisierung im Berichtswesen ist für den Visualisierungserfolg nicht von zentraler Bedeutung, wie die empirischen Ergebnisse gezeigt haben. Für Berichte, die auf einen spezifischen Empfänger bzw. Manager ausgerichtet sind, kann zwar festgehalten werden, dass zusätzliche Visualisierungen insbesondere für sogenannte N-Typen einen positiven Effekt auf die Entscheidungsqualität haben, während sie für S-Typen nur von geringer Bedeutung sind. Standardberichte wie der Monatsbericht sollten jedoch primär nach der Art der Aufgabe gestaltet werden, da die Empfängerorientierung hier keinen größeren Mehrwert bringt.

Dennoch sollte das Berichtswesen als kontinuierlicher Prozess verstanden werden, in dem der Controller gemeinsam mit dem Management zur optimalen Berichtsform findet.[688] Ein kontinuierlicher Verbesserungsprozess des Berichtswesens darf aber nicht als ständige Flut von Änderungsmaßnahmen missverstanden werden. Eine Kontinuität der Visualisierung ist im Berichtswesen von größter Bedeutung, um eine „Akklimatisierung" der Empfänger an Struktur und Form des Berichts zu gewährleisten.

Als Kernbotschaft bleibt für den Controller festzuhalten, dass er mit der Gestaltung seiner Berichte dafür sorgen muss, den kognitiven Aufwand des Managers bei der Informationsaufnahme und der Informationsverarbeitung so weit wie möglich zu reduzieren. Je geringer

---

[686] Vgl. Hoffjan (2003).
[687] Zusätzlich ist dieses Visualisierungssystem aufgrund der starken Subjektivität anfällig für Missverständnisse, vgl. Hoffjan (2003), S. 10 f.
[688] Vgl. auch Weber et al. (2008), S. 59.

dieser Aufwand für den Manager ist, umso besser wird er den Berichtsinhalt wahrnehmen und verstehen.

6 Zusammenfassung und Ausblick

Ziel der vorliegenden Arbeit ist die theoretische und empirische Untersuchung der Visualisierung von Daten im Controlling. In den folgenden Kapiteln werden die wesentlichen Ergebnisse zusammengefasst, die Erkenntnisse in eine verhaltensorientierte Controllingkonzeption eingeordnet und ein Ausblick auf weiteren Forschungsbedarf gegeben.

6.1 Zusammenfassung der Ergebnisse

Mit der Visualisierung von Daten im Berichtswesen wurde in dieser Arbeit ein Thema aufgegriffen, für das es in der Standardliteratur des Controllings nur sehr wenige Gestaltungshinweise gibt. Ziel der Arbeit war es, die Controllingliteratur um verhaltenswissenschaftliche Aspekte der Visualisierung von Daten zu erweitern und aus der Vielzahl der Forschungsergebnisse zur Visualisierung diejenigen Zusammenhänge herauszufinden, die sich der Controller bei der Gestaltung des Berichtswesens zunutze machen kann, um die Entscheidungsqualität im Management zu verbessern.

Zunächst wurden die für dieses Unterfangen wichtigen Begriffe und Grundlagen beschrieben sowie die Problemstellung der Arbeit in verschiedene Controllingkonzeptionen eingeordnet.[689] Für die Integration der Erkenntnisse in die Controllingtheorie wurde die verhaltensorientierte Controlling-Sichtweise angenommen. Des Weiteren wurde die Visualisierung von Daten als die Umwandelung von Daten in eine visuelle Darstellung sowie deren Präsentation mit dem Ziel einer leichteren Erfassung und eines besseren Verständnisses definiert. Daten wurden dabei begrifflich durch einen fehlenden Zweckbezug von Informationen abgegrenzt. Die Visualisierung von Daten wird daher als Möglichkeit verstanden, Daten für zukünftige Entscheidungsprobleme nutzbar zu machen. Für den Empfänger der Visualisierung werden diese Daten somit zu Informationen. Aus der Beschreibung des Informationsverarbeitungsprozesses des Menschen sowie der Besonderheiten bei der bildlichen Wahrnehmung von

[689] Vgl. Kapitel 2.

Informationen wurde deutlich, dass ein Verständnis der zugrundeliegenden Informationsverarbeitungsprozesse fundamental für das Verständnis der Wirkung einer Visualisierung ist.

Im Anschluss an die Beschreibung der begrifflichen Grundlagen wurde der Erkenntnisstand zur Visualisierung von Daten in einem umfassenden Überblick zusammengetragen. Dies geschah zunächst unabhängig vom Controlling-Kontext. Um ein Basiswissen zur Visualisierung von Daten zu etablieren, wurden auch die Standardformen der Visualisierung mit ihren Anwendungsfeldern sowie Vor- und Nachteilen besprochen. Anschließend wurden für die Qualität einer Visualisierung maßgebliche Gestaltungsanforderungen definiert, die ihren Ursprung zum einen in der Wahrnehmungspsychologie und zum anderen in der praktischen Erfahrung vieler Jahrzehnte visualisierter Daten haben.[690] Aus der Gestaltpsychologie können die Gesetze der Nähe, der Ähnlichkeit und der Geschlossenheit als maßgeblich für die Gestaltung einer Visualisierung abgeleitet werden. Die praktischen Gestaltungsprinzipien betreffen Richtlinien zum Verhältnis der grafischen und numerischen Datenveränderung, zur Beschriftung der Grafik, zum Einsatz grafischer Effekte, zur Darstellung von Geldwerten sowie zur Anzahl der Dimensionen in der Grafik. Diese Anforderungen können als „Hygienefaktoren" der Visualisierung verstanden werden, deren Nichterfüllung zu Missverständnissen und Fehlinterpretationen führt.

Im Folgenden wurden die zwei wesentlichen Einflussfaktoren auf den Erfolg einer Visualisierung – die Entscheidungsaufgabe und die Eigenschaften des Visualisierungsempfängers – untersucht und der Stand der Wissenschaft aufgezeigt.[691] Die Entscheidungsaufgabe wurde unter den Aspekten der Art und der Komplexität der Aufgabe untersucht. Nach ihrer Art wurden symbolische und räumliche Entscheidungsaufgaben unterschieden. Die zentrale Theorie der Visualisierungsforschung zum Zusammenhang zwischen Aufgabenart und Visualisierung ist das Modell des Cognitive Fit. Basierend auf der Analyse kognitiver Kosten-Nutzen-Abwägungen postuliert die Theorie, dass symbolische Aufgaben am besten mit Tabellen gelöst werden, da diese die zur Lösung verwandte analytische Informationsverarbeitung unterstützen, während räumliche Aufgaben besser mit Grafiken gelöst werden, die der dabei verwandten ganzheitlichen Informationsverarbeitung entsprechen. Dieser Zusammenhang gilt jedoch zunächst nur für einfache Aufgaben, da steigende Aufgabenkomplexität

[690] Vgl. Kapitel 3.2.
[691] Vgl. Kapitel 3.3 und 3.4.

Auswirkungen auf die Informationsverarbeitung hat. Während komplexe räumliche Entscheidungsaufgaben weiterhin mit ganzheitlicher Informationsverarbeitung gelöst werden und der Zusammenhang der Cognitive Fit-Theorie somit gültig bleibt, ist für symbolische Entscheidungsaufgaben bei steigender Komplexität nicht klar, welche Art der Informationsverarbeitung verwendet wird. Ab einem bestimmten Komplexitätsgrad wechselt der Empfänger der Visualisierung von analytischer zu ganzheitlicher Informationsverarbeitung, da diese weniger kognitiven Aufwand erfordert. Da nicht eindeutig bestimmt werden kann, wann dieser Wechsel der Informationsverarbeitungsstrategie stattfindet, können auch keine generellen Schlüsse für die Visualisierung komplexer symbolischer Entscheidungsaufgaben gezogen werden.

Für die Untersuchung des Visualisierungsempfängers wurden zwei für den Erfolg einer Visualisierung wesentliche Eigenschaften herausgearbeitet: der kognitive Stil des Empfängers und die Erfahrung. Der kognitive Stil beschreibt unter anderem die bevorzugte Art der Wahrnehmung eines Menschen, für die zwischen einem sensitiven (S) und einem intuitiven (N) Wahrnehmungstyp unterschieden wird. Für den sensitiven Wahrnehmungstyp wird eine Präferenz für Tabellen angenommen, für den intuitiven Typ eine Präferenz für Grafiken. Bezüglich der Erfahrung des Visualisierungsempfängers sind wiederum zwei Aspekte relevant, namentlich die Erfahrung mit der Visualisierung als solcher und die Erfahrung mit dem Inhalt der Visualisierung. Erfahrung mit Visualisierungen kann aufgrund vorhandener kognitiver Schemata das Verständnis beschleunigen und verbessern, durch Lernen oder Training kann fehlende Erfahrung jedoch ausgeglichen werden. Empfänger ohne tiefere Kenntnisse der visualisierten Inhalte profitieren verstärkt von grafischen Darstellungen. Zur Wirkung von Visualisierungen auf Empfänger mit Fachkenntnissen konnten keine klaren Aussagen herausgearbeitet werden.

Die umfangreichen Erkenntnisse zur Visualisierung wurden in einem nächsten Schritt auf das Anwendungsgebiet des Controllings übertragen.[692] Im Fokus stand dabei der Monatsbericht als wichtiges Endprodukt der Controllerarbeit und Fundament für eine Vielzahl an Managemententscheidungen. Nach der Untersuchung möglicher Ziele der Visualisierung im Controlling wurde daher zunächst die aktuelle Berichtspraxis des Monatsberichts in Deutschland

[692] Vgl. Kapitel 4.2.

betrachtet. Um ableiten zu können, welche Arten von Entscheidungsaufgaben mit Hilfe des Monatsberichts bearbeitet werden, wurde die Nutzung der Berichtsinformation im Management untersucht. Es konnten sechs Nutzungsarten identifiziert werden: die Willensbildung, die Kontrolle, das mittelbare Lernen, die Durchsetzung ex ante und ex post sowie die mittelbare Durchsetzung. Diese Nutzungsarten wurden in die Aufgabentaxonomie der Visualisierungsforschung eingeordnet.

Da Entscheidungsaufgaben im Management zumeist einen hohen Komplexitätsgrad aufweisen, wurde auch die Komplexität der Entscheidungsaufgaben im Controllingkontext untersucht. Auf dieser Basis wurde ein erweitertes Modell des Cognitive Fit im Controllingkontext entwickelt, in dem Entscheidungsaufgabe und Visualisierung zusammengeführt werden.[693] Entscheidungsaufgaben der mittelbaren Durchsetzung und des mittelbaren Lernens, die dem räumlichen Aufgabenkontext zugeordnet werden, sollten allgemein mit Grafiken dargestellt werden, um einen Cognitive Fit zu erzielen. Kontrollaufgaben müssen hinsichtlich ihrer Komplexität unterschieden werden. Für einfach Entscheidungsaufgaben der Kontrolle führen Tabellen zum Cognitive Fit, für komplexe Entscheidungsaufgaben hingegen die Grafik. Für Aufgaben der Willensbildung sowie der Durchsetzung ex post und ex ante können auf Basis des erweiterten Modells des Cognitive Fit keine pauschalen Gestaltungsempfehlungen abgeleitet werden. Hier ist die Darstellungsform, mit der ein Cognitive Fit erreicht wird, abhängig von der konkreten Entscheidungsaufgabe.

Auch der kognitive Stil und die Erfahrung von Managern wurde untersucht, um Aussagen über den Einfluss der Empfängervariable treffen zu können.[694] Als Berichtsempfänger finden sich in Managementpositionen zu etwa gleichen Teilen Personen mit einer sensitiven und einer intuitiven Wahrnehmungspräferenz. Erfahrung kann in Bezug auf die Standardformen der Visualisierung im Management zwar vorausgesetzt werden, vom Erfahrungshintergrund mit den Inhalten sind jedoch sehr unterschiedliche Ausprägungen zu erwarten.

Für den Monatsbericht, der von einem breiten Adressatenkreis für eine Vielzahl unterschiedlicher Entscheidungsaufgaben genutzt wird, wurde daher geschlussfolgert, dass der größte Visualisierungserfolg mit einer Kombination aus Grafiken und Tabellen erzielt werden kann.

[693] Vgl. Kapitel 4.2.3.2.
[694] Vgl. Kapitel 4.3.

Auf Basis der theoretisch abgeleiteten Zusammenhänge wurden Hypothesen zur Verarbeitung von Controllinginformationen, zur Wirkung der Visualisierung von Berichten im Controllingkontext und zur Abhängigkeit dieser Zusammenhänge vom Berichtsempfänger formuliert.[695]

Zur Prüfung der aufgestellten Hypothesen wurde ein Experiment entwickelt und durchgeführt, in dem eine komplexe Kontrollaufgabe gelöst werden sollte.[696] Die Richtigkeit der Entscheidung, die Entscheidungsgeschwindigkeit sowie die Entscheidungssicherheit wurden für zwei Experimentgruppen verglichen, von denen eine im Bericht nur Tabellen, die andere Tabellen und zusätzliche grafische Darstellungen zur Verfügung gestellt bekam. Die Ergebnisse des Experiments zeigen, dass eine komplexe symbolische Entscheidungsaufgabe vornehmlich mit ganzheitlicher Informationsverarbeitung gelöst wird, ein Strategiewechsel von der analytischen Informationsverarbeitung also stattfindet. Die Art der Visualisierung im Controllingbericht hat keinen Einfluss auf die gewählte Informationsverarbeitungsstrategie. Die Kombination aus Tabellen und grafischen Darstellungen im Controllingbericht führte zu signifikant besseren Entscheidungen bei gleicher Entscheidungsgeschwindigkeit und Entscheidungssicherheit. Ein differenzieller Einfluss der Eigenschaften des Berichtsempfängers konnte nicht nachgewiesen werden. Der Einfluss des Berichtsempfängers ist also geringer als in der Literatur angenommen oder wird vom Einfluss der Entscheidungsaufgabe überdeckt.[697]

Abschließend wurden auf Basis dieser Ergebnisse konkrete Gestaltungsempfehlungen für die Visualisierung im Berichtswesen abgeleitet.[698] Zur Gestaltung eines Berichts müssen zunächst die Entscheidungsaufgabe bzw. die Gesamtheit der Entscheidungsaufgaben, die mit dem Bericht gelöst werden soll, analysiert werden, um abzuleiten, welche Art der Informationsverarbeitung der Berichtsempfänger zur Problemlösung verwenden wird. Entsprechend dem oben beschriebenen erweiterten Modell des Cognitive Fit kann die Form der Visualisierung, von der die höchste Entscheidungsqualität erwartet wird, identifiziert werden. Kann die Art der Informationsverarbeitung nicht eindeutig aus der Art der Entscheidungsaufgabe(n) bestimmt werden, sollte eine Kombination von Grafik und Tabelle gewählt werden. Dies gilt speziell für den Monatsbericht, der zur Lösung eines breiten Spektrums an Aufgaben einem

[695] Vgl. als Übersicht Kapitel 4.4.
[696] Vgl. Kapitel 5.2.
[697] Vgl. Kapitel 5.3.4.
[698] Vgl. Kapitel 5.5.

größeren Adressatenkreis zur Verfügung gestellt wird. Mit der Kombination von Grafiken und Tabellen wird im Monatsbericht Redundanz erreicht, die sich positiv auf die Entscheidungsqualität auswirkt. Für die grafische Darstellung sind dabei solche Visualisierungsformen zu wählen, die die ganzheitliche Informationsverarbeitung beim Berichtsempfänger fördern. Eine Visualisierung nur „um des Visualisierens Willen" verspricht hingegen keinen Vorteil im Monatsbericht. Nicht zuletzt müssen bei der Gestaltung des Berichts die oben bereits erwähnten allgemeinen Anforderungen an die Visualisierung, als „Hygienefaktoren" der Gestaltung, eingehalten werden. Diese Ergebnisse wurden in einem Prozess zur Gestaltung von Visualisierungen im Berichtswesen zusammengefasst.[699]

Die Empfängerorientierung des Berichtswesens wird vor dem Hintergrund der erzielten Ergebnisse in der Literatur überschätzt. Für die Gestaltung von Standardberichten wie dem Monatsbericht lässt sich kein wesentlicher Einfluss der Charakteristiken des Berichtsempfängers herausarbeiten. Wichtig ist die Wahrung einer gewissen Kontinuität in der Berichtsgestaltung, damit ein Gewohnheitseffekt beim Berichtsempfänger einsetzt, der sich positiv auf die Entscheidungsqualität auswirken kann.

Zusammenfassend lässt sich aus den in der Arbeit gewonnen Ergebnissen ein zweifacher Wert für die Controllingforschung erkennen. Der akademische Wert liegt in der Erweiterung der Theorie des Cognitive Fit für komplexe Entscheidungsaufgaben sowie der theoriegeleiteten Übertragung der Erkenntnisse der Visualisierungsforschung auf den Anwendungsbereich des Controllings. Da die Gestaltung des Berichtswesens in der Standard-Controllingliteratur nur sehr allgemein behandelt wird, liegt zudem der praktische Wert der Arbeit darin, dem Controller konkrete Gestaltungshinweise für die Visualisierung im Berichtswesen zu übermitteln sowie darüber hinaus das nötige Hintergrundwissen, um die Visualisierungsentscheidung in spezifischen Berichtssituationen fundiert treffen zu können.

---

[699] Vgl. Abbildung 29.

6.2 Integration der Erkenntnisse in die verhaltensorientierte Controllingkonzeption

Die folgenden Überlegungen basieren auf der von Hirsch entwickelten verhaltensorientierten Controllingkonzeption sowie der dort vorgeschlagenen Methode zur Integration verhaltenswissenschaftlicher Erkenntnisse in die ökonomische Theorie.[700] Die methodologisch reflektierte Einordnung ist jedoch nicht Kern dieser Arbeit und wird daher nur sehr kurz behandelt. Es soll hier lediglich der Versuch unternommen werden, die Forschungsarbeit nicht bei der Gewinnung empirischer Erkenntnisse enden zu lassen, sondern weiterzudenken, wie sich die Ergebnisse in eine moderne, verhaltenswissenschaftliche Controllingkonzeption einordnen lassen.

In seiner Skizze des Behavioral Controlling nutzt Hirsch zur Integration verhaltenswissenschaftlicher Erkenntnisse in die Controllingtheorie die von Lindenberg entwickelte Methode der abnehmenden Abstraktion.[701] Ziel dieser Methode zur Erweiterung der ökonomischen Theorie ist es, „die Einfachheit und Allgemeingültigkeit der ökonomischen Modellbildung möglichst beizubehalten und deren Basisannahmen problemspezifisch mit *Brückenannahmen* zu verbinden.“[702]

Im Mittelpunkt der Theorie steht der klassische, nutzenmaximierende Akteur, den Lindenberg als RREEMM (Resourceful, Restricted, Evaluating, Expecting, Maximizing Man) bezeichnet.[703] Er wird charakterisiert durch die gezielte Suche nach den besten Entscheidungsalternativen (Resourceful), beschränkte Wahlmöglichkeiten (Restricted), die Bewertung von Zuständen in einem Nutzenkalkül (Evaluating), die Erwartung von Geschehnissen auf Basis bestimmter Wahrscheinlichkeiten (Expecting) und den Versuch der Nutzenmaximierung auf Basis dieser Beschränkungen (Maximizing).[704] Diese Basisannahmen des Akteurs gilt es für

---

[700] Vgl. Hirsch (2007).
[701] Vgl. Lindenberg (1991) sowie die ausführliche Argumentation zur Anwendbarkeit dieses Verfahrens bei Hirsch (2007), S. 227 f.
[702] Hirsch (2007), S. 218; vgl. auch Lindenberg (1991), S. 49 ff.
[703] Vgl. Lindenberg (1991), S. 55.
[704] Vgl. Lindenberg (1991) S. 55, Hirsch (2007) S. 219 f.

die verhaltenswissenschaftliche Controllingkonzeption problemadäquat mit den gewonnenen Erkenntnissen zu erweitern.[705]

In Bezug auf den Visualisierungserfolg unterschiedlicher Darstellungsformen wurde in der vorliegenden Arbeit die Art der Informationsverarbeitung als entscheidender Faktor herausgearbeitet. Es wurde gezeigt, dass Akteure auf Basis einer Kosten-Nutzen-Abwägung zu einer Informationsverarbeitungsstrategie tendieren, die mit geringen Kosten verbunden ist, und bereit sind, für eine Reduzierung kognitiver Kosten eine weniger optimale Lösung in Kauf zu nehmen. Dieses Verhalten widerspricht der ökonomischen Annahme, dass Akteure aktiv nach der besten Entscheidungsalternative suchen (Resourceful).

Hirsch untersucht typische Steuerungsprobleme von Unternehmen und zeigt, dass diese schon mit Hilfe einfacher Erweiterungen der Basisannahmen erklärt werden können.[706] Für die Resourceful-Annahme wird auf dieser Basis die folgende Erweiterung vorgeschlagen: „Das Finden von Entscheidungsalternativen ist mit Informationskosten verbunden. Diese verhindern das Finden der objektiv besten Entscheidungsalternative."[707]

Diese Erweiterung kann auch für das hier beobachtete Verhalten einen Erklärungswert liefern, da Informationskosten eine Gleichbehandlung aller Visualisierungsformen durch den Akteur verhindern. Die Ergebnisse zur Visualisierung von Daten im Controlling widersprechen keiner weiteren Basisannahme des RREEMM und lassen sich daher schon mit der Definition von einer einzigen Brückenannahme in die ökonomische Theorie eingliedern. Dies entspricht auch der Maßgabe Lindenbergs, nur so wenige Erweiterungen wie nötig vorzunehmen.[708]

Diese kurze – und sicherlich recht oberflächlich gehaltene – Einordnung der Ergebnisse zeigt, dass die Einbindung verhaltenswissenschaftlicher Erkenntnisse in eine ökonomisch fundierte Controllingkonzeption nicht übermäßig kompliziert sein muss. Um die Konzeption des Behavioral Controlling weiter zu festigen und die zugrundeliegenden Verhaltensannahmen zu konkretisieren ist weitere Forschung aber noch notwendig.[709]

---

[705] Vgl. Hirsch (2007), S. 233 ff.
[706] Vgl. Hirsch (2007), S. 249 ff.
[707] Hirsch (2007), S. 255.
[708] Vgl. Lindenberg (1991), S. 49.
[709] Vgl. Hirsch (2007), S. 272 f.

6.3 Einschränkungen und weiterer Forschungsbedarf

Der Fokus der vorliegenden Untersuchung auf die Visualisierung von Daten im Controlling wurde bewusst relativ allgemein gehalten und auch die Analyse des Monatsberichts als Kernprodukt des Controllings wurde nicht auf eine bestimmte Branche, Unternehmensgröße oder Funktionseinheit spezifiziert. Die erzielten Ergebnisse müssen daher im konkreten Anwendungsfall an die jeweilige Unternehmenseinheit bzw. die -situation angepasst werden. Dieses Vorgehen kann dahingehend kritisiert werden, dass eine Fokussierung der Untersuchung auf einen spezifischen Anwendungsfall mit Sicherheit sehr viel präzisere Ergebnisse geliefert hätte. Die Vielzahl an unterschiedlichen Untersuchungsergebnissen der Visualisierungsforschung zeigt jedoch, dass sich so gewonnene Ergebnisse nur in sehr beschränktem Maße auf andere Fälle übertragen lassen und induktiv kaum generelle Aussagen abgeleitet werden können. Die Arbeit hätte durch eine stärkere Fokussierung also nur einen sehr geringen Adressatenkreis angesprochen und wäre für den Großteil der interessierten Controller wertlos geblieben. Daher wurde hier die Auffassung verfolgt, dass der Weg zu Erkenntnissen für das Controlling nur über einen theoriegeleiteten Ansatz gelingen kann, für den in Kauf genommen werden muss, eher globale und weniger spezifische Ergebnisse zu erzielen. Dennoch besteht die Erwartung, dass Controller aus der Arbeit wichtige Anregungen und Leitsätze für die individuelle Visualisierung ihrer Daten ableiten können.

Die Forschung zur Visualisierung von Daten im Controlling ist hiermit sicherlich noch nicht abgeschlossen, da noch viele Fragen unbeantwortet bleiben. Für eine weitere Optimierung des Berichtswesens sollten Controller versuchen, die Nutzung von Controllinginformationen im Management noch besser zu verstehen. Schäffer und Steiner haben einen wichtigen ersten Schritt in diese Richtung gemacht,[710] hier gilt es jedoch, die Detaillierung der unterschiedlichen Nutzungsarten weiter voranzutreiben. Auf dieser Basis kann dann für die Visualisierung die vorgeschlagene Zuordnung zur Taxonomie räumlicher und symbolischer Aufgaben weiterentwickelt werden.

---

[710] Vgl. Schäffer/Steiners (2004); Schäffer/Steiners (2005).

Auch über das Berichtswesen hinaus kann die Visualisierung interessante Erkenntnisse für den Controller liefern, z.B. in Bezug auf die strategische Planung[711] oder die Balanced Scorecard[712]. Hier ist eine positive Wirkung von Visualisierungen auf die Entscheidungsqualität denkbar, aber noch nicht näher untersucht.

Des Weiteren sollten sich Controller über moderne Visualisierungstechniken und deren ständige Weiterentwicklung informieren. Zurzeit ist die Anwendbarkeit komplexer Visualisierungstechniken im Berichtwesen aus Gründen der hohen Kosten und Komplexität noch sehr beschränkt. Durch den technischen Fortschritt können allerdings neue Möglichkeiten wie z.B. das Management Cockpit, in dem wichtige Steuerungsgrößen interaktiv ausgewählt und visualisiert werden,[713] zukünftig einen größeren Anwendungsbereich erfahren. Auch die sogenannten Entscheidungsunterstützungssysteme könnten eine Renaissance erleben, in dem sie den Nutzer automatisch zur optimalen – auf empirischen Erkenntnissen basierten – Visualisierungsentscheidung leiten[714] oder die Visualisierung von Daten völlig selbständig übernehmen.[715]

Um allgemein die Integration verhaltenswissenschaftlicher Erkenntnisse zu intensivieren, sollten Controller auch weiterhin „über den Tellerrand schauen“ und neue Forschungserkenntnisse in Nachbargebieten auf eine Übertragbarkeit auf das Controlling prüfen. In den Verhaltenswissenschaften werden zur Zeit, angetrieben durch neue Methoden zur Messung neurologischer Aktivität, bahnbrechende Erkenntnisse zur Funktionsweise des Hirns erreicht,[716] es entstehen gar neue Forschungsgebiete wie das Neuromarketing[717] oder die „information psychophysics“[718]. Diese Weiterentwicklung dieser Themen bleibt in Zukunft – auch für Controller – ein spannendes Forschungsfeld.

Forschungsthemen mit Bezug zur technischen Entwicklung sind jedoch grundsätzlich einer großen Schnelllebigkeit ausgesetzt und müssen sich einer relativ kurzen Halbwertszeit der

---

711 Vgl. Platts/Tan (2004).
712 Vgl. Dilla/Steinbart (2005).
713 Vgl. Eichholz (2008), S. 110.
714 Vgl. Mahoney et al. (2003), S. 106.
715 Vgl. Shah et al. (2005), S. 465. Derartige Systeme sind z.B. für die Visualisierung komplexer Flugpläne bereits im Einsatz.
716 Vgl. Blech (2008).
717 Vgl. Traindl (2007); Kroeber-Riel et al. (2009); S. 17 f.
718 Ware (2004), S. 395.

erzielten Ergebnisse stellen. Die aktuellen Entwicklungen werden immer neue und innovativere Visualisierungsmöglichkeiten zulassen und Informationssysteme grundlegend verändern. Vor diesem Hintergrund wurde der Fokus dieser Arbeit auf grundlegende Zusammenhänge und Verhaltensweisen gelegt, die weitgehend unabhängig von „Moden" in der Informationstechnologie sind. Dennoch sollten die gewonnenen Erkenntnisse nach einem Abstand von einigen Jahren kritisch geprüft und gegebenenfalls aktualisiert werden. Sicher ist in jedem Fall, dass die Visualisierung von Daten im Controlling auch weiterhin ein Thema von zentraler Bedeutung für Controller und Manager bleiben wird.

ANHANG

Informationen zum Experiment

Sie nehmen heute an einem Experiment zum Thema „Informationsverarbeitung in Entscheidungssituationen“ teil.

Für eine richtige Beantwortung der Aufgabe erhalten Sie 10 Euro.
Eine Liste mit den Ergebnissen wird in den nächsten Tagen am Lehrstuhl ausgehängt. Auf diesem Informationsblatt und auf den Experimentunterlagen ist Ihre persönliche Teilnehmernummer vermerkt. Mit dieser Nummer erhalten Sie bei richtiger Beantwortung der Aufgabe Ihre Belohnung. Sie können dieses Informationsblatt mit der Teilnehmer-Nummer daher gerne mitnehmen.

Der Briefumschlag enthält die Experimentunterlagen.
Bitte bearbeiten Sie die Aufgabenstellung wie in den Unterlagen angegeben. Bitte stellen Sie zwischendurch keine Fragen, sondern bearbeiten Sie die Aufgaben nach Ihrem besten Verständnis.

An zwei Stellen im Experiment werden Sie gebeten, die Zeit zu notieren. Bitte notieren Sie dann die aktuelle Minuten- und Sekundenangabe der Uhr, die vorne an die Wand projiziert wird.

Im Anschluss an die eigentliche Experimentaufgabe werden Sie gebeten, einen Persönlichkeitsfragebogen auszufüllen. Dies ist wichtig, da die Informationsverarbeitung auch von persönlichen Eigenschaften einer Person abhängt.

Vielen Dank für Ihre Teilnahme!

Anhang 1: Instruktionen zum Experiment

Fallstudie Motorrad AG

Sie sind CEO eines erfolgreichen Unternehmens in der Motorrad-Branche.
Ihr Unternehmen gliedert sich in 8 Business Units (BU), die eigenständig je einen Motorrad-Typ produzieren.

Es ist Anfang Juli und mit Spannung erwarten Sie den Bericht Ihrer Controlling-Abteilung, um sich einen Überblick über die **Abweichung der Zielerreichung** Ihrer Business Units in den ersten 6 Monaten des Jahres machen zu können.

Da das Geschäftsjahr nun zur Hälfte vergangen ist, wollen Sie Bilanz ziehen und beurteilen, **ob die von Ihnen am Anfang des Jahres gesetzten Ziele von den einzelnen Business Units eingehalten werden können.**
In der nächsten Leitungssitzung soll die Zielerreichung besprochen werden.
Der Manager, der die beste Business Unit verantwortet, soll in der Sitzung sein Erfolgskonzept vorstellen. Der Manager, der bisher die schlechtesten Zahlen abgeliefert hat, soll in der Sitzung mögliche Gründe und Maßnahmen zur Sicherung der Zielerreichung präsentieren.

Sie steuern die Business Units mit 4 Zielen, die Sie für **gleich wichtig** halten.
Jede Business Unit hat Ziele für **Umsatz und EBIT-Marge.** Neben Umsatz und EBIT wird in Ihrem Unternehmen auch großen Wert auf Kundenzufriedenheit und Qualität gelegt, daher wurden außerdem für alle Business Units Ziele für den **First Pass Yield** und die **Liefertreue** vereinbart.
Der First Pass Yield gibt an, welcher Prozentsatz der produzierten Motorräder ohne Fehler oder Nacharbeit vom Band geht. Liefertreue wird als Prozentsatz termingetreu ausgelieferter Motorräder gemessen.

Die Business Units und damit auch die Leistungen der verantwortlichen Manager werden also anhand von **vier gleichwertigen Zielen** gemessen:

- Umsatz
- EBIT-Marge (EBIT)
- First Pass Yield (FPY)
- Liefertreue

Sie erhalten nun den Bericht von Ihrem Controller. Sie müssen in 15 Minuten an einer wichtigen Telefonkonferenz mit einem Ihrer Vertriebsleiter teilnehmen. Bis dahin möchten Sie eine **Entscheidung** getroffen haben, **welche beiden Business Units (BU) in der Leitungssitzung präsentieren werden**.

Anhang 2: Experimentaufgabe

Motorrad AG Zielabweichungsbericht Januar – Juni (1. Halbjahr)

	Umsatz Abw.	EBIT Abw.	FPY Abw.	Liefertreue Abw.
BU 1	6,7%	1,5%	-2,8%	0,0%
BU 2	5,9%	-7,9%	-1,6%	0,4%
BU 3	-7,4%	0,8%	-3,1%	1,0%
BU 4	5,1%	-2,0%	8,8%	-1,2%
BU 5	-1,3%	-1,3%	8,6%	1,2%
BU 6	-2,3%	-2,5%	4,9%	-2,4%
BU 7	1,8%	3,1%	2,6%	-3,5%
BU 8	-3,5%	0,0%	-2,0%	0,9%

Anhang 3: Zielabweichungsbericht Gruppe 1

Motorrad AG **Zielabweichungsbericht Januar – Juni (1. Halbjahr)**

	Umsatz	EBIT	FPY	Liefertreue
	Abw.	Abw.	Abw.	Abw.
BU 1	6,7%	1,5%	-2,8%	0,0%
BU 2	5,9%	-7,9%	-1,6%	0,4%
BU 3	-7,4%	0,8%	-3,1%	1,0%
BU 4	5,1%	-2,0%	8,8%	-1,2%
BU 5	-1,3%	-1,3%	8,6%	1,2%
BU 6	-2,3%	-2,5%	4,9%	-2,4%
BU 7	1,8%	3,1%	2,6%	-3,5%
BU 8	-3,5%	0,0%	-2,0%	0,9%

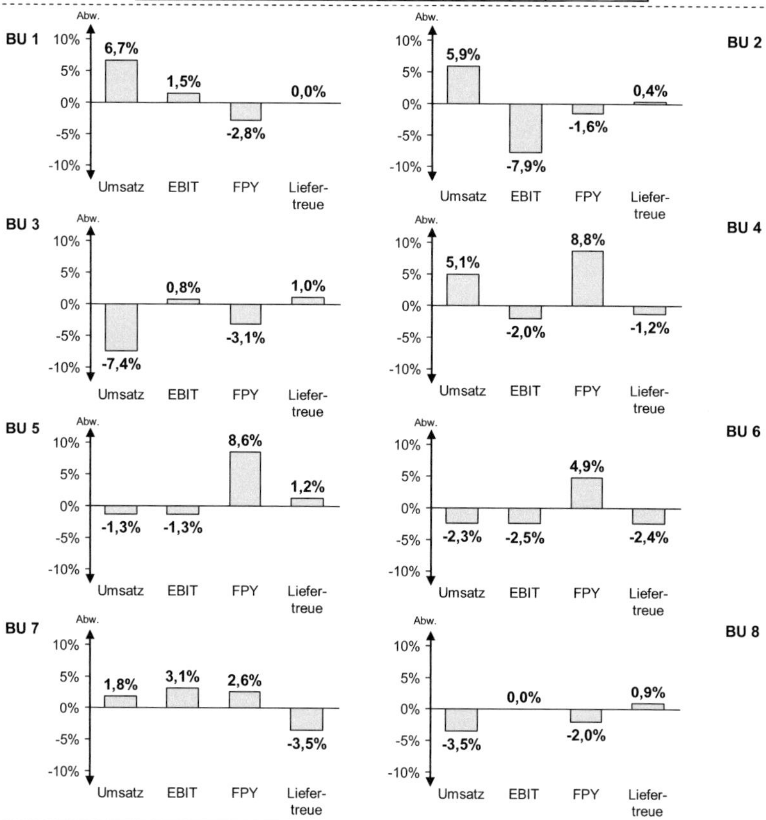

Anhang 4: Zielabweichungsbericht Gruppe 2

Quelle	Ergebnisse der Varianzanalyse				
	Quadrat-summe vom Typ III	df	Mittel der Quadrate	F	Signifikanz
Korrigiertes Modell	227,055	11	20,641	1,289	,240
Konstanter Term	4067,958	1	4067,958	254,110	,000
Gruppe	91,346	1	91,346	5,706	**,019**
Kognitiver Stil	0,823	1	0,823	0,051	,821
Erfahrung	13,058	2	6,529	0,408	,666
Gruppe * Kognitiver Stil	13,938	1	13,938	0,871	,353
Gruppe * Erfahrung	27,258	2	13,629	0,851	,430
Kognitiver Stil * Erfahrung	36,428	2	18,214	1,138	,324
Gruppe * Kognitiver Stil * Erfahrung	65,026	2	32,513	2,031	,136
Fehler	1728,937	108	16,009		
Gesamt	7039,000	120			
Korrigierte Gesamtvariation	1955,992	119			

Anhang 5: Varianzanalyse für die Richtigkeit der Entscheidung

Quelle	Ergebnisse der Varianzanalyse				
	Quadrat-summe vom Typ III	df	Mittel der Quadrate	F	Signifikanz
Korrigiertes Modell	62410,734	11	5673,703	0,764	,675
Konstanter Term	4758067,459	1	4758067,459	640,957	,000
Gruppe	661,150	1	661,150	0,089	,766
Kognitiver Stil	2730,742	1	2730,742	0,368	,545
Erfahrung	30456,588	2	15228,294	2,051	,134
Gruppe * Kognitiver Stil	752,741	1	752,741	0,101	,751
Gruppe * Erfahrung	8613,928	2	4306,964	0,580	,562
Kognitiver Stil * Erfahrung	3504,525	2	1752,262	0,236	,790
Gruppe * Kognitiver Stil * Erfahrung	5255,411	2	2627,705	0,354	,703
Fehler	801725,633	108	7423,385		
Gesamt	6587090,000	120			
Korrigierte Gesamtvariation	864136,367	119			

Anhang 6: Varianzanalyse für die Entscheidungsgeschwindigkeit

Quelle	Ergebnisse der Varianzanalyse				
	Quadrat-summe vom Typ III	df	Mittel der Quadrate	F	Signifikanz
Korrigiertes Modell	9,432	11	,857	,787	,653
Konstanter Term	534,026	1	534,026	489,872	,000
Gruppe	1,215	1	1,215	1,115	,293
Kognitiver Stil	1,606	1	1,606	1,473	,228
Erfahrung	,934	2	,476	,428	,653
Gruppe * Kognitiver Stil	,007	1	,007	,006	,938
Gruppe * Erfahrung	1,668	2	,843	,765	,468
Kognitiver Stil * Erfahrung	1,620	2	,810	,743	,478
Gruppe * Kognitiver Stil * Erfahrung	,559	2	,279	,256	,774
Fehler	117,734	108	1,090		
Gesamt	828,000	120			
Korrigierte Gesamtvariation	127,167	119			

Anhang 7: Varianzanalyse für die Sicherheit der Entscheidung

Autor(en)	Jahr	Unabhängige Variable	Abhängige Variable	Aufgabe	Ergebnis	Einfluß-faktor
Cardinaels	2008	Format, Erfahrung	Entscheidungsqualität	Profitmaximierung durch Preissetzung bei verschiedenen Kunden	Tabellarische Darstellung besser bei vorhandener Erfahrung mit Activity-based costing	Person
Speier	2006	Aufgabenart, Komplexität, Format	Entscheidungsqualität, Zeit	Kapazitätsplanung, Standortentscheidung, Planungsaufgabe	Kein eindeutiges Ergebnis: bei einfachen symbolischen Aufgaben liefern Tabellen bessere aber langsamere Ergebnisse, bei komplexen symbolischen und räumlichen Aufgaben sind Grafiken besser geeignet. Entscheidungssicherheit besser bei Tabellen.	Aufgabe
Amer	2005	Skalierung, Format	Entscheidungsqualität	Ablesen von Werten aus Liniendiagrammen	Bestätigung der "Poggendorff-Illusion" in Liniendiagrammen: Verzerrung durch Über- oder Unterschätzung der Werte, wenn sich mehrere Linien schneiden. Ein Raster in der Grafik verringert den Effekt.	Gestaltung
Dilla, Steinbart	2005	Format, Leistung der Geschäftseinheiten	Einigkeit der Entscheidung, Enscheidungskonsistenz, empfundene Schwierigkeit	Leistungsbeurteilung von Mangern, Bonuszuteilung	Kein eindeutiges Ergebnis, zusätzliche Information in Tabellen besser als in Grafiken	Aufgabe
Dilla, Steinbart	2005	Format	Entscheidungsqualität	Investitionsentscheidung	Grafiken etwas besser als Tabellen, für Tabellen "Minmax"-Stil besser als "Midpoint"	Gestaltung
So, Smith	2004	Format, Komplexität	Entscheidungsqualität	Insolvenzprognose	Bei hoher Komplexität sind kombinierte Formate sind nicht besser als Tabellen alleine, kein Unterschied bei niedriger Komplexität, kein Unterschied zwischen Säulendiagramm und schematic faces.	Aufgabe
Kumar, Benbasat	2004	Format, Komplexität	Zeit	Erkennen von Zusammenhängen in Diagrammen	Bei dreidimensionalen Datensets sind 3D-Grafiken besser verständlich als 2D-Liniendiagramme mit mehreren Linien. y-z Relation ist schwieriger zu verarbeiten als x-y Relation.	Aufgabe
Almer, Hopper, Kaplan	2003	Format	Erinnerungsleistung	Beantwortung von Fragen zu einer Audit-Fallstudie	Informationen in Form von Bullet Points werden besser behalten als Informationen in ganzen Absätzen. Fettdruck oder Unterstreichung der Informationen hat keinen Einfluss.	Gestaltung
Mahoney, Roush, Bandy	2003	Aufgabenart, Format, Entscheidungs-unterstützung	Genauigkeit, Zeit	Fragen zu einer Verteilungsfunktion beantworten	Cognitive fit bestätigt. Ohne Entscheidungsunterstützung durch Cognitive Fit wirken sich die kognitiven Fähigkeiten der Person stärker auf die Leistung aus. Mit Entscheidungsunterstützung durch Cognitive Fit kein Unterschied zwischen unterschiedlichen kognitiven Fähigkeiten.	Aufgabe/ Person
So, Smith	2003	Persönlichkeit, Format	Entscheidungsqualität, Zeit, Vertrauen	Insolvenzprognose	Schematic faces nicht signifikant besser als Grafiken oder Tabellen. Frauen erzielen mit schematic faces bessere Ergebnisse als Männer. Kein signifikanter Einfluss von kognitivem Stil, kognitiven Fähigkeiten und "ambiguity tolerance".	Person

Anhang 8: Übersicht der Experimente zur Visualisierung

Autor(en)	Jahr	Unabhängige Variable	Abhängige Variable	Aufgabe	Ergebnis	Einfluß-faktor
Speier, Vessey, Valcich	2003	Aufgabenart, Komplexität, Störungen während der Bearbeitung	Entscheidungsqualität, Zeit	Kapazitätsplanung, Standortentscheidung, Planungsaufgabe	Störungen während der Bearbeitung wirken sich tlw. positiv auf einfache Aufgaben und negativ auf komplexe Aufgaben aus. Cognitive-fit-Theorie bestätigt, bei Störungen Grafiken gleich bzw. vorteilhafter für alle Aufgabenarten.	Aufgabe
Arunachalam et al.	2002	Korrekte/falsche Darstellungen	Entscheidungsqualität	Investitionsentscheidung	Falsche Darstellungen in Grafiken beeinflußen die Entscheidung, auch wenn korrekte numerische Werte angegeben sind.	Gestaltung
Atkins et al.	2002	Komplexität, Format	Entscheidungsqualität, Zeit, Lerneffekt	Minimierung der Lagerverwaltungskosten	Kombinierte Formate verbessern die Leistung, jedoch kein Unterschied im Zeitbedarf. Der Lerneffekt ist ohne kombinierte Formate stärker.	Aufgabe
So, Smith	2002	Farbe, Komplexität	Entscheidungsqualität	Insolvenzprognose	Bei hoher Komplexität kein Unterschied zwischen farbigen und schwarz-weiß Grafiken, bei niedriger Komplexität Farbe besser. Effekt von Farbe nur bei Frauen signifikant, bei Männern kein Unterschied.	Aufgabe/ Gestaltung
Bierstaker, Brody	2001	Format, Erfahrung	Entscheidungsqualität	Audit der internen Kontrollsysteme	Kein signifikanter Einfluss des Formats auf die Entscheidungsqualität jedoch hoch signifikanter Einfluss der Erfahrung.	Gestaltung/ Person
Chan	2001	Informationsmenge, Format	Entscheidungsqualität	Vorhersage des Geschäftsergebnisses	Kein signifikanter Einfluss des Formats auf die Entscheidungsqualität sowohl bei normaler Informationsmenge als auch bei "information overload".	Aufgabe
Meyer	2000	Format, Komplexität, Anzahl der Durchgänge	Entscheidungsqualität, Zeit	siehe Meyer et al (1997)	Tabellen anfangs besser als Grafiken für alle Aufgaben, Erfahrung führt zu Verbesserung vor allen Formaten. Der Unterschied zwischen den Formaten verschwindet für räumliche Aufgaben mit Erfahrung.	Aufgabe
Dull, Tegarden	1999	Format	Entscheidungsqualität, Zeit	Trendprognose	3D-Grafiken besser als 2D für "momentum accounting"-Daten	Gestaltung
Meyer, Shamo, Gopher	1999	Struktur der Daten, Information über Struktur	Entscheidungsqualität, Zeit	Vergleich von Punkten in einem Diagramm, Trendprognose, Erkennen der zugrundeliegen Struktur	Insgesamt Punktablesung besser bei Tabellen, Trendprognose bei Grafiken, Lerneffekt vorhanden.Vorteil für Grafiken bei Struktur in den Daten.	Aufgabe
Tractinsky, Meyer	1999	Präsentationsziele, positiver/negativer Präsentationsinhalt	Entscheidung für Format, Bewertung des Formats	Wahl eines Präsentationsformats für Umsatzentwicklung	Kein Unterschied in der Formatwahl bei Präsentation für eigene Entscheidung oder anderen Entscheider wenn Ziel eine richtige Entscheidung ist. Bei Ziel Beeindruckung wird unterschiedliche Grafik (mehr 3D) gewählt. Effekt wird durch negativen Präsentationsinhalt verstärkt.	Ziele
Wilson, Zigurs	1999	Aufgabenart, Wahl des Formats	Entscheidungsqualität, Zeit, Konsistenz der Formatwahl, Akzeptanz von Entscheidungsleitlinien	siehe Wilson, Addo (1994)	Ein nach Cognitive Fit gewähltes Format führt zu besserer Entscheidungsqualität als ein vom Nutzer präferiertes Format. Die Nutzerpräferenz ist nur für symbolische Aufgaben besser als eine Zufallswahl. Nutzer akzeptieren Entscheidungsleitlinien, wenn ihre Auswahl nicht eingeschränkt wird.	Aufgabe

Anhang 8: Fortsetzung

Autor(en)	Jahr	Unabhängige Variable	Abhängige Variable	Aufgabe	Ergebnis	Einfluß-faktor
Zacks, Tversky	1999	Exp. 1 und 2: Format Exp. 3: Beschreibung eines statistischen Zusammenhangs	Exp. 1 und 2: Beschreibung des Zusammenhangs Exp. 3: Darstellungsform	Exp. 1 und 2: Beschreibung von Säulen-/ Liniendiagrammen, Exp. 3: Darstellung von vorgegebenen Zusammenhängen	Exp. 1 und 2: Die Art der Informationsdarstellung gibt vor, wie die Inhalte verstanden werden. Liniendiagramme werden als Trend gewertet, Säulendiagramme als diskrete Zusammenhänge. Exp 3: Trendaussagen werden in Form von Liniendiagrammen dargestellt, diskrete Zusammenhänge mit Säulendiagrammen.	Format
Frownfelter-Lohrke	1998	Aufgabenart, Format, Lernverhalten	Entscheidungsqualität	Unternehmensbewertung, Prognose des Unternehmenserfolgs	Lerneffekt nicht bestätigt, cognitive-fit Theorie nicht bestätigt, kombiniertes Format nicht besser als einzelne Formate alleine	Aufgabe/ Person
Kennedy, Te'eni, Treleaven	1998	Aufgabe, Format, Komplexität	Strategie (Anzahl und Reihenfolge elementarer Prozesse), Qualität, Zeit, Uniformität	Ablesen Vergleichen von Werten und Trends	Es werden einheitliche, effiziente Strategien gebildet. Effiziente Strategien werden leichter und schneller gefunden, wenn Aufgabe und Format matchen (Cognitive Fit).	Aufgabe
Stocks, Tuttle	1998	Informationsmenge, Informationsart	Entscheidungsqualität	Beurteilung des Risikos von zukünftigen Finanzproblemen verschiedener Firmen	Die Zusammenfassung von Informationen in aussagekräftigen Kategorien verbessert die Entscheidungsqualität.	Gestaltung
Tuttle, Kershaw	1998	Format, Beurteilungsstrategie	Beurteilungsqualität, -konsistenz und -modelltreue, Zeit	Leistungsbeurteilung von Managern	Grafiken besser für Beurteilung bei ganheitlicher Beurteilungsstrategie, kein Unterschied zu Tabellen in analytischer Beurteilungsstrategie. In Bezug auf Zeit kein Unterschied bei ganzheitlicher Beurteilungsstrategie, aber ein Zeitvorteil durch Tabellen bei analytischer Beurteilungsstrategie.	Aufgabe
Meyer, Shinar, Leiser	1997	Aufgabenart, Format, Komplexität	Genauigkeit, Zeit	Ablesen und Vergleich von Punkten in in Diagrammen	Reaktionszeiten für Tabellen schneller als für Grafiken, Entscheidungsqualität besser bei Tabellen oder gleich, Lerneffekt.	Aufgabe
Smelcer, Carmel	1997	Format, geografische Beziehung, Komplexität	Zeit	Neubestimmung von Grenzen, Streckenoptimierung, Lageentscheidung	Landkarten führen zu schnelleren Entscheidungen als Tabellen und bei erhöhter Komplexität zu weniger stark zunehmendem Zeitbedarf. Kein signifikanter Einfluss des räumlichen Vorstellungsvermögens der Versuchspersonen.	Aufgabe/ Person
Sponholz	1997	Format	Effizienz der Informationsaufnahme und -verarbeitung	Beurteilung der Umsatzrendite eines Handelsbetriebes und Ableitung von Handlungsempfehlungen	Das Präsentationsformat hat nur wenig Einfluss auf das Informationsverhalten. Grafiken führen nicht zu einer selektiven Beschaffung "auffälliger" Informationen. Cognitive Fit führt zu einer effizienteren Informationsaufnahme und -verarbeitung.	Aufgabe
Harvey, Bolger	1996	Format, Art der Zeitreihe	Entscheidungsqualität	Vorhersage von Zeitreihen	Grafiken führen zu besseren Ergebnissen als Tabellen bei Zeitreihen, die einem Trend unterliegen. Ohne Trend führen Tabellen zu geringfügig besseren Ergebnissen.	Aufgabe
Siegrist	1996	Format	Genauigkeit, Zeit	Abschätzung von Teilen eines Kreisdiagramms, Vergleich von Säulendiagrammen	Genauigkeit bei 2D-Kreisdiagrammen größer als bei 3D-Kreisdiagrammen. Genauigkeit bei Säulendiagrammen abhängig von Position und Größe der Säule. Zeitbedarf bei 3D-Säulendiagrammen länger als bei 2D-Säulendiagrammen.	Gestaltung

Anhang 8: Fortsetzung

Autor(en)	Jahr	Unabhängige Variable	Abhängige Variable	Aufgabe	Ergebnis	Einfluß-faktor
Smith, Taffler	1996	Format	Entscheidungsqualität, Zeit	Insolvenzprognose	Schematic faces führten zu schnelleren Ergebnissen bei gleicher Qualität im Vergleich zu anderen Formaten.	Aufgabe
Bricker, Nehmer	1995	Format, Grad der Vorverarbeitung der Information	Entscheidungsqualität, Zeit	Vergleich des Erfolgs von Unternehmen	Grafiken mit vorverarbeiteten Daten wirken besser als Grafiken mit Rohdaten. Wirkung von schematic faces abhängig von der Wahl der Gestaltungsmerkmalen (Augen, Mund, Gesichtsform).	Gestaltung/ Aufgabe
Hwang	1995	Aufgabenart, Format, Komplexität, Zeitvorgabe	Entscheidungsqualität	Entscheidung über Kreditvergabe, Prognose der Nachfrageentwicklung für verschiedene Produkte, Textverständnis	Bei niedrigem Zeitdruck ist die Vorteilhaftigkeit von Formaten abhängig vom Cognitive Fit, bei hohem Zeitdruck sind Grafiken besser.	Aufgabe
Wright	1995	Format, Komplexität	Entscheidungsqualität	Beurteilung der Wahrscheinlichkeit der Kreditrückzahlung	Grafiken führen zu besserer Entscheidungsqualität, insbesondere bei steigender Komplexität.	Aufgabe
Coll, Coll, Thakur	1994	Aufgabenart, Format, Komplexität, Studienhintergrund	Entscheidungsqualität, Zeit	Multiple-Choice Fragen zu unterschiedlichen Thematiken	Tabellen besser bei Fragen nach konkreten Zahlenwerten, Grafiken besser für Fragen nach Beziehungen zwischen den Daten. Bei gemischten Fragen Tabellen besser. Tabellen besser bei Wirtschaftsstudenten, Grafiken bei Ingenieursstudenten. Allgemeine Präferenz für Tabellen.	Aufgabe/ Person
Umanath, Vessey	1994	Format, Informationsmenge	Entscheidungsqualität, Zeit	Insolvenzprognose	Bestätigung des Cognitive fit. Bar graphs > Tabellen > schematic faces für die Entscheidungsqualität, bei Geschwindigkeit schematic faces > bar graphs = tables. Höhere Informationsmenge hat negativen Effekt auf die Geschwindigkeit, keine Auswirkung auf die Qualität.	Aufgabe
Wilson, Addo	1994	Aufgabenart, Format, Komplexität	Entscheidungsqualität, Zeit	Beantwortung verschiedener Fragen zu Informationen in Grafiken	Balkendiagramme führen insgesamt zu guten Ergebnissen. Kreisdiagramme und geteilte Balkendiagramme sind bei symbolischen Aufgaben im ineffizientesten.	Gestaltung/ Aufgabe
Amer	1991	Aufgabenart, Format	Entscheidungsqualität, Zeit	Beurteilung der Kreditwürdigkeit (holistisch), Analyse der Verletzung von Kreditbedingungen (analytisch)	Kein Unterschied der Formate bei der holistischen Aufgabe. Tabellen besser als Grafiken bei der analytischen Aufgabe.	Aufgabe
Hard, Vanecek	1991	Aufgabenart, Format	Entscheidungsqualität, Zeit	Beantwortung unterschiedlicher Aufgaben zu financial reports	Tabellen besser für Akkumulations- und Prognoseaufgaben, kein Unterschied bei Erkennensaufgaben	Aufgabe
Vessey, Galetta	1991	Aufgabenart, Format	Entscheidungsqualität, Zeit	Beantwortung von analytischen und räumlichen Fragen zu Bankkonten	Cognitive fit bestätigt, Analytische und räumliche Fähigkeiten haben Auswirkungen auf die Performance, Subjekte formen eine mentale Repräsentation des Problems auf Basis des ersten Problemelements, dass ihnen begegnet.	Aufgabe/ Person

Anhang 8: Fortsetzung

LITERATURVERZEICHNIS

Abdolmohammadi, M./Wright, A. (1987): An Examination of the Effects of Experience and Task Complexity on Audit Judgments, in: Accounting Review, Jg. 62, S. 1-13.

Abels, H./Degen, H. (1981): Handbuch des statistischen Schaubilds. Konstruktion, Interpretation und Manipulation von graphischen Darstellungen, Herne.

Adam, P. (2007): Zielgruppengerechte Präsentation, Visualisierung und Moderation als Kommunikationswerkzeuge des Controlling, in: Steinle, C.; Daum, A. (Hrsg.): Controlling. Kompendium für Ausbildung und Praxis, 4. Aufl., Stuttgart, S. 627-678.

Allinson, C.W./Hayes, J. (1996): The Cognitive Style Index: A Measure of Intuition-Analysis for Organizational Research, in: Journal of Management Studies, Jg. 33, S. 119-135.

Alvarez, G.A./Cavanagh, P. (2004): The Capacity of Visual Short-Term Memory Is Set Both by Visual Information Load and by Number of Objectives, in: Psychological Science, Jg. 15, S. 106-111.

Amer, T. (1991): An Experimental Investigation of Multi-Cue Financial Information Display and Decision Making, in: Journal of Information Systems, Jg. 5, S. 18-34.

Amer, T. (2005): Bias Due to Visual Illusion in the Graphical Presentation of Accounting Information, in: Journal of Information Systems, Jg. 19, S. 1-18.

Amshoff, B. (1993): Controlling in deutschen Unternehmungen. Realtypen, Kontext und Effizienz, Wiesbaden.

Arnold, V./Collier, P.A./Leech, S.A./Sutton, S.G. (2004): Impact of intelligent decision aids on expert and novice decision-makers' judgments, in: Accounting & Finance, Jg. 44, S. 1-26.

Arunachalam, V./Pei, B.K./Steinbart, P.J. (2002): Impression Management with Graphs: Effects on Choices, in: Journal of Information Systems, Jg. 16, S. 183-202.

Ashton, R.H./Kramer, S.S. (1980): Students as Surrogates in Behavioral Accounting Research: Some Evidence, in: Journal of Accounting Research, Jg. 18, S. 1-15.

Atkins, P.W./Wood, R.E./Rutgers, P.J. (2002): The effects of feedback format on dynamic decision making, in: Organizational Behavior and Human Decision Processes, Jg. 88, S. 587-604.

Bariff, M.L./Lusk, E.J. (1977): Cognitive and Personality Tests for the Design of Management Information Systems, in: Management Science, Jg. 23, S. 820-829.

Bauer, S. (2003): Motivationsförderliche Anreizsysteme, in: Bullinger, H.-J.; Warnecke, H.J.; Westkämper, E. (Hrsg.): Neue Organisationsformen im Unternehmen. Ein Handbuch für das moderne Management, 2. Aufl., Berlin, S. 1055-1083.

Bazerman, M.H. (2006): Judgment in managerial decision making, 6. Aufl., Hoboken.

Beach, L.R./Mitchell, T.R. (1978): A Contingency Model for the Selection of Decision Strategies, in: Academy of Management. The Academy of Management Review, Jg. 3, S. 439-449.

Beattie, V./Jones, M.J. (1992): The Use and Abuse of Graphs in Annual Reports: Theoretical Framework and Empirical Study, in: Accounting and Business Research, Jg. 22, S. 291-303.

Beattie, V./Jones, M.J. (2001): A six-country comparison of the use of graphs in annual reports, in: The International Journal of Accounting, Jg. 36, S. 195-222.

Beattie, V./Jones, M.J. (2002): Measurement distortion of graphs in corporate reports: An experimental study, in: Accounting, Auditing & Accountability Journal, Jg. 15, S. 546-564.

Becker, J. (2003): Die Entscheidungsanomalien des homo oeconomicus, in: Beckenbach, F. (Hrsg.): Psychologie und Umweltökonomik, Marburg, S. 41-83.

Benbasat, I./Dexter, A.S. (1986): An Investigation of the Effectiveness of Color and Graphical Information Presentation Under Varying Time Constraints, in: MIS Quarterly, Jg. 10, S. 59-83.

Berthel, J. (1992): Informationsbedarf, in: Frese, E. (Hrsg.): Handwörterbuch der Organisation, 3. Aufl., Stuttgart, Sp. 872-886.

Bettman, J.R./Kakkar, P. (1977): Effects of Information Presentation Format on Consumer Information Acquisition Strategies, in: Journal of Consumer Research, Jg. 3, S. 233-240.

Blaylock, B.K./Rees, L.P. (1984): Cognitive Style and the Usefulness of Information, in: Decision Sciences, Jg. 15, S. 74-91.

Blech, J. (2008): Die Sprache des Gehirns, in: Der Spiegel, H. 14/2008, S. 132-146.

Blocher, E./Moffie, R.P./Zmud, R.W. (1986): Report Format and Task Complexity: Interactions in Risk Judgments, in: Accounting, Organizations and Society, Jg. 11, S. 457-470.

Bonner, S.E. (1994): A model of the effects of audit task complexity, in: Accounting, Organizations and Society, Jg. 19, S. 213-234.

Bonner, S.E. (2008): Judgment and decision making in accounting, Upper Saddle River.

Bonner, S.E./Lewis, B.L. (1990): Determinants of Auditor Expertise, in: Journal of Accounting Research, Jg. 28, S. 1-20.

Bork, T.A. (1994): Informationsüberlastung in der Unternehmung. Eine Mehrebenenanalyse zum Problem information overload aus betriebswirtschaftlicher Sicht, Frankfurt/ Main.

Bortz, J. (2005): Statistik für Human- und Sozialwissenschaftler, 6. Aufl., Heidelberg.

Bortz, J./Döring, N. (2006): Forschungsmethoden und Evaluation. Für Human- und Sozialwissenschaftler, 4. Aufl., Berlin.

Botschatzke, W. (1998): Koordination und Informationsversorgung als Kernfunktionen des Controlling, in: Steinle, C.; Eggers, B.; Lawa, D. (Hrsg.): Zukunftsgerichtetes Controlling. Unterstützungs- und Steuerungssystem für das Management ; mit Fallbeispielen, 3. Aufl, Wiesbaden, S. 97-108.

Bounford, T./Campbell, A. (2001): Digitale Diagramme, München.

Breger, W./Grob, H.L. (2003): Präsentieren und Visualisieren. Mit und ohne Multimedia, München.

Bricker, R./Nehmer, R. (1995): Information Presentation Format, Degree of Information Processing, and Decision Quality, in: Advances in Accounting Information Systems, Jg. 3, S. 3-29.

Bruch, H. (2003): Techniken der Visualisierung, Präsentation und Moderation als personale Kommunikationswerkzeuge des Controlling, in: Steinle, C.; Bruch, H. (Hrsg.): Controlling. Kompendium für Ausbildung und Praxis, 3. Aufl., Stuttgart, S. 650-700.

Bruns, W.J./McKinnon, S.M. (1993): Information and managers: A field study, in: Journal of Management Accounting Research, Jg. 5, S. 84-108.

Buchner, A./Brandt, M. (2008): Gedächtniskonzeptionen und Wissensrepräsentation, in: Müsseler, J. (Hrsg.): Allgemeine Psychologie, 2. Aufl., Berlin, S. 429-464.

Bühner, M./Ziegler, M. (2009): Statistik für Psychologen und Sozialwissenschaftler, München.

Camerer, C./Loewenstein, G./Weber, M. (1989): The Curse of Knowledge in Economic Settings: An Experimental Analysis, in: Journal of Political Economy, Jg. 97, S. 1232-1254.

Campbell, D.J. (1988): Task Complexity: A Review and Analysis, in: Academy of Management Review, Jg. 13, S. 40-52.

Card, S.K./Mackinlay, J.D./Shneiderman, B. (1999): Readings in information visualization. Using vision to think, San Francisco.

Cardinaels, E. (2008): The interplay between cost accounting knowledge and presentation formats in cost-based decision-making, in: Accounting, Organizations and Society, Jg. 33, S. 582-602.

Carswell, C.M./Wickens, C.D. (1987): Information integration and the object display. An interaction of task demands and display superiority, in: Ergonomics, Jg. 30, S. 511-527.

Chalmers, A.F. (2007): Wege der Wissenschaft. Einführung in die Wissenschaftstheorie, 6. Aufl., Berlin, Heidelberg.

Chandra, A./Krovi, R. (1999): Representational congruence and information retrieval: Towards an extended model of cognitive fit, in: Decision Support Systems, Jg. 25, S. 271-288.

Chen, C. (2006): Information Visualization. Beyond the Horizon, 2. Aufl., London.

Chernoff, H. (1973): The Use of Faces to Represent Points in k-Dimensional Space Graphically, in: Journal of the American Statistical Association, Jg. 68, S. 361-368.

Chmielewicz, K. (1994): Forschungskonzeptionen der Wirtschaftswissenschaft, 3. Aufl., Stuttgart.

Christ, R.E./Corso, G.M. (1983): The Effects of Extended Practice on the Evaluation of Visual Display Codes, in: Human Factors, Jg. 25, S. 71-84.

Cleveland, W.S. (1993): Visualizing data, Murray Hill.

Cleveland, W.S./McGill, R. (1984): Graphical Perception: Theory, Experimentation, and Application to the Development of Graphical Methods, in: Journal of the American Statistical Association, Jg. 79, S. 531-554.

Coll, J.H./Coll, R.A. (1993): Tables and graphs: A classification scheme for display presentation variables and a framework for research in this area, in: Information Processing & Management, Jg. 29, S. 745-750.

Coll, R.A./Coll, J.H./Thakur, G. (1994): Graphs and tables: A four-factor experiment, in: Communications of the ACM, Jg. 37, S. 76-86.

Davis, D.L./Elnicki, R.A. (1984): User cognitive types for decision support systems, in: Omega, Jg. 12, S. 601-614.

DeSanctis, G. (1984): Computer Graphics as Decision Aids: Directions for Research, in: Decision Sciences, Jg. 15, S. 463-487.

DeSanctis, G./Jarvenpaa, S.L. (1989): Graphical Presentation of Accounting Data for Financial Forecasting: An Experimental Investigation, in: Accounting, Organizations and Society, Jg. 14, S. 509-525.

Deyhle, A. (1982): Management- & Controlling-Brevier. Manager und Controller im Team, Gauting.

Dilla, W.N./Steinbart, P.J. (2005): The effects of alternative supplementary display formats on balanced scorecard judgments, in: International Journal of Accounting Information Systems, Jg. 6, S. 159-176.

Dipboye, R.L./Flanagan, M.F. (1979): Research settings in industrial and organizational psychology: Are findings in the field more generalizable than in the laboratory?, in: American Psychologist, Jg. 34, S. 141-150.

Dunwoody, P.T./Haarbauer, E./Mahan, R.P./Marino, C./Tang, C.-C. (2000): Cognitive Adaptation and its Consequences: a Test of Cognitive Continuum Theory, in: Journal of Behavioral Decision Making, Jg. 13, S. 35-54.

Edelmann, W. (2000): Lernpsychologie, 6. Aufl., Weinheim.

Edmunds, A./Morris, A. (2000): The problem of information overload in business organisations: a review of the literature, in: International Journal of Information Management, Jg. 20, S. 17-28.

Eichholz, R.R. (2008): Berichtswesen und Informationsmanagement, 3. Aufl., München.

Einhorn, H.J./Hogarth, R.M. (1981): Behavioral Decision Theory: Processes of Judgment and Choice, in: Annual Review of Psychology, Jg. 32, S. 53-88.

Eppler, M./Mengis, J. (2004): The Concept of Information Overload: A Review of Literature from Organization Science, Accounting, Marketing, MIS, and Related Disciplines, in: Information Society, Jg. 20, S. 325-344.

Faul, F./Erdfelder, E./Lang, A.-G./Buchner, A. (2007): G*Power 3: A flexible statistical power analysis program for the social, behavioral, and biomedical sciences, in: Behavior Research Methods, Jg. 39, S. 175-191.

Fink, W.F. (1987): Kognitive Stile, Informationsverhalten und Effizienz in komplexen betrieblichen Beurteilungsprozessen. Theoret. Ansätze und ihre empirische Prüfung, Frankfurt/Main.

Fischer, M. (1998): Visualisierung von Management-Informationen, Regensburg.

Fischhoff, B./MacGregor, D. (1982): Subjective Confidence in Forecasts, in: Journal of Forecasting, Jg. 1, S. 155-172.

Friedman, D./Cassar, A. (2004a): First principles. Induced value theory, in: Friedman, D.; Cassar, A.; Selten, R. (Hrsg.): Economics lab. An intensive course in experimental economics, London, S. 25-31.

Friedman, D./Cassar, A. (2004b): Economists go to the laboratory. Who, what, when and why, in: Friedman, D.; Cassar, A.; Selten, R. (Hrsg.): Economics lab. An intensive course in experimental economics, London, S. 12-22.

Frownfelter-Lohrke, C. (1998): The Effects of Differing Information Presentations of General Purpose Financial Statements on Users' Decisions, in: Journal of Information Systems, Jg. 12, S. 99-107.

Fry, B. (2008): Visualizing data, Sebastopol.

Fülbier, R.U. (2004): Wissenschaftstheorie und Betriebswirtschaftslehre, in: WiSt Wirtschaftswissenschaftliches Studium, Jg. 33, S. 266-271.

Gächter, S./Königstein, M. (2002): Experimentelle Forschung, in: Küpper, H.-U.; Wagenhofer, A. (Hrsg.): Handwörterbuch Unternehmensrechnung und Controlling, 4. Aufl., Stuttgart, Sp. 504-512.

Gallén, T. (2006): Managers and strategic decisions: does the cognitive style matter?, in: The Journal of Management Development, Jg. 25, S. 118-133.

Gardner, W.L./Martinko, M.J. (1996): Using the Myers-Briggs Type Indicator to Study Managers: A Literature Review and Research Agenda, in: Journal of Management, Jg. 22, S. 45-83.

Gattis, M./Holyoak, K.J. (1996): Mapping Conceptual to Spatial Relations in Visual Reasoning, in: Journal of Experimental Psychology: Learning, Memory, and Cognition, Jg. 22, S. 231-239.

Gemünden, H.G. (1992): Informationsverhalten, in: Frese, E. (Hrsg.): Handwörterbuch der Organisation, 3. Aufl., Stuttgart, Sp. 1010-1029.

Geßler, J.R. (1993): Statistische Graphik, Basel.

Gillenkirch, R.M./Arnold, M.C. (2008): State of the Art des Behavioral Accounting, in: WiSt Wirtschaftswissenschaftliches Studium, Jg. 37, S. 128-134.

Gladen, W. (2008): Performance Measurement. Controlling mit Kennzahlen, 4. Aufl., Wiesbaden.

Glass, A.L./Holyoak, K.J./Santa, J.L. (1979): Cognition, Reading.

Greeno, J.G. (1978): Natures of Problem-Solving Abilities, in: Estes, W.K. (Hrsg.): Handbook of Learning and Cognitive Processes. Human Information Processing, Hillsdale, S. 239-270.

Guala, F. (2005): The methodology of experimental economics, Cambridge.

Gul, F.A. (1984): The Joint and Moderating Role of Personality and Cognitive Style on Decision Making, in: Accounting Review, Jg. 59, S. 264-277.

Hair, J.F./Money, A.H./Page, M./Samouel, P. (2007): Research Methods for Business, Chichester.

Hambrick, D.C./Mason, P.A. (1984): Upper Echelons: The Organization as a Reflection of Its Top Managers, in: Academy of Management Review, Jg. 9, S. 193-206.

Hammer, A.L. (Hrsg./1996): MBTI Applications. A Decade of Research on the Myers-Briggs Type Indicator, Palo Alto.

Harbert, L. (1982): Controlling-Begriffe und Controlling-Konzeptionen. Eine kritische Betrachtung des Entwicklungsstandes des Controlling und Möglichkeiten seiner Fortentwicklung, Bochum.

Hard, N.J./Vanecek, M.T. (1991): The Implications of Tasks and Format on the Use of Financial Information, in: Journal of Information Systems, Jg. 5, S. 35-49.

Harris, R.L. (1999): Information graphics. A comprehensive illustrated reference, Oxford.

Haynes, C.M./Kachelmeier, S.J. (1998): The effects of accounting contexts on accounting decisions: A synthesis of cognitive and economic perspectives in accounting experimentation, in: Journal of Accounting Literature, Jg. 17, S. 97-136.

Heigl, A. (1989): Controlling - interne Revision, 2. Aufl., Stuttgart.

Henderson, J.C./Nutt, P.C. (1980): The Influence of Decision Style on Decision Making Behavior, in: Management Science, Jg. 26, S. 371-386.

Hertwig, R./Ortmann, A. (2001): Experimental practices in economics: A methodological challenge for psychologists?, in: Behavioral and Brain Sciences, Jg. 24, S. 383-403.

Hichert, R. (2007): Managementberichte verständlich gestalten. Empfehlungen zur Verbesserung, in: CFO aktuell – Zeitschrift für Finance & Controlling, Jg. 1, S. 173-175.

Hichert, R. (2008): "Klare Botschaften und verständliche Darstellungen verschaffen dem Controller Gehör", in: ZfCM Controlling & Management, Jg. 52, S. 15-17.

Hill, W.Y./Milner, M.M. (2003): Guidelines for graphical displays in financial reporting, in: Accounting Education, Jg. 12, S. 135-157.

Himme, A. (2007): Gütekriterien der Messung: Reliabilität, Validität und Generalisierbarkeit, in: Albers, S.; Klapper, D.; Konradt, U.; Walter, A.; Wolf, J. (Hrsg.): Methodik der empirischen Forschung, 2. Aufl., Wiesbaden, S. 375-390.

Hirsch, B. (2007): Controlling und Entscheidungen. Zur verhaltenswissenschaftlichen Fundierung des Controllings, Tübingen.

Hirsch, B./Paefgen, A./Schaier, S. (2008): Gestaltung von Monatsberichten in deutschen Großunternehmen, in: ZfCM Controlling & Management, Jg. 52, S. 326-332.

Hirst, M.K./Baxter, J.A. (1993): A Capital Budgeting Case Study: An Analysis of a Choice Process and Roles of Information, in: Behavioral Research in Accounting, Jg. 5, S. 187-210.

Ho, J.L./Rodgers, W. (1993): A review of accounting research on cognitive characteristics, in: Journal of Accounting Literature, Jg. 12, S. 101-130.

Hodgkinson, G.P./Sadler-Smith, E. (2003): Complex or unitary? A critique and empirical reassessment of the Allinson--Hayes Cognitive Style Index, in: Journal of Occupational & Organizational Psychology, Jg. 76, S. 243-268.

Hoffjan, A. (2003): Visualisierung im Controlling. Die Wetterkarte des Controllers, in: Controller Magazin, Jg. 28, S. 7-11.

Holst, E. (2005): Frauen in Führungspositionen - Massiver Nachholbedarf bei großen Unternehmen und Arbeitgeberverbänden, in: Wochenbericht des DIW Berlin, Jg. 72, S. 49-57.

Horváth, P. (2009): Controlling, 11. Aufl., München.

Hough, J.R./ogilvie, d. (2005): An Empirical Test of Cognitive Style and Strategic Decision Outcomes, in: Journal of Management Studies, Jg. 42, S. 417-448.

Huber, G.P. (1983): Cogntive Styles as a Basis for MIS and DSS Design: Much Ado About Nothing?, in: Management Science, Jg. 29, S. 567-579.

Huber, O. (2002): Das psychologische Experiment. Eine Einführung, 3. Aufl., Bern.

Hummel, T.R. (2007): Quellen und Elemente von Informationssystemen des Controlling, in: Steinle, C.; Daum, A. (Hrsg.): Controlling. Kompendium für Ausbildung und Praxis, 4. Aufl., Stuttgart, S. 507-521.

Hunt, R.G./Krzystofiak, F.J./Meindl, J.R./Yousry, A.M. (1989): Cognitive style and decision making, in: Organizational Behavior and Human Decision Processes, Jg. 44, S. 436-453.

Hwang, M.I./Wu, B.J. (1991): The effectiveness of computer graphics for decision support: meta-analytical integration of research findings, in: ACM SIGMIS Database, Jg. 21, S. 11-20.

Irrek, W. (2002): Controlling als Rationalitätssicherung der Unternehmensführung. Denkanstöße zur jüngsten Entwicklung der Controllingdiskussion, in: Kostenrechnungspraxis, Jg. 46, S. 46-51.

Jarvenpaa, S.L. (1989): The Effect of Task Demands and Graphical Format on Information Processing Strategies, in: Management Science, Jg. 35, S. 285-303.

Jarvenpaa, S.L. (1990): Graphic Displays in Decision Making -- The Visual Salience Effect, in: Journal of Behavioral Decision Making, Jg. 3, S. 247-262.

Jarvenpaa, S.L./Dickson, G.W. (1988): Graphics and Managerial Decision Making: Research Based Guidelines, in: Communications of the ACM, Jg. 31, S. 764-774.

Jarvenpaa, S.L./Dickson, G.W./DeSanctis, G. (1985): Methodological Issues in Experimental IS Research: Experiences and Recommendations, in: MIS Quarterly, Jg. 9, S. 141-156.

Johnson, E.J./Payne, J.W. (1985): Effort and Accuracy in Choice, in: Management Science, Jg. 31, S. 395-414.

Jung, C.G. (1921): Psychologische Typen, Zürich.

Kadous, K./Koonce, L./Towry, K.L. (2005): Quantification and Persuasion in Managerial Judgement, in: Contemporary Accounting Research, Jg. 22, S. 643-686.

Kahneman, D./Slovic, P./Tversky, A. (Hrsg./1982): Judgment under uncertainty. Heuristics and biases, Cambridge.

Keirsey, D./Bates, M. (1990): Versteh mich bitte. Character- und Temperament-Typen, Del Mar.

Kennedy, M./Te'eni, D./Treleaven, J.B. (1998): Impacts of decision task, data and display on strategies for extracting information, in: International Journal of Human-Computer Studies, Jg. 48, S. 159-180.

Kirby, L.K. (1997): Introduction: Psychological Type and the Myers-Briggs Type Indicator, in: Fitzgerald, C.; Kirby, L.K. (Hrsg.): Developing leaders, Palo Alto, S. 3-31.

Kleinmuntz, D.N./Schkade, D.A. (1993): Information Displays and Decision Processes, in: Psychological Science, Jg. 4, S. 221-227.

Koch, R. (1994): Betriebliches Berichtswesen als Informations- und Steuerungsinstrument, Frankfurt/Main.

Koffka, K. (1935): Principles of Gestalt psychology, New York.

Köhler, W. (1947): Gestalt psychology, New York.

Kornblum, W. (1995): Controlling in der Praxis - eine kontinuierliche Herausforderung, in: Controller Magazin, Jg. 20, S. 103-109.

Kosslyn, S.M. (1989): Understanding Charts and Graphs, in: Applied Cognitive Psychology, Jg. 3, S. 185-226.

Kosslyn, S.M. (2006): Graph design for the eye and mind, Oxford.

Krämer, W. (1998): So lügt man mit Statistik, 8. Aufl., Frankfurt/Main.

Krcmar, H. (2005): Informationsmanagement, 4. Aufl., Berlin.

Kroeber-Riel, W./Weinberg, P./Gröppel-Klein, A. (2009): Konsumentenverhalten, 9. Aufl., München.

Kubicek, H. (1975): Empirische Organisationsforschung. Konzeption und Methodik, Stuttgart.

Kumar, N./Benbasat, I. (2004): The Effect of Relationship Encoding, Task Type, and Complexity on Information Representation: An Empirical Evaluation of 2D and 3D Line Graphs, in: MIS Quarterly, Jg. 28, S. 255-281.

Küpper, H.-U. (2008): Controlling. Konzeption, Aufgaben und Instrumente, 5. Aufl., Stuttgart.

Langer, T. (2007): Experimentelle Forschung, in: Köhler, R.; Küpper, H.-U.; Pfingsten, A. (Hrsg.): Handwörterbuch der Betriebswirtschaft, Stuttgart, Sp. 421-430.

Leary, M.R. (2001): Impression Management, Psychology of, in: Smelser, N.J.; Baltes, P.B. (Hrsg.): International Encyclopedia of the Social & Behavioral Sciences, Oxford, S. 7245-7248.

Leary, M.R./Kowalski, R.M. (1990): Impression Management: A Literature Review and Two-Component Model, in: Psychological Bulletin, Jg. 107, S. 34-47.

Libby, R. (1981): Accounting and human information processing, Englewood Cliffs, N.J.

Libby, R. (1995): The role of knowledge and memory in audit judgment, in: Ashton, R.H.; Ashton, A.H. (Hrsg.): Judgment and decision-making research in accounting and auditing, Cambridge, S. 137-175.

Libby, R./Lewis, B.L. (1982): Human information processing research in accounting: The state of the art in 1982, in: Accounting, Organizations and Society, Jg. 7, S. 231-285.

Libby, R./Luft, J. (1993): Determinants of judgment performance in accounting settings: Ability, knowledge, motivation, and environment, in: Accounting, Organizations and Society, Jg. 18, S. 425-450.

Lichtenstein, S./Fischhoff, B./Phillips, L.D. (1982): Calibration of probabilites: The state of the art to 1980, in: Kahneman, D.; Slovic, P.; Tversky, A. (Hrsg.): Judgment under uncertainty. Heuristics and biases, Cambridge, S. 306-334.

Lindenberg, S. (1991): Die Methode der abnehmenden Abstraktion: Theoriegesteuerte Analyse und empirischer Gehalt, in: Esser, H. (Hrsg.): Modellierung sozialer Prozesse. Neuere Ansätze und Überlegungen zur soziologischen Theoriebildung; ausgewählte Beiträge zu Tagungen der Arbeitsgruppe "Modellierung Sozialer Prozesse" der Deutschen Gesellschaft für Soziologie, Bonn, S. 29-78.

Lingnau, V. (2008): Controlling, in: Corsten, H.; Reiß, M. (Hrsg.): Betriebswirtschaftslehre, 4. Aufl., München, S. 81-137.

Lohse, G.L. (1997): The role of working memory on graphical information processing, in: Behaviour & Information Technology, Jg. 16, S. 297-308.

Lowe, R.K. (1993): Constructing a mental representation from an abstract technical diagram, in: Learning and Instruction, Jg. 3, S. 157-179.

Lucas, H.C./Nielsen, N.R. (1980): The Impact of the Mode of Information Presentation on Learning and Performance, in: Management Science, Jg. 26, S. 982-993.

Lurie, N.H./Mason, C.H. (2007): Visual Representation: Implications for Decision Making, in: Journal of Marketing, Jg. 71, S. 160-177.

Lusk, E.J./Kersnick, M. (1979): The Effect of Cognitive Style and Report Format on Task Performance: The MIS Design Consequences, in: Management Science, Jg. 25, S. 787-798.

MacKay, D.B./Villarreal, A. (1987): Performance Differences in the Use of Graphic and Tabular Displays of Multivariate Data, in: Decision Sciences, Jg. 18, S. 535-546.

Mag, W. (1990): Grundzüge der Entscheidungstheorie, München.

Mahoney, L.S./Roush, P.B./Bandy, D. (2003): An investigation of the effects of decisional guidance and cognitive ability on decision-making involving uncertainty data, in: Information and Organization, Jg. 13, S. 85-110.

March, J.G./Simon, H.A. (1958): Organizations, New York.

Mason, R.O./Mitroff, I.I. (1973): A Program for Research on Management Information Systems, in: Management Science, Jg. 19, S. 475-487.

McCrae, R.R./Costa, P.T. (1989): Reinterpreting the Myers-Briggs Type Indicator From the Perspective of the Five-Factor Model of Personality, in: Journal of Personality, Jg. 57, S. 17-40.

McGhee, W./Shields, M.D./Birnberg, J.G. (1978): The Effects of Personality on a Subject's Information Processing, in: Accounting Review, Jg. 53, S. 681-697.

Mendoza, C./Bescos, P.-L. (2001): An explanatory model of managers' information needs: implications for management accounting, in: European Accounting Review, Jg. 10, S. 257-289.

Menon, A./Varadarajan, P.R. (1992): A model of marketing knowledge use within firms, in: Journal of Marketing, Jg. 56, S. 53-71.

Messick, S. (1976): Personality Consistencies in Cognition and Creativity, in: Messick, S. (Hrsg.): Individuality in learning, London, S. 4-22.

Metzger, W. (1975): Gesetze des Sehens, Frankfurt/Main.

Meyer, J. (1997a): A new look at an old study on information display: Washburne (1927) reconsidered, in: Human Factors, Jg. 39, S. 333-340.

Meyer, J. (2000): Performance with tables and graphs: effects of training and a Visual Search Model, in: Ergonomics, Jg. 43, S. 1840-1865.

Meyer, J./Shinar, D./Leiser, D. (1997): Multiple Factors that Determine Performance with Tables and Graphs, in: Human Factors, Jg. 39, S. 268-286.

Meyer, J.-A. (1996): Visualisierung im Management, Wiesbaden.

Meyer, J.-A. (1997b): The acceptance of visual information in management, in: Information & Management, Jg. 32, S. 275-287.

Meyer, J.-A. (1999): Visualisierung von Informationen, Verhaltenswissenschaftliche Grundregeln für das Management, Wiesbaden.

Miller, G.A. (1956): The magical number seven, plus or minus two: some limits on our capacity for processing information, in: Psychological Review, Jg. 63, S. 81-97.

Montazemi, A.R./Wang, S. (1988): The Effects of Modes of Information Presentation on Decision-Making: A Review and Meta-Analysis, in: Journal of Management Information Systems, Jg. 5, S. 101-127.

Moser, D.V. (1998): Using an Experimental Economics Approach in Behavioral Accounting Research, in: Behavioral Research in Accounting, Jg. 10, S. 94-110.

Möslein, K. (1999): Organisation und Visualisierung, München.

Müller, D. (2007): Moderatoren und Mediatoren in Regressionen, in: Albers, S.; Klapper, D.; Konradt, U.; Walter, A.; Wolf, J. (Hrsg.): Methodik der empirischen Forschung, 2. Aufl., Wiesbaden, S. 245-260.

Müller, W. (1974): Die Koordination von Informationsbedarf und Informationsbeschaffung als zentrale Aufgabe des Controlling, in: Zeitschrift für betriebswirtschaftliche Forschung (ZfbF), Jg. 26, S. 683-693.

Myers, I.B./McCaulley, M.H. (1985): A Guide to the Development and Use of the Myers-Briggs Type Indicator, Palo Alto.

Newell, A./Simon, H.A. (1972): Human problem solving, Englewood Cliffs.

Nibbelin, M.C./Bailey, C.D./Zmud, R.W. (1992): The Effects of Mode of Information Presentation and Cognitive Style on Bond-Rating Change Decisions, in: Advances in Accounting, Jg. 10, S. 159-174.

Obermaier, R./Müller, F. (2008): Management accounting research in the lab - method and applications, in: Zeitschrift für Planung & Unternehmenssteuerung, Jg. 19, S. 325-351.

Opp, K.-D./Schmidt, P. (1976): Einführung in die Mehrvariablenanalyse. Grundlagen der Formulierung und Prüfung komplexer sozialwissenschaftlicher Aussagen, Reinbek bei Hamburg.

Oskamp, S. (1965): Overconfidence in case-study judgments, in: Journal of Consulting Psychology, Jg. 29, S. 261-265.

Paefgen, A. (2009): Rationalitätsdefizite im Handeln von Controllern. Ausprägungsformen und Gegenmaßnahmen, Wiesbaden.

Paivio, A. (1986): Mental Representations. A Dual Coding Approach, New York.

Palmer, S./Rock, I. (1994): Rethinking perceptual organization: The role of uniform connectedness, in: Psychonomic Bulletin & Review, Jg. 1, S. 29-55.

Payne, J.W. (1976): Task Complexity and Contingent Processing in Decision Making: An Information Search and Protocol Analysis, in: Organizational Behavior & Human Performance, Jg. 16, S. 366-387.

Payne, J.W. (1982): Contingent Decision Behavior, in: Psychological Bulletin, Jg. 92, S. 382-402.

Picot, A./Reichwald, R./Wigand, R.T. (1998): Die grenzenlose Unternehmung. Information, Organisation und Management; Lehrbuch zur Unternehmensführung im Informationszeitalter, 3. Aufl., Wiesbaden.

Picot, A./Reichwald, R./Wigand, R.T. (2003): Die grenzenlose Unternehmung. Information, Organisation und Management; Lehrbuch zur Unternehmensführung im Informationszeitalter, 5. Aufl., Wiesbaden.

Pietsch, G./Scherm, E. (2000): Die Präzisierung des Controlling als Führungs- und Führungsunterstützungsfunktion, in: Die Unternehmung, Jg. 54, S. 395-412.

Pittenger, D.J. (2005): Cautionary comments regarding the Myers-Briggs Type Indicator, in: Consulting Psychology Journal: Practice and Research, Jg. 57, S. 210-221.

Platts, K./Tan, K.H. (2004): Strategy visualisation: knowing, understanding, and formulating, in: Management Decision, Jg. 42, S. 667-676.

Pollmann, R./Rühm, P. (2007): Controlling-Berichte professionell gestalten, Freiburg im Breisgau.

Rack, O./Christophersen, T. (2007): Experimente, in: Albers, S.; Klapper, D.; Konradt, U.; Walter, A.; Wolf, J. (Hrsg.): Methodik der empirischen Forschung, 2. Aufl., Wiesbaden, S. 17-32.

Ramnarayanan, R./Gardner, W.L. (1991): Interactions Among Presentation Formats, Cognitive Styles and Time Constraints: An Experimental Study, in: Proceedings of the Annual Meeting of the Decision Sciences Institute, S. 741-742.

Reichmann, T. (2006): Controlling mit Kennzahlen und Management-Tools. Die systemgestützte Controlling-Konzeption, 7. Aufl., München.

Roach, B. (1986): Organizational Decision-Makers: Different Types for Different Levels, in: Journal of Psychological Type, Jg. 12, S. 16-24.

Sarris, V. (1990): Methodologische Grundlagen der Experimentalpsychologie. Erkenntnisgewinnung und Methodik der experimentellen Psychologie, München.

Sarris, V. (1992): Methodologische Grundlagen der Experimentalpsychologie. Versuchsplanung und Stadien des psychologischen Experiments, München.

Schaefer, S./Lange, C. (2004): Informationsorientierte Controllingkonzeptionen - Ein Überblick und Ansatzpunkte der Weiterentwicklung, in: Scherm, E.; Pietsch, G. (Hrsg.): Controlling. Theorien und Konzeptionen, München, S. 103-124.

Schäffer, U. (2002): Rationalitätssicherung der Führung und Controlleraufgaben, in: Weber, J. (Hrsg.): Controlling als akademische Disziplin. Eine Bestandsaufnahme, Wiesbaden, S. 99-111.

Schäffer, U./Steiners, D. (2004): Zur Nutzung von Controllinginformationen, in: Zeitschrift für Planung & Unternehmenssteuerung, Jg. 15, S. 377-404.

Schäffer, U./Steiners, D. (2005): Controllinginformationen für das Top-Management deutscher Industrieunternehmen - Angebot und Nutzung im Spiegel einer empirischen Erhebung, in: Controlling & Management, Jg. 49, S. 209-224.

Schäffer, U./Weber, J. (2002): Thesen zum Controlling, in: Weber, J. (Hrsg.): Controlling als akademische Disziplin. Eine Bestandsaufnahme, Wiesbaden, S. 91-97.

Scheed, B.-A. (2000): Informationspräsentation in Marketing-decision-support-Systemen. Möglichkeiten und Grenzen der Informationsvisualisierung, München.

Scherm, E./Pietsch, G. (2004a): Theorie und Konzeption in der Controllingforschung, in: Scherm, E.; Pietsch, G. (Hrsg.): Controlling. Theorien und Konzeptionen, München, S. 3-19.

Scherm, E./Pietsch, G. (Hrsg./2004b): Controlling. Theorien und Konzeptionen. München.

Schick, A.G./Gordon, L.A./Haka, S. (1990): Information overload: A temporal approach, in: Accounting, Organizations and Society, Jg. 15, S. 199-220.

Scholl, W. (1992): Informationspathologien, in: Frese, E. (Hrsg.): Handwörterbuch der Organisation, 3. Aufl., Stuttgart, Sp. 900-912.

Schroder, H.M./Driver, Michael J./Streufert, S. (1967): Human Information Processing: Individuals and Groups Functioning in Complex Social Situations, New York.

Schulz, A.K. (1999): Experimental research method in a management accounting context, in: Accounting & Finance, Jg. 39, S. 29-51.

Schumann, H./Müller, W. (2000): Visualisierung. Grundlagen und allgemeine Methoden, Berlin.

Seifert, J.W. (2008): Visualisieren, präsentieren, moderieren, 24. Aufl., Offenbach.

Shah, P./Freedman, E.G./Vekiri, I. (2005): The Comprehension of Quantitative Information in Graphical Displays, in: Shah, P.; Miyake, A. (Hrsg.): The Cambridge handbook of visuospatial thinking, Cambridge, S. 426-476.

Shah, P./Hoeffner, J. (2002): Review of Graph Comprehension Research: Implications for Instruction, in: Educational Psychology Review, Jg. 14, S. 47-69.

Shields, M.D. (1997): Research in Management Accounting by North Americans in the 1990s, in: Journal of Management Accounting Research, Jg. 9, S. 3-61.

Siegrist, M. (1996): The use or misuse of three-dimensional graphs to represent lower-dimensional data, in: Behaviour & Information Technology, Jg. 15, S. 96-100.

Simkin, D./Hastie, R. (1987): An Information-Processing Analysis of Graph Perception, in: Journal of the American Statistical Association, Jg. 82, S. 454-465.

Simon, H.A./Guetzkow, H./Kozmetsky, G./Tyndall, G. (1954): Centralization vs. Decentralization in Organizing the Controller's Department, New York.

Slovic, P./Fischhoff, B./Lichtenstein, S. (1977): Behavioral Decision Theory, in: Annual Review of Psychology, Jg. 28, S. 1-39.

Smith, M./Taffler, R. (1996): Improving the communication of accounting information through cartoon graphics, in: Accounting, Auditing & Accountability Journal, Jg. 9, S. 68-85.

So, S./Smith, M. (2003): The impact of presentation format and individual differences on the communication of information for management decision making, in: Managerial Auditing Journal, Jg. 18, S. 59-67.

So, S./Smith, M. (2004): Multivariate decision accuracy and the presentation of accounting information, in: Accounting Forum, Jg. 28, S. 283-305.

Sparrow, J. (1989): Graphical displays in information systems: some data properties influencing the effectiveness of alternative forms, in: Behaviour & Information Technology, Jg. 8, S. 43-56.

Speier, C. (2006): The influence of information presentation formats on complex task decision-making performance, in: International Journal of Human-Computer Studies, Jg. 64, S. 1115-1131.

Speier, C./Vessey, I./Valacich, J.S. (2003): The Effects of Interruptions, Task Complexity, and Information Presentation on Computer-Supported Decision-Making Performance, in: Decision Sciences, Jg. 34, S. 771-797.

Spence, I./Lewandowsky, S. (1991): Displaying Proportions and Percentages, in: Applied Cognitive Psychology, Jg. 5, S. 61-77.

Spence, J.W./Tsai, R.J. (1997): On human cognition and the design of information systems, in: Information & Management, Jg. 32, S. 65-73.

Sponholz, U. (1997): Die Effizienz von Grafiken und Tabellen bei der Darstellung komplexer betriebswirtschaftlicher Beurteilungsprobleme. Eine theoretische und empirische Analyse der Auswirkungen des Präsentationsformates auf das Informationsverhalten, Frankfurt/Main.

Sprinkle, G.B. (2003): Perspectives on experimental research in managerial accounting, in: Accounting, Organizations and Society, Jg. 28, S. 287-318.

Staehle, W.H./Conrad, P./Sydow, J. (1999): Management. Eine verhaltenswissenschaftliche Perspektive, 8. Aufl., München.

Statistisches Bundesamt Deutschland: Wenige Frauen in Führungspositionen, Pressemitteilung Nr. 137 vom 22.03.2005. Online verfügbar unter http://www.destatis.de/jetspeed/portal/cms/Sites/destatis/Internet/DE/Presse/pm/2005/03/PD05__137__122.psml, zuletzt geprüft am 27.04.2009.

Steinbart, P.J. (1989): The Auditor's Responsibility for the Accuracy of Graphs in Annual Reports: Some Evidence of the Need for Additional Guidance, in: Accounting Horizons, Jg. 3, S. 60-70.

Steinle, C. (2005): Ganzheitliches Management. Eine mehrdimensionale Sichtweise integrierter Unternehmungsführung, Wiesbaden.

Steinle, C./Daum, A. (2007a): Zukunftstrends im Controlling, in: Steinle, C.; Daum, A. (Hrsg.): Controlling. Kompendium für Ausbildung und Praxis, 4. Aufl., Stuttgart, S. 989-998.

Steinle, C./Daum, A. (2007b): Controllerrollen - fachliche und persönliche Anforderungsprofile, Selbstverständnis und Fremdwahrnehmung, in: Steinle, C.; Daum, A. (Hrsg.): Controlling. Kompendium für Ausbildung und Praxis, 4. Aufl., Stuttgart, S. 48-62.

Steinle, C./Daum, A. (Hrsg./2007): Controlling. Kompendium für Ausbildung und Praxis, 4. Aufl., Stuttgart.

Steinmann, D.O. (1976): The Effects of Cognitive Feedback and Task Complexity in Multiple-Cue Probability Learning, in: Organizational Behavior & Human Performance, Jg. 15, S. 168-179.

Steinmann, H./Schreyögg, G. (2005): Management. Grundlagen der Unternehmensführung ; Konzepte, Funktionen, Fallstudien, 6. Aufl., Wiesbaden.

Stocks, M.H./Tuttle, B.M. (1998): An Examination of Information Presentation Effects on Financial Distress Predictions, in: Sutton, S.G. (Hrsg.): Advances in Accounting Information Systems, Bingley, S. 107-128.

Stumpf, S.A./Dunbar, R.L. (1991): The Effects of Personality Type on Choices Made in Strategic Decision Situations, in: Decision Sciences, Jg. 22, S. 1047-1072.

Swieringa, R.J./Weick, K.E. (1982): An Assessment of Laboratory Experiments in Accounting, in: Journal of Accounting Research, Supplement, Jg. 20, S. 56-101.

Tan, J.K./Benbasat, I. (1990): Processing of Graphical Information: A Decomposition Taxonomy to Match Data Extraction Tasks and Graphical Representations, in: Information Systems Research, Jg. 1, S. 394-439.

Todd, P./Benbasat, I. (1994): The influence of decision aids on choice strategies: An experimental analysis of the role of cognitive effort, in: Organizational Behavior and Human Decision Processes, Jg. 60, S. 36-74.

Todd, P./Benbasat, I. (2000): Inducing compensatory information processing through decision aids that facilitate effort reduction: an experimental assessment, in: Journal of Behavioral Decision Making, Jg. 13, S. 91-106.

Tractinsky, N./Meyer, J. (1999): Chartjunk or Goldgraph? Effects of Presentation Objectives and Content Desirability on Information Presentation, in: MIS Quarterly, Jg. 23, S. 397-420.

Traindl, A. (2007): Neuromarketing. Die innovative Visualisierung von Emotionen, 3. Aufl., Linz.

Tufte, E.R. (1983): The visual display of quantitative information, Cheshire.

Tufte, E.R. (2001): The visual display of quantitative information, 2. Aufl., Cheshire.

Tuttle, B.M./Kershaw, R. (1998): Information Presentation and Judgment Strategy from a Cognitive Fit Perspective, in: Journal of Information Systems, Jg. 12, S. 1-17.

Tversky, B./Morrison, J.B./Betrancourt, M. (2002): Animation: can it facilitate?, in: International Journal of Human-Computer Studies, Jg. 57, S. 247-262.

Umanath, N.S./Scamell, R.W./Das, S.R. (1990): An Examination of Two Screen/Report Design Variables in an Information Recall Context, in: Decision Sciences, Jg. 21, S. 216-240.

Umanath, N.S./Scamell, R.W./Davis, G.B. (1988): An Experimental Evaluation of the Impact of Data Display Format on Recall Performance, in: Communications of the ACM, Jg. 31, S. 562-570.

Umanath, N.S./Vessey, I. (1994): Multiattribute data presentation and human judgment: A cognitive fit perspective, in: Decision Sciences, Jg. 25, S. 795-824.

Vandenbosch, B. (1999): An empirical analysis of the association between the use of executive support systems and perceived organizational competitiveness, in: Accounting, Organizations & Society, Jg. 24, S. 77-92.

Vandenbosch, B./Huff, S.L. (1997): Searching and Scanning: How Executives Obtain Information from Executive Information Systems, in: MIS Quarterly, Jg. 21, S. 81-107.

Vera-Muñoz, S.C./Kinney, W.R./Bonner, S.E. (2001): The Effects of Domain Experience and Task Presentation Format on Accountants' Information Relevance Assurance, in: Accounting Review, Jg. 76, S. 405-429.

Vessey, I. (1991): Cognitive Fit: A Theory-Based Analysis of the Graphs Versus Tables Literature, in: Decision Sciences, Jg. 22, S. 219-240.

Vessey, I. (1994): The effect of information presentation on decision making: A cost-benefit analysis, in: Information & Management, Jg. 27, S. 103-119.

Vessey, I./Galletta, D. (1991): Cognitive Fit: An Empirical Study of Information Acquisition, in: Information Systems Research, Jg. 2, S. 63-84.

Volnhals, M./Hirsch, B. (2008): Information Overload und Controlling, in: Hirsch, B.; Schäffer, U.; Weber, J. (Hrsg.): Controlling & Verhalten. Controlling & Management, Sonderheft Nr. 1, Wiesbaden, S. 50-56.

Walck, C.L. (1996): Management and Leadership, in: Hammer, A.L. (Hrsg.): MBTI Applications. A Decade of Research on the Myers-Briggs Type Indicator, Palo Alto, S. 55-79.

Walck, C.L. (1997): Using the MBTI in Management and Leadership: A Review of the Literature, in: Fitzgerald, C.; Kirby, L.K. (Hrsg.): Developing leaders, Palo Alto.

Waniczek, M. (2002): Berichtswesen optimieren. So steigern Sie die Effizienz in Reporting und Controlling, Frankfurt.

Ware, C. (2004): Information visualization. Perception for design, 2. Aufl., San Francisco.

Washburne, J.N. (1927): An experimental study of various graphic, tabular, and textual methods of presenting quantitative material, in: Journal of Educational Psychology, Jg. 18, S. 361-376.

Weber, J. (Hrsg./2002): Controlling als akademische Disziplin. Eine Bestandsaufnahme, Wiesbaden.

Weber, J. (2008): Aktuelle Controllingpraxis in Deutschland. Ergebnisse einer Benchmarking-Studie, Weinheim.

Weber, J./Bramsemann, U./Heineke, C./Hirsch, B. (2004): Wertorientierte Unternehmenssteuerung. Konzepte - Implementierung - Praxisstatements, Wiesbaden.

Weber, J./Hirsch, B./Spatz, A. (2007): Perspektiven des Controllings. Erfolgreich bleiben trotz Veränderungen, Weinheim.

Weber, J./Malz, R./Lührmann, T. (2008): Excellence im Management-Reporting. Transparenz für die Unternehmenssteuerung, Weinheim.

Weber, J./Sandt, J. (2005): Erfolg durch Kennzahlen, in: Weber, J. (Hrsg.): Das Advanced-Controlling-Handbuch. Alle entscheidenden Konzepte, Steuerungssysteme und Instrumente, Weinheim, S. 379-404.

Weber, J./Schäffer, U. (2006): Einführung in das Controlling, 11. Aufl., Stuttgart.

Weber, J./Schäffer, U. (2008): Einführung in das Controlling, 12. Aufl., Stuttgart.

Weber, J./Schäffer, U./Bauer, M. (2005a): Controller und Manager im Team, in: Weber, J. (Hrsg.): Das Advanced-Controlling-Handbuch. Alle entscheidenden Konzepte, Steuerungssyteme und Instrumente, Weinheim, S. 97-131.

Weber, J./Schaier, S./Strangfeld, O. (2005b): Berichte für das Top-Management. Ergebnisse einer Benchmarking-Studie, Weinheim.

Wertheimer, M. (1923): Untersuchungen zur Lehre von der Gestalt, II., in: Psychologische Forschung, Jg. 4, S. 301-350.

West, T.G. (1995): Forward into the past: a revival of old visual talents with computer visualization, in: ACM SIGGRAPH Computer Graphics, Jg. 29, S. 14-19.

Wickens, C.D./Carswell, C.M. (1995): The Proximity Compatibility Principle: Its Psychological Foundation and Relevance to Display Design, in: Human Factors, Jg. 37, S. 473-494.

Wiersema, M.F./Bantel, K.A. (1992): Top Management Team Demography And Corporate Strategic Change, in: Academy of Management Journal, Jg. 35, S. 91-121.

Wildenmann, B. (2000): Die Persönlichkeit des Managers, Göttingen.

Wilson, E.V./Addo, T.B. (1994): An investigation of the relative presentation efficiency of computer-displayed graphs, in: Information & Management, Jg. 26, S. 105-115.

Wilson, E.V./Zigurs, I. (1999): Decisional guidance and end-user display choices, in: Accounting, Management and Information Technologies, Jg. 9, S. 49-75.

Wirth, T. (2000): Leseorientierte Gestaltung von Managementberichten, in: Kostenrechnungspraxis, Jg. 44, S. 79-85.

Wittmann, W. (1959): Unternehmung und unvollkommene Information, Köln.

Wood, R.E. (1986): Task Complexity: Definition of the Construct, in: Organizational Behavior and Human Decision Processes, Jg. 37, S. 60-82.

Wright, W.F. (1995): Superior Loan Collectibility Judgments Given Graphical Displays, in: Auditing, Jg. 14, S. 144-154.

Zelazny, G. (1985): Say it with charts. The executive's guide to successful presentations, Homewood.

Zelazny, G. (2006): The Say it with Charts Complete Toolkit, New York.

Zimbardo, P.G./Gerrig, R.J. (2004): Psychologie, 16. Aufl., München.

Zimmermann, E. (1972): Das Experiment in den Sozialwissenschaften, Stuttgart.

Zmud, R.W. (1979): Individual Differences and MIS Success: A Review of the empirical literature, in: Management Science, Jg. 25, S. 966-979.